CAD建筑行业项目实战系列丛书

Revit 2018中文版建筑设计
从入门到精通

刘昌丽　张　亭　等编著

机械工业出版社

本书重点介绍了 Autodesk Revit 2018 中文版的新功能及各种基本操作方法和技巧。全书共 13 章，内容包括 Revit 2018 简介，基本绘图工具，族，标高和轴网，柱和梁，墙，门窗，楼板，天花板和屋顶，楼梯坡道，场地，概念体量，漫游和渲染以及施工图设计等知识。在介绍软件的过程中，本书注重由浅入深、从易到难，各章节既相对独立又前后关联。编者根据自己多年经验及学习者的心理，及时给出总结和相关提示，帮助读者快捷地掌握所学知识。

　　本书内容详实、图文并茂、语言简洁、思路清晰、实例丰富，可以作为相关院校的教材，也可作为初学者的自学指导书。

图书在版编目（CIP）数据

Revit 2018 中文版建筑设计从入门到精通 / 刘昌丽等编著. —北京：机械工业出版社，2018.9

（CAD 建筑行业项目实战系列丛书）

ISBN 978-7-111-61116-5

Ⅰ. ①R… Ⅱ. ①刘… Ⅲ. ①建筑设计－计算机辅助设计－应用软件 Ⅳ. ①TU201.4

中国版本图书馆 CIP 数据核字（2018）第 231905 号

机械工业出版社（北京市百万庄大街 22 号 邮政编码 100037）
策划编辑：张淑谦　　责任编辑：张淑谦
责任校对：张艳霞　　责任印制：常天培
北京铭成印刷有限公司印刷
2018 年 10 月第 1 版 · 第 1 次印刷
184mm×260mm · 24.5 印张 · 602 千字
0001－3000 册
标准书号：ISBN 978-7-111-61116-5
定价：89.00 元

前　　言

建筑行业的竞争极为激烈，需要采用独特的技术来充分发挥专业人员的技能和丰富经验。建筑信息模型（Building Information Modeling，BIM）支持建筑师在施工前更好地预测竣工后的建筑，使他们在日益复杂的商业环境中保持竞争优势。BIM 以建筑工程项目的各项相关信息数据作为基础，建立起三维建筑模型，通过数字信息仿真模拟建筑物所具有的真实信息。它涵盖了几何学、空间关系、地理信息、各种建筑元件的性质及数量。BIM 可以用来展示整个建筑生命周期，包括兴建过程及运营过程，提取建筑内材料的信息十分方便。建筑内的各个部分、各个系统都可以由 BIM 呈现出来。

BIM 是一种数字信息的应用，可以采用设计、建造、管理的数字化方法支持建筑工程的集成管理环境，显著提高建筑工程效率、大大降低风险。在一定范围内，BIM 可以模拟实际的建筑工程建设行为，还可以四维模拟实际施工，以便在早期设计阶段就发现并提前处理后期真正施工阶段会出现的各种问题，为后期活动打下坚固的基础。BIM 在后期施工时可作为施工的实际指导，也可作为可行性指导，以提供合理的施工方案及人员，实现材料使用的合理配置，从而在最大范围内实现资源的合理运用。

Autodesk Revit Architecture 软件专为 BIM 而构建，是以从设计、施工到运营的协调、可靠的项目信息为基础而构建的集成流程。通过采用 Autodesk Revit Architecture，建筑公司可以在整个流程中使用一致的信息来设计和绘制创新项目，还可以通过精确实现建筑外观的可视化来支持更好的沟通，模拟真实性能以便让项目各方了解成本、工期与环境影响。

本书是一本针对 Autodesk Revit 2018 的教、学相结合的指导书，内容全面、具体，适合不同读者的需求。为了在有限的篇幅内提高知识集中程度，作者对所讲述的知识点进行了精心剪裁。通过实例操作驱动知识点讲解，使得读者在实例操作过程中可以牢固掌握软件功能。实例的种类也非常丰富，既有知识点讲解的小实例，又有几个知识点或全章知识点的综合实例。各种实例交错讲解，达到巩固理解的目的。

本书重点介绍了 Autodesk Revit 2018 中文版的新功能及各种基本操作方法和技巧。全书共 13 章，内容包括 Revit 2018 简介，基本绘图工具，族，标高和轴网，柱和梁，墙，门窗，楼板，天花板和屋顶，楼梯坡道，场地，概念体量，漫游和渲染以及施工图设计等知识。

本书除利用传统的纸面讲解外，还随书附赠了电子资料包。包含全书讲解实例和练习实例的源文件素材，并制作了全程实例视频详解文件，读者可以扫描封底机械工业出版社计算机分社官方微信订阅号"IT 有得聊"，回复 61116 来获得资源下载链接。

本书主要由石家庄三维书屋文化传播有限公司的刘昌丽和张亭两位老师编写。另外，胡仁喜、康士廷、王正军、卢园、解江坤、韩校粉、王艳、王国军、李亚莉、井晓翠、卢思梦杨雪静、张日晶、王玮、王艳池、闫聪聪、刘冬芳、王敏和王宏也在本书的编写、校对方面做了大量工作，保证了书稿内容系统、全面和实用，在此向他们表示感谢！

由于编者水平有限，书中疏漏之处在所难免，不当之处恳请读者批评指正。读者在学习过程中有任何问题，请通过网站www.sjzswsw.com或邮箱 win760520@126.com 与编者联系。也欢迎加入三维书屋图书学习交流群（QQ：725195807）交流探讨，编者将在线提供问题咨询解答。需要授课 PPT 文件的老师还可以联系编者索取。

编　者

目　　录

前言
第1章　Revit 2018 简介 ……………………1
　1.1　建筑信息模型概述 ………………………1
　　1.1.1　BIM 简介 …………………………1
　　1.1.2　BIM 的特点 ………………………1
　1.2　Autodesk Revit 概述 …………………3
　　1.2.1　软件介绍 …………………………3
　　1.2.2　Revit 特性 ………………………4
　1.3　Revit 2018 界面 ………………………4
　　1.3.1　文件程序菜单 ……………………4
　　1.3.2　快速访问工具栏 …………………17
　　1.3.3　信息中心 …………………………18
　　1.3.4　功能区 ……………………………18
　　1.3.5　属性选项板 ………………………19
　　1.3.6　项目浏览器 ………………………21
　　1.3.7　视图控制栏 ………………………22
　　1.3.8　状态栏 ……………………………24
　　1.3.9　ViewCube …………………………25
　　1.3.10　导航栏 ……………………………26
　1.4　选项设置 ………………………………27
　　1.4.1　"常规"设置 ………………………28
　　1.4.2　"用户界面"设置 …………………28
　　1.4.3　"图形"设置 ………………………32
　　1.4.4　"文件位置"设置 …………………34
　　1.4.5　"渲染"设置 ………………………35
　　1.4.6　"检查拼写"设置 …………………36
　　1.4.7　"SteeringWheels"设置 …………37
　　1.4.8　"ViewCube"设置 …………………38
　　1.4.9　"宏"设置 …………………………39
第2章　基本绘图工具 …………………………41
　2.1　工作平面 ………………………………41
　　2.1.1　设置工作平面 ……………………41
　　2.1.2　显示工作平面 ……………………42
　　2.1.3　编辑工作平面 ……………………42
　　2.1.4　工作平面查看器 …………………43

　2.2　模型创建 ………………………………44
　　2.2.1　模型线 ……………………………44
　　2.2.2　模型文字 …………………………48
　　2.2.3　模型组 ……………………………50
　2.3　模型修改 ………………………………51
　　2.3.1　对齐 ………………………………51
　　2.3.2　移动 ………………………………52
　　2.3.3　旋转 ………………………………53
　　2.3.4　偏移 ………………………………54
　　2.3.5　镜像 ………………………………55
　　2.3.6　阵列 ………………………………57
　　2.3.7　缩放 ………………………………59
　　2.3.8　修剪/延伸 …………………………60
　　2.3.9　拆分 ………………………………62
　2.4　编辑几何图形 …………………………63
　　2.4.1　连接端切割 ………………………63
　　2.4.2　连接 ………………………………64
　　2.4.3　剪切 ………………………………66
　　2.4.4　墙连接 ……………………………67
　　2.4.5　梁/柱连接 …………………………68
　　2.4.6　拆分面 ……………………………69
第3章　族 ………………………………………70
　3.1　族概述 …………………………………70
　3.2　二维族 …………………………………71
　　3.2.1　创建注释族 ………………………71
　　3.2.2　实例——创建窗标记族 …………71
　　3.2.3　创建符号族 ………………………75
　　3.2.4　实例——创建高程点符号 ………75
　　3.2.5　实例——创建索引符号 …………77
　　3.2.6　创建图纸模板 ……………………80
　　3.2.7　实例——创建 A3 图纸 …………82
　3.3　三维模型 ………………………………87
　　3.3.1　拉伸 ………………………………87
　　3.3.2　旋转 ………………………………89

3.3.3 放样 ·················· 90

3.3.4 融合 ·················· 92

3.3.5 放样融合 ·············· 93

3.3.6 实例——创建平开窗 ···· 94

第4章 标高和轴网 ·············· 104

4.1 标高 ·················· 104

4.1.1 创建标高 ·············· 104

4.1.2 编辑标高 ·············· 107

4.1.3 实例——创建别墅标高 ·· 109

4.2 轴网 ·················· 111

4.2.1 创建轴网 ·············· 111

4.2.2 编辑轴网 ·············· 113

4.2.3 实例——创建别墅轴网 ·· 117

第5章 柱和梁 ·············· 120

5.1 柱 ·················· 120

5.1.1 结构柱 ·············· 120

5.1.2 建筑柱 ·············· 124

5.1.3 实例——创建别墅的柱 ·· 126

5.2 梁 ·················· 129

5.2.1 创建单个梁 ·········· 130

5.2.2 创建轴网梁 ·········· 132

5.2.3 创建梁系统 ·········· 134

第6章 墙 ·················· 137

6.1 墙体 ·················· 137

6.1.1 一般墙体 ·············· 137

6.1.2 复合墙 ·············· 140

6.1.3 叠层墙 ·············· 145

6.1.4 实例——创建别墅墙体 ·· 147

6.2 墙饰条 ·················· 156

6.2.1 墙饰条 ·············· 156

6.2.2 分隔条 ·············· 158

6.2.3 实例——创建别墅墙饰条 ·· 159

6.3 幕墙 ·················· 161

6.3.1 幕墙 ·············· 161

6.3.2 幕墙网格 ·············· 164

6.3.3 竖梃 ·············· 166

6.3.4 实例——创建别墅幕墙 ·· 169

第7章 门窗 ·················· 172

7.1 门 ·················· 172

7.1.1 放置门 ·············· 172

7.1.2 修改门 ·············· 176

7.1.3 实例——创建别墅门 ···· 179

7.2 窗 ·················· 186

7.2.1 放置窗 ·············· 187

7.2.2 修改窗 ·············· 190

7.2.3 实例——创建别墅窗 ···· 192

第8章 楼板、天花板和屋顶 ···· 204

8.1 楼板 ·················· 204

8.1.1 结构楼板 ·············· 204

8.1.2 实例——创建别墅楼板 ·· 207

8.1.3 建筑楼板 ·············· 209

8.1.4 实例——创建别墅地板 ·· 216

8.2 天花板 ·················· 225

8.2.1 基础天花板 ·········· 225

8.2.2 复合天花板 ·········· 228

8.2.3 实例——创建别墅天花板 ·· 230

8.3 屋顶 ·················· 231

8.3.1 迹线屋顶 ·············· 231

8.3.2 拉伸屋顶 ·············· 234

8.3.3 实例——创建别墅屋顶 ·· 236

8.4 房檐 ·················· 239

8.4.1 屋檐底板 ·············· 239

8.4.2 封檐板 ·············· 241

8.4.3 檐槽 ·············· 242

8.4.4 实例——创建别墅屋檐 ·· 243

第9章 楼梯坡道 ·············· 250

9.1 栏杆扶手 ·············· 250

9.1.1 绘制路径创建栏杆 ······ 250

9.1.2 将栏杆放置在楼梯或坡

道上 ·················· 256

9.1.3 实例——创建别墅栏杆 ·· 257

9.2 楼梯 ·················· 261

9.2.1 绘制直梯 ·············· 262

9.2.2 绘制全踏步螺旋梯 ······ 264

9.2.3 绘制圆心端点螺旋梯 ···· 265

9.2.4 绘制 L 形转角梯 ········ 267

9.2.5 绘制 U 形转角梯 ········ 269

9.2.6 绘制自定义楼梯 ········ 271

9.2.7　实例——创建别墅楼梯 ………… 272

9.3　洞口 ……………………………… 276

9.3.1　面洞口 ……………………… 277

9.3.2　垂直洞口 …………………… 277

9.3.3　竖井洞口 …………………… 278

9.3.4　墙洞口 ……………………… 280

9.3.5　老虎窗洞口 ………………… 281

9.3.6　实例——创建别墅楼梯洞口… 283

9.4　坡道 ……………………………… 284

9.4.1　创建坡道 …………………… 284

9.4.2　实例——创建别墅坡道 …… 286

第10章　场地 ………………………… 288

10.1　场地设计 ………………………… 288

10.1.1　场地设置 ………………… 288

10.1.2　地形表面 ………………… 289

10.1.3　建筑地坪 ………………… 293

10.1.4　停车场构件 ……………… 295

10.1.5　场地构件 ………………… 296

10.2　修改场地 ………………………… 298

10.2.1　拆分表面 ………………… 298

10.2.2　合并表面 ………………… 299

10.2.3　子面域 …………………… 299

10.2.4　建筑红线 ………………… 301

10.2.5　平整区域 ………………… 302

10.2.6　实例——创建别墅场地……… 303

第11章　概念体量 …………………… 309

11.1　体量概述 ………………………… 309

11.2　创建体量族 ……………………… 309

11.2.1　创建拉伸形状 …………… 310

11.2.2　创建表面形状 …………… 312

11.2.3　创建旋转形状 …………… 312

11.2.4　创建放样形状 …………… 313

11.2.5　创建放样融合形状 ……… 316

11.2.6　创建空心形状 …………… 317

11.3　编辑体量 ………………………… 318

11.3.1　编辑形状轮廓 …………… 318

11.3.2　在透视模式中编辑形状…… 319

11.3.3　分割路径 ………………… 321

11.3.4　分割表面 ………………… 322

11.4　内建体量 ………………………… 326

11.5　从体量创建建筑图元 …………… 327

11.5.1　从体量面创建墙 ………… 327

11.5.2　从体量面创建楼板 ……… 329

11.5.3　从体量面创建屋顶 ……… 329

11.5.4　从体量面创建幕墙系统 … 331

第12章　漫游和渲染 ………………… 332

12.1　贴花 ……………………………… 332

12.1.1　放置贴花 ………………… 332

12.1.2　修改已放置的贴花 ……… 334

12.2　相机视图 ………………………… 335

12.3　漫游 ……………………………… 338

12.3.1　创建漫游路径 …………… 338

12.3.2　编辑漫游 ………………… 339

12.3.3　导出漫游 ………………… 344

12.4　渲染 ……………………………… 345

12.4.1　渲染视图 ………………… 345

12.4.2　导出渲染视图 …………… 348

12.5　实例——渲染别墅出图 ………… 351

第13章　施工图设计 ………………… 355

13.1　总平面图 ………………………… 355

13.1.1　总平面图内容概括 ……… 355

13.1.2　实例——创建别墅总
　　　　平面图 ………………… 356

13.2　平面图 …………………………… 361

13.2.1　建筑平面图绘制概述 …… 362

13.2.2　实例——创建别墅平面图… 362

13.3　立面图 …………………………… 369

13.3.1　建筑立面图概述 ………… 369

13.3.2　实例——创建别墅立面图… 369

13.4　剖面图 …………………………… 373

13.4.1　建筑剖面图绘制概述 …… 373

13.4.2　实例——创建别墅剖面图… 374

13.5　详图 ……………………………… 378

13.5.1　建筑详图绘制概述 ……… 378

13.5.2　实例——创建别墅楼
　　　　梯详图 ………………… 379

第1章　Revit 2018 简介

 知识导引

　　Revit 软件是一个设计和记录平台，它支持建筑信息建模所需的设计、图样和明细表。在 Revit 中，所有的图样、二维视图和三维视图以及明细表都是同一个虚拟建模模型的信息表现形式。对建筑模型进行操作时，Revit 将收集相关建筑项目的信息，并在项目的其他所有表现形式中协调该信息。

1.1　建筑信息模型概述

1.1.1　BIM 简介

　　建筑信息模型（Building Information Modeling，BIM）是以建筑工程项目的各项相关信息数据作为基础，建立起三维建筑模型，通过数字信息仿真模拟建筑物所具有的真实信息。

　　BIM 涵盖了几何学、空间关系、地理信息、各种建筑元件的性质及数量，可以用来展示整个建筑生命周期，包括了兴建过程及运营过程，提取建筑内材料的信息十分方便。建筑内的各个部分、各个系统都可以在 BIM 内呈现出来。

　　BIM 是一种数字信息的应用，可以用设计、建造、管理的数字化方法支持建筑工程的集成管理环境，显著提高建筑工程效率、大大降低风险。在一定范围内，BIM 可以模拟实际的建筑工程建设行为，还可以四维模拟实际施工，以便在早期设计阶段就发现并提前处理后期真正施工阶段会出现的各种问题，为后期活动打下坚固的基础。在后期施工时可作为施工的实际指导，也可作为可行性指导，以提供合理的施工方案及人员，实现材料使用的合理配置，从而在最大范围内实现资源的合理运用。

　　简单地说，可以将 BIM 视为数字化的建筑三维几何模型，此外这个模型中所有建筑构件所包含的信息（除了几何外）均同时具有建筑或工程的数据。这些数据为程式系统提供充分的计算依据，使这些程式能根据构件的数据，自动计算出查询者所需要的准确信息。此处所指的信息可能具有很多表达形式，诸如建筑平面图、立面图、剖面图、详图、三维立体视图、透视图、材料表，或计算每个房间自然采光的照明效果、所需要的空调通风量、冬/夏季需要的空调电力消耗等。

1.1.2　BIM 的特点

　　真正的 BIM 具有可视化、协调性、模拟性、优化性、可出图性、一体化性、参数化性和信息完备性八大特点。

1．可视化

可视化即"所见即所得"的形式，对于建筑行业来说，可视化的运用在建筑业的作用非常大，例如常见的施工图样，只是采用线条绘制表达各个构件的信息，但是真正的构造形式就需要建筑业参与人员去自行想象了，对于简单的建筑来说，这种想象也未尝不可，但是近几年建筑业的建筑形式各异，复杂造型在不断地推出，那么这种方法就不再实用了。而 BIM 提供了可视化的思路，将以往线条式的构件形成一种三维的立体实物图形展示在人们的面前。建筑业也有设计方面出效果图的做法，但是这种效果图是分包给专业的效果图制作团队进行识读设计制作出线条式信息而形成的，并不是通过构件的信息自动生成的，缺少了同构件之间的互动性和反馈性，而 BIM 的可视化则能够同构件形成互动性和反馈性。在 BIM 中，由于整个过程都是可视化的，所以可视化的结果不仅可以用来展示效果图以及报表的生成，更重要的是，项目设计、建造、运营过程中的沟通、讨论、决策都在可视化的状态下进行。

2．协调性

协调性是建筑业中的重点内容，不管是施工单位还是业主及设计单位，无不在做着协调及配合的工作。一旦项目的实施过程中遇到了问题，就要将各有关人士组织起来开协调会，寻找各个施工问题发生的原因及解决方法，然后做出变更和相应的补救措施等。那么真的只能在出现问题后才进行协调吗？在设计时，往往由于各专业设计师之间的沟通不到位而出现各种专业之间的碰撞问题，例如暖通等专业中的管道在进行布置时，由于是绘制在各自的施工图样上的，真正施工过程中，可能正好有结构设计的梁等构件妨碍管线的布置。BIM 的协调性服务就可以帮助处理这种问题，也就是说 BIM 可在建筑物建造前期对各专业的碰撞问题进行协调，生成协调数据。当然 BIM 的协调作用并不止于此，它还可以解决电梯井布置与其他设计布置及净空要求之协调、防火分区与其他设计布置之协调、地下排水布置与其他设计布置之协调等问题。

3．模拟性

模拟性并不只是模拟设计出建筑物模型，还可以模拟不能够在真实世界中进行操作的事物。在设计阶段，BIM 可以对设计上的一些场景和因素进行模拟，例如节能模拟、紧急疏散模拟、日照模拟、热能传导模拟等；在招投标和施工阶段可以进行 4D 模拟（三维模型加项目的发展时间），也就是根据施工的组织设计模拟实际施工，从而确定合理的施工方案来指导施工；同时还可以进行 5D 模拟（基于 3D 模型的造价控制），从而实现成本控制；后期运营阶段可以模拟日常紧急情况的处理方式，例如地震人员逃生模拟及消防人员疏散模拟等。

4．优化性

事实上整个设计、施工、运营的过程就是一个不断优化的过程，当然优化和 BIM 也不存在实质性的必然联系，但在 BIM 的基础上可以更好地实现优化。优化受三种要素的制约：信息、复杂程度和时间。没有准确的信息做不出合理的优化结果，BIM 模型提供了建筑物实际存在的信息，包括几何信息、物理信息、规则信息，还提供了建筑变化以后的实际模型。复杂程度高到一定程度后，参与人员本身的能力无法掌握所有的信息，必须借助科学技术和设备的帮助，现代建筑物的复杂程度大多超过参与人员本身的能力极限，BIM及与其配套的各种优化工具提供了对复杂项目进行优化的可能。基于 BIM 的优化可以做下面的工作。

1）项目方案优化：把项目设计和投资回报分析结合起来，设计变化对投资回报的影响可以实时计算出来，这样业主对设计方案的选择就不会仅停留在对形状的评价上，而可以了解哪种项目设计方案更有利于自身的需求。

2）特殊项目的设计优化：例如裙楼、幕墙、屋顶、大空间中到处可以看到异型设计，它们看起来占整个建筑的比例不大，但是投资和工作量却往往占很大比重，而且通常也是施工难度比较大和施工问题比较多的地方，随这些设计的施工方案进行优化，可以带来显著的工期和造价改进。

5. 可出图性

BIM 并不是仅显示出常见的建筑设计院所出的建筑设计图样及一些构件加工的图样，而是通过对建筑物进行可视化展示、协调、模拟、优化后，帮助业主出如下图样。

1）综合管线图（经过碰撞检查和设计修改，消除了相应错误以后）。

2）综合结构留洞图（预埋套管图）。

3）碰撞检查侦错报告和建议改进方案。

由上述内容可以大体了解 BIM 的相关内容。世界很多国家已经形成了比较成熟的 BIM 标准或者制度。BIM 在建筑市场内要顺利发展，必须将 BIM 和国内的建筑市场特色相结合，才能够满足国内建筑市场的特色需求，同时 BIM 将会给国内建筑业带来巨大变革。

6. 一体化性

基于 BIM 技术，可进行从技术到施工再到运营、贯穿工程项目全生命周期的一体化管理。BIM 的技术核心是一个由计算机三维模型形成的数据库，不仅包含了建筑的设计信息，而且可以容纳从设计到建成使用，甚至是使用周期终结的全过程信息。

7. 参数化性

参数化建模指的是通过参数而不是数字建立和分析模型，简单地改变模型中的参数值就能建立和分析新的模型；BIM 中图元以构件的形式出现，这些构件之间的不同之处是通过参数的调整反映出来的，参数保存了图元作为数字化建筑构件的所有信息。

8. 信息完备性

信息完备性体现在 BIM 技术可对工程对象进行 3D 几何信息和拓扑关系的描述以及完整的工程信息描述。

1.2 Autodesk Revit 概述

Autodesk Revit 软件专为 BIM 而设计。BIM 是以从设计、施工到运营的协调、可靠的项目信息为基础而构建的集成流程。通过采用 BIM，建筑公司可以在整个流程中使用一致的信息来设计和绘制创新项目，还可以通过精确实现建筑外观的可视化来支持更好的沟通，模拟真实性能以便让项目各方了解成本、工期与环境影响。

1.2.1 软件介绍

Autodesk Revit 提供支持建筑设计（Architecture），暖通、电气和给排水（MEP）工程设计以及结构工程（Structure）的工具。

1．Architecture

Autodesk Revit 软件可以按照建筑师和设计师的思考方式进行设计，因此，可以提供更高质量、更加精确的建筑设计。Revit 通过使用专为支持建筑信息模型工作流而构建的工具，可以获取并分析概念，以及保持从设计到建筑的各个阶段的一致性，并可通过设计、文档和建筑保持使用者的视野。

2．MEP

Autodesk Revit 为 MEP 工程师构建的工具可帮助工程师设计和分析高效的建筑系统，并为这些系统编档，从而设计出复杂的建筑系统。

3．Structure

Autodesk Revit 软件为结构工程师和设计师提供了工具，可以更加精确地设计和建造高效的建筑结构。

1.2.2　Revit 特性

Autodesk Revit Architecture 消除了很多庞杂的任务，能够帮助使用者在项目设计流程前期探究最新颖的设计概念和外观，并能在整个施工文档中忠实传达使用者的设计理念。Autodesk Revit Architecture 面向 BIM 而构建，支持可持续设计、碰撞检测、施工规划和建造，同时帮助与工程师、承包商与业主更好地沟通协作。设计过程中的所有变更都会在相关设计与文档中自动更新，实现更加协调一致的流程，获得更加可靠的设计文档。

Autodesk Revit Architecture 全面创新的概念设计功能带来了易用工具，可以帮助使用者进行自由形状建模和参数化设计，并且还能够让使用者对早期设计进行分析。借助这些功能，使用者可以自由绘制草图，快速创建三维形状，交互地处理各个形状，还可以利用内置的工具进行复杂形状的概念澄清，为建造和施工准备模型。随着设计的持续推进，Autodesk Revit Architecture 能够围绕最复杂的形状自动构建参数化框架，并提供更高的创建控制能力、精确性和灵活性。从概念模型到施工文档的整个设计流程都在一个直观环境中完成。

1.3　Revit 2018 界面

单击桌面上的 Revit 2018 图标，进入图 1-1 所示的 Revit 2018 开始界面，单击"新建"按钮，新建一项目文件，进入 Revit 2018 绘图界面，如图 1-2 所示。

1.3.1　文件程序菜单

文件程序菜单提供了常用文件操作，如"新建""打开""保存"等。还允许使用更高级的工具（如"导出"和"发布"）来管理文件。单击"文件"打开程序菜单，如图 1-3 所示。"文件"程序菜单无法在功能区中移动。

1．新建

单击"新建"下拉按钮，打开"新建"菜单，如图 1-4 所示，用于创建项目文件、族文件、概念体量等。

下面以新建项目文件为例介绍新建文件的步骤。

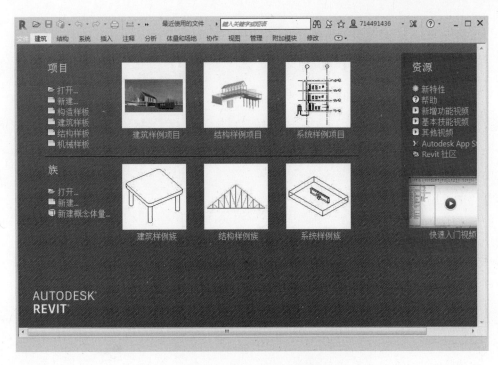

图 1-1 Revit 2018 开始界面

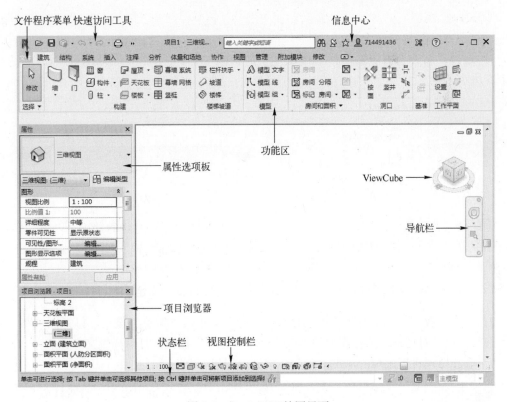

图 1-2 Revit 2018 绘图界面

图 1-3 文件程序菜单

1）选择"文件"程序菜单→"新建"→"项目"命令，打开"新建项目"对话框，如图 1-5 所示。

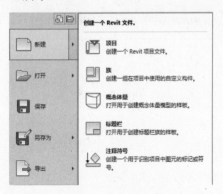

图 1-4 "新建"菜单　　　　　　　　　　图 1-5 "新建项目"对话框

2）在"样板文件"下拉列表中选择样板，也可以单击"浏览"按钮，打开图 1-6 所示的"选择样板"对话框，选择需要的样板，单击"打开"按钮，打开样板文件。

3）选择"项目"选项，单击"确定"按钮，创建一个新项目文件。

注意：

在 Revit 中，项目是整个建筑物设计的联合文件。建筑的所有标准视图、建筑设计图以

及明细表都包含在项目文件中，只要修改模型，所有相关的视图、施工图和明细表都会随之
自动更新。

图1-6 "选择样板"对话框

2. 打开

单击"打开"下拉按钮，打开"打开"菜单，如图 1-7 所示，用于打开项目文件、族文
件、IFC 文件、样例文件等。

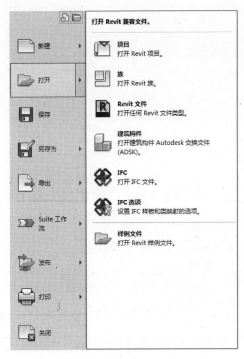

图1-7 "打开"菜单

1）项目：单击此命令，打开"打开"对话框，在对话框中可以选择要打开的 Revit 项目文件，如图 1-8 所示。

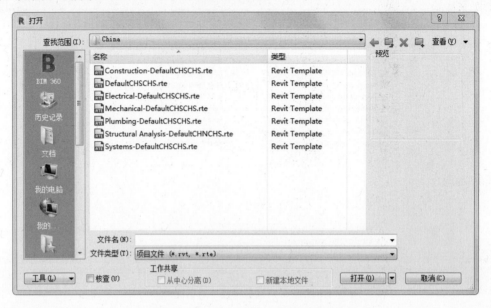

图 1-8 "打开"对话框 Revit 项目文件

2）族：单击此命令，打开"打开"对话框，可以打开软件自带族库中的族文件或用户自己创建的族文件，如图 1-9 所示。

图 1-9 "打开"对话框族文件

3）Revit 文件：单击此命令，可以打开 Revit 所支持的文件，例如.rvt、.rfa、.adsk 和.rte文件，如图 1-10 所示。

图 1-10 "打开"对话框 Revit 文件

4）建筑构件：单击此命令，在对话框中选择要打开的 Autodesk 交换文件，如图 1-11 所示。

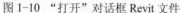

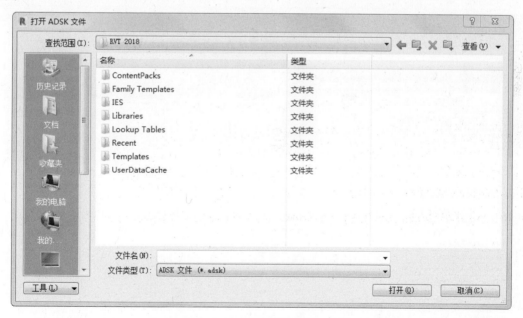

图 1-11 "打开 ADSK 文件"对话框

5）IFC：单击此命令，在对话框中可以打开 IFC 类型文件，如图 1-12 所示。IFC 文件格式含有模型的建筑物或设施，也包括空间的元素、材料和形状。IFC 文件通常用于 BIM 工业程序之间的交互。

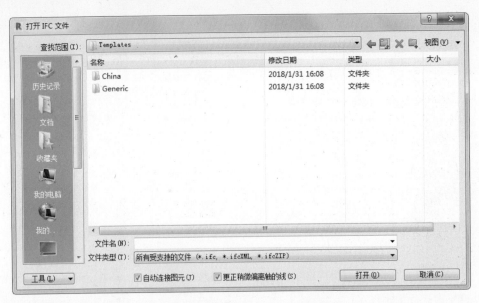

图 1-12 "打开 IFC 文件"对话框

6）IFC 选项：单击此命令，打开"导入 IFC 选项"对话框，在对话框中可以设置 IFC 类型名称对应的 Revit 类别，如图 1-13 所示。此命令只有在打开 Revit 文件的状态下才可以使用。

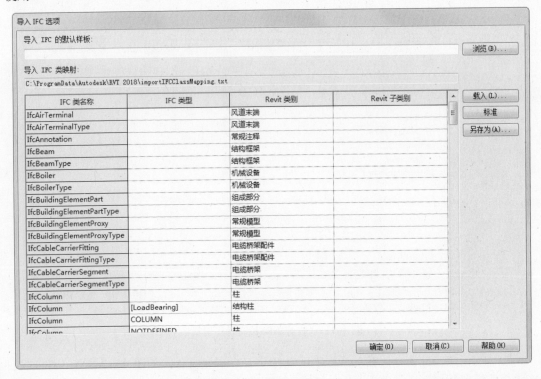

图 1-13 "导入 IFC 选项"对话框

7）样例文件：单击此命令，打开"打开"对话框，可以打开软件自带的样例项目文件和族文件，如图 1-14 所示。

图 1-14 "打开"对话框中的样例项目文件和族文件

3. 保存

单击此命令，可以保存当前项目、族文件、样板文件等。若文件已命名，则 Revit 自动保存。若文件未命名，则系统打开"另存为"对话框（图 1-15），用户可以命名保存。在"保存于"下拉列表框中可以指定保存文件的路径；在"文件类型"下拉列表框中可以指定保存文件的类型。为了防止因意外操作或计算机系统故障导致正在绘制的图形文件丢失，可以对当前图形文件设置自动保存。

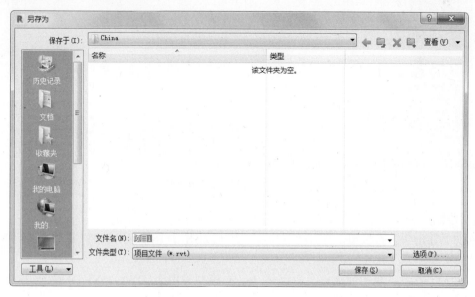

图 1-15 "另存为"对话框（1）

4．另存为

单击"另存为"下拉按钮，打开"另存为"菜单，如图 1-16 所示，可以将文件保存为项目、族、样板和库 4 种类型文件。

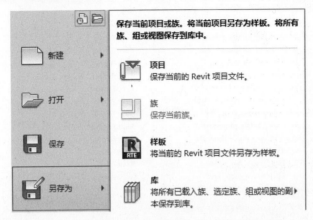

图 1-16 "另存为"菜单

执行其中一种命令后打开"另存为"对话框（图 1-17），Revit 用另存名保存，并把当前图形更名。

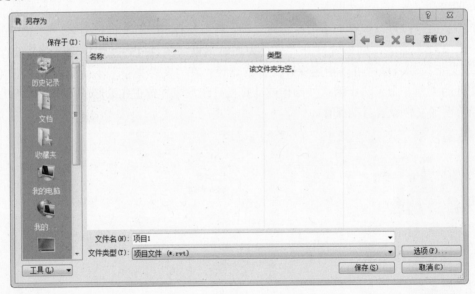

图 1-17 "另存为"对话框（2）

5．导出

单击"导出"下拉按钮，打开"导出"菜单，如图 1-18 所示，可以将项目文件导出为其他格式文件。

1）CAD 格式：单击此命令，可以将 Revit 模型导出为 DWG/DXF/DNG/ACIS 4 种格式，如图 1-19 所示。

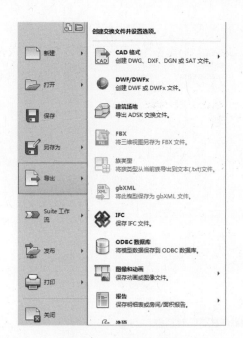
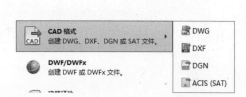

图 1-18 "导出"菜单   图 1-19 CAD 格式菜单

2) DWF/DWFx：单击此命令，打开"DWF 导出设置"对话框，可以设置需要导出的视图和模型的相关属性，如图 1-20 所示。

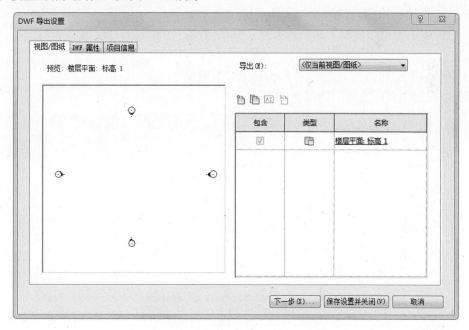

图 1-20 "DWF 导出设置"对话框

3) FBX：单击此命令，打开"导出 3ds Max(FBX)"对话框，将三维模型保存为 FBX 格式供 3ds MAX 使用，如图 1-21 所示。

图 1-21 "导出 3ds Max(FBX)"对话框

4）族类型：单击此命令，打开"另存为"对话框，将族类型从当前族导出到文本文件。

5）gbXML：单击此命令，打开"导出 gbXML"对话框，将设计导出为 gbXML，选择"使用能量设置"或"使用房间/空间体积"来生成文件，如图 1-22 所示。

图 1-22 "导出 gbXML"对话框

6）IFC：单击此命令，打开"Export IFC"对话框，将模型导出为 IFC 文件，如图 1-23 所示。

图 1-23 "Export IFC"对话框

7）ODBC 数据库：单击此命令，打开"选择数据源"对话框，将模型构件数据导出到 ODBC 数据库中，如图 1-24 所示。

8）图像和动画：单击此命令，打开下拉菜单，如图 1-25 所示。将项目文件中所制作的漫游、日光研究以及渲染图形以相对应的文件格式保存。

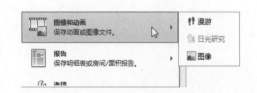

图1-24 "选择数据源"对话框   图1-25 "图像和动画"菜单

9）报告：单击此命令，打开下拉菜单，如图 1-26 所示，将项目文件中的明细表和房间/面积报告以相对应的文件格式保存。

10）选项：单击此命令，打开下拉菜单，如图1-27 所示，导出文件的参数设置。

图1-26 "报告"菜单   图1-27 "选项"菜单

6. Suite 工作流

单击此命令，打开"Suite 工作流"对话框，将项目无缝传递到套包内的各个软件当中。

7. 发布

单击此命令，打开"发布"菜单，将当前场景导出为不同格式发布到 Autodesk Buzzsaw 中，实现资源共享，如图1-28 所示。

8. 打印

单击此命令，打开"打印"菜单，可以将当前区域或选定的视图和图样进行打印并预览，如图1-29 所示。

图1-28 "发布"菜单   图1-29 "打印"菜单

1）打印：单击此命令，打开"打印"对话框，设置打印属性并打印文件，如图 1-30 所示。

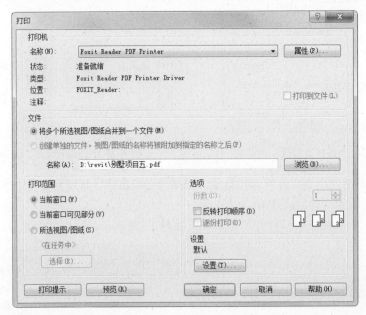

图 1-30 "打印"对话框

2）打印预览：预览视图打印效果，如图 1-31 所示，查看没有问题后可以直接单击"打印"按钮进行打印。

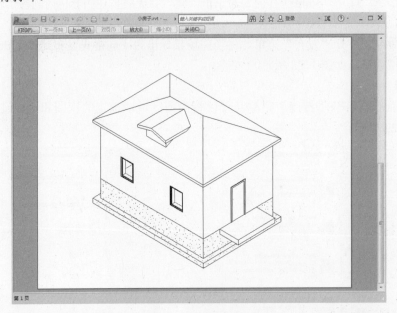

图 1-31 打印预览

3）打印设置：单击此命令，打开"打印设置"对话框，定义从当前模型打印视图和图样时或创建 PDF、PLT 或 PRN 文件时使用的设置，如图 1-32 所示。

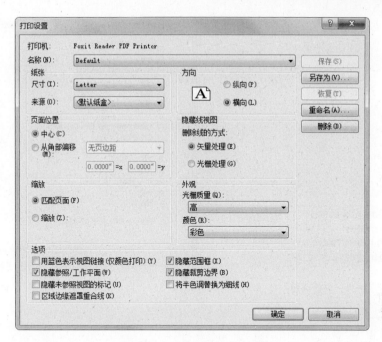

图 1-32 "打印设置"对话框

9. 最近使用的文档

在菜单的右侧会默认显示最近打开文件的列表。使用该下拉列表可以修改最近使用的文档的顺序。

1.3.2 快速访问工具栏

快速访问工具栏默认放置一些常用的工具按钮。

单击快速访问工具栏上的"自定义快速访问工具栏"按钮 ，打开图 1-33 所示的下拉菜单，可以对该工具栏进行自定义，勾选命令可使其在快速访问工具栏上显示，取消勾选命令则隐藏。

在快速访问工具栏的某个工具按钮上单击鼠标右键，打开图 1-34 所示的快捷菜单，选择"从快速访问工具栏中删除"命令，将删除选中工具按钮。选择"添加分隔符"命令，在工具的右侧添加分隔符线。选择"在功能区下方显示快速访问工具栏"命令，快速访问工具栏可以显示在功能区的上方或下方。选择"自定义快速访问工具栏"命令，打开"自定义快速访问工具栏"对话框，如图 1-35 所示，可以对快速访问工具栏中的工具按钮进行排序、添加或删除分割线。

在功能区中的任意工具按钮上单击鼠标右键，打开快捷菜单，然后选择"添加到快速访问工具栏"命令，将工具按钮添加到快速访问工具栏中。

图 1-33 下拉菜单

注意：

选项卡中的某些工具无法添加到快速访问工具栏中。

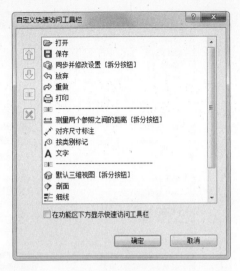

图 1-34　快捷菜单　　　　　图 1-35　"自定义快速访问工具栏"对话框

1.3.3　信息中心

该工具栏包括一些常用的数据交互访问工具，如图 1-36 所示，可以访问许多与产品相关的信息源。

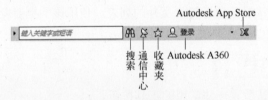

图 1-36　信息中心

1）搜索：在搜索框中输入要搜索信息的关键字，然后单击"搜索"按钮，可以在联机帮助中快速查找信息。

2）通信中心：可以接收支持信息、产品更新以及接收订阅的 RSS 提要的信息。

3）收藏夹：显示所存储的重要链接。

4）Autodesk A360：使用该工具可以访问与 Autodesk Account 相同的服务，但增加了 Autodesk 360 的移动性和协作优势。个人用户通过申请的 Autodesk 账户，登录到自己的云平台。

5）Autodesk App Store：单击此按钮，可以登录到 Autodesk 官方的 App 网站下载不同系列软件的插件。

1.3.4　功能区

创建或打开文件时，功能区会显示系统提供创建项目或族所需的全部工具。调整窗口的大小时，功能区中的工具会根据可用的空间自动调整大小。每个选项卡集成了相关的操作工具，方便了用户的使用。用户可以单击功能区选项后面的　按钮控制功能的展开与收缩。

1）修改功能区：单击功能区选项卡右侧的向右箭头，系统提供了 3 种功能区的显示方式："最小化为选项卡""最小化为面板标题""最小化为面板按钮""循环浏览所有项"，如图 1-37 所示。

2）移动面板：面板可以在绘图区"浮动"，在面板上按住鼠标左键并拖动（图 1-38），将其放置到绘图区域或桌面上即可。将鼠标放到浮动面板的右上角位置处，显示"将面板返回到功能区"，如图 1-39 所示。鼠标左键单击此处，使它变为"固定"面板。将鼠标移动到面板上以显示一个夹子，拖动该夹子到所需位置，移动面板。

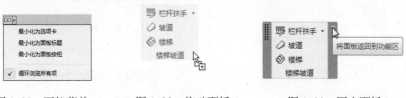

图 1-37　下拉菜单　　　图 1-38　拖动面板　　　图 1-39　固定面板

3）展开面板：单击面板标题旁的箭头 ▼ 表示该面板可以展开，来显示相关的工具和控件，如图 1-40 所示。默认情况下单击面板以外的区域时，展开的面板会自动关闭。单击"图钉"按钮 ⼞，面板在其功能区选项卡显示期间始终保持展开状态。

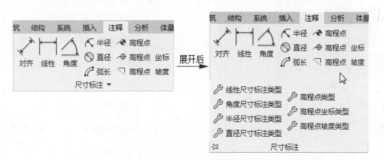

图 1-40　展开面板

4）上下文功能区选项卡：使用某些工具或者选择图元时，上下文功能区选项卡中会显示与该工具或图元的上下文相关的工具，如图 1-41 所示。退出该工具或清除选择时，该选项卡将关闭。

图 1-41　上下文功能区选项卡

1.3.5　属性选项板

"属性"选项板是一个无模式对话框，通过该对话框，可以查看和修改用来定义图元属性的参数。

第一次启动 Revit 时，"属性"选项板处于打开状态并固定在绘图区域左侧"项目浏览器"的上方，如图 1-42 所示。

1．类型选择器

显示当前选择的族类型，并提供一个可从中选择其他类型的下拉列表，如图 1-43 所示。

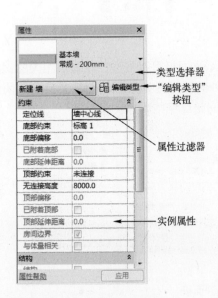

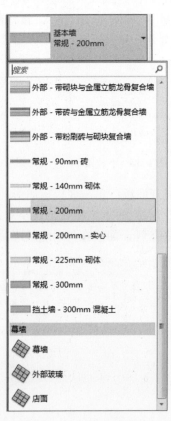

图 1-42 "属性"选项板   图 1-43 类型选择器下拉列表

2．属性过滤器

该过滤器用来标识将由工具放置的图元类别，或者标识绘图区域中所选图元的类别和数量。如果选择了多个类别或类型，则选项板上仅显示所有类别或类型所共有的实例属性。当选择了多个类别时，使用过滤器的下拉列表可以仅查看特定类别或视图本身的属性。

3．"编辑类型"按钮

单击此按钮，打开相关的"类型属性"对话框，该对话框用来查看和修改选定图元或视图的类型属性，如图 1-44 所示。

4．实例属性

在大多数情况下，"属性"选项板中既显示可由用户编辑的实例属性，又显示只读实例属性。当某属性的值由软件自动计算或赋值，或者取决于其他属性的设置时，该属性可能是只读属性，不可编辑。

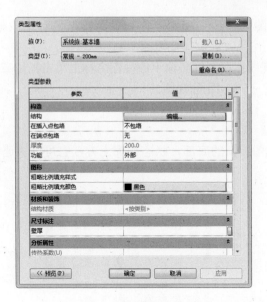

图 1-44　"类型属性"对话框

1.3.6　项目浏览器

　　"项目浏览器"用于显示当前项目中所有视图、明细表、图纸、组和其他部分的逻辑层次。展开和折叠各分支时，将显示下一层项目，如图 1-45 所示。

　　1）打开视图：双击视图名称打开视图，也可以在视图名称上单击鼠标右键，打开图 1-46 所示的快捷菜单，选择"打开"选项，打开视图。

　　2）打开放置了视图的图纸：在视图名称上单击鼠标右键，打开图 1-46 所示的快捷菜单，选择"打开图纸"选项，打开放置了视图的图纸。如果快捷菜单中的"打开图纸"选项不可用，则要么视图未放置在图纸上，要么视图是明细表或可放置在多个图纸上的图例视图。

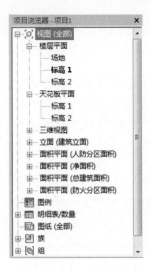

图 1-45　项目浏览器

图 1-46　快捷菜单

3）将视图添加到图纸中：将视图名称拖曳到图纸名称上或拖曳到绘图区域中的图纸上。

4）从图纸中删除视图：在图纸名称下的视图名称上单击鼠标右键，在打开的快捷菜单中选择"从图纸中删除"选项，删除视图。

1.3.7 视图控制栏

视图控制栏位于视图窗口的底部，状态栏的上方，它可以快速访问影响当前视图的功能，如图 1-47 所示。

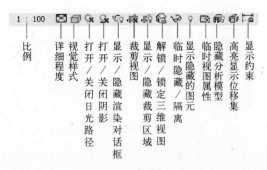

图 1-47　视图控制栏

1）比例：是指在图纸中用于表示对象的比例，可以为项目中的每个视图指定不同比例，也可以创建自定义视图比例。在比例上单击打开图 1-48 所示的比例列表，选择需要的比例，也可以单击"自定义比例"选项，打开"自定义比例"对话框，输入比率，如图 1-49 所示。

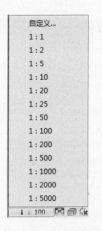

图 1-48　比例列表

图 1-49　"自定义比例"对话框

注意：

不能将自定义视图比例应用于该项目中的其他视图。

2）详细程度：可根据视图比例设置新建视图的详细程度，包括粗略、中等和精细 3 种。当在项目中创建新视图并设置其视图比例后，视图的详细程度将会自动根据表格中的排

列进行设置。通过预定义详细程度，可以影响不同视图比例下同一几何图形的显示。

3）视觉样式：可以为项目视图指定许多不同的图形样式，如图1-50所示。

- ➢ 线框：显示绘制了所有边和线而未绘制表面的模型图像。视图显示线框视觉样式时，可以将材质应用于选定的图元类型。这些材质不会显示在线框视图中；但是表面填充图案仍会显示。
- ➢ 隐藏线：显示绘制了除被表面遮挡部分以外的所有边和线的图像。

图1-50 视觉样式

- ➢ 着色：显示处于着色模式下的图像，而且具有显示间接光及其阴影的选项。
- ➢ 一致的颜色：显示所有表面都按照表面材质颜色设置进行着色的图像。该样式会保持一致的着色颜色，使材质始终以相同的颜色显示，而无论以何种方式将其定向到光源。
- ➢ 真实：可在模型视图中即时显示真实材质外观。旋转模型时，表面会显示在各种照明条件下呈现的外观。

注意：

"真实"视觉视图中不会显示人造灯光。

- ➢ 光线追踪：该视觉样式是一种照片级真实感渲染模式，该模式允许平移和缩放您的模型。

4）打开/关闭日光路径：控制日光路径可见性。在一个视图中打开或关闭日光路径时，其他任何视图都不受影响。

5）打开/关闭阴影：控制阴影的可见性。在一个视图中打开或关闭阴影时，其他任何视图都不受影响。

6）显示/隐藏渲染对话框：单击此按钮，打开"渲染"对话框，定义控制照明、曝光、分辨率、背景和图像质量的设置，如图1-51所示。

7）裁剪视图：定义了项目视图的边界。在所有图形项目视图中显示模型裁剪区域和注释裁剪区域。

8）显示/隐藏裁剪区域：可以根据需要显示或隐藏裁剪区域。在绘图区域中，选择裁剪区域，则会显示注释和模型裁剪。内部裁剪是模型裁剪，外部裁剪则是注释裁剪。

9）解锁/锁定三维视图：锁定三维视图的方向，以在视图中标记图元并添加注释记号。包括保存方向并锁定视图、恢复方向并锁定视图和解锁视图3个选项。

- ➢ 保存方向并锁定视图：将视图锁定在当前方向。在该模式中无法动态观察模型。
- ➢ 恢复方向并锁定视图：将解锁的、旋转方向的视图恢复到其原来锁定的方向。
- ➢ 解锁视图：解锁当前方向，从而允许定位和动态观察三维视图。

10）临时隐藏/隔离："隐藏"工具可在视图中隐藏所选图元，"隔离"工具可在视图中显示所选图元并隐藏所有其他图元。

11）显示隐藏的图元：临时查看隐藏图元或将其取消隐藏。

12）临时视图属性：包括启用临时视图属性、临时应用样板属性、最近使用的模板和恢

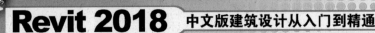

复视图属性 4 种视图选项。

13）隐藏分析模型：可以在任何视图中显示分析模型。

14）高亮显示位移集：单击此按钮，启用高亮显示模型中所有位移集的视图。

15）显示约束：在视图中临时查看尺寸标注和对齐约束，以解决或修改模型中的图元。"显示约束"绘图区域将显示一个彩色边框，以指示处于"显示约束"模式。所有约束都以彩色显示，而模型图元以半色调（灰色）显示。

图 1-51 "渲染"对话框

1.3.8 状态栏

状态栏在屏幕的底部，如图 1-52 所示。状态栏会提供有关要执行的操作的提示。高亮显示图元或构件时，状态栏会显示族和类型的名称。

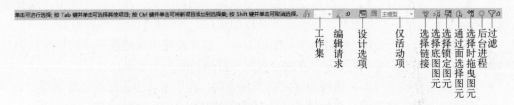

图 1-52 状态栏

1）工作集：显示处于活动状态的工作集。

2）编辑请求：对于工作共享项目，表示未决的编辑请求数。

3）设计选项：显示处于活动状态的设计选项。

4）仅活动项：用于过滤所选内容，以便仅选择活动的设计选项构件。

5）选择链接：可在已链接的文件中选择链接和单个图元。

6）选择底图图元：可在底图中选择图元。

7）选择锁定图元：可选择锁定的图元。

8）通过面选择图元：可通过单击某个面来选中某个图元。

9）选择时拖曳图元：不用先选择图元就可以通过拖曳操作移动图元。

10）后台进程：显示在后台运行的进程列表。

11）过滤：用于优化在视图中选定的图元类别。

1.3.9 ViewCube

ViewCube 默认在绘图区的右上方。通过 ViewCube 可以在标准视图和等轴测视图之间切换。

1）单击 ViewCube 上的某个角，可以根据由模型的 3 个侧面定义的视口将模型的当前视图重定向到四分之三视图，单击其中一条边缘，可以根据模型的两个侧面将模型的视图重定向到二分之一视图，单击相应面，将视图切换到相应的主视图。

2）如果在从某个面视图中查看模型时 ViewCube 处于活动状态，则 4 个正交三角形会显示在 ViewCube 附近。使用这些三角形可以切换到某个相邻的面视图。

3）单击或拖动 ViewCube 中指南针的东、南、西、北字样，切换到西南、东南、西北、东北等方向视图，或者绕上视图旋转到任意方向视图。

4）单击"主视图"按钮，不管视图目前是何种视图都会恢复到主视图方向。

5）从某个面视图查看模型时，两个滚动箭头按钮会显示在 ViewCube 附近。单击按钮，视图以 90°逆时针或顺时针进行旋转。

6）单击"关联菜单"按钮，打开图 1-53 所示的关联菜单。

> 转至主视图：恢复随模型一同保存的主视图。

> 保存视图：使用唯一的名称保存当前的视图方向。此选项只允许在查看默认三维视图时使用唯一的名称保存三维视图。如果查看的是以前保存的正交三维视图或透视（相机）三维视图，则视图仅以新方向保存，而且系统不会提示用户提供唯一名称。

> 锁定到选择项：当视图方向随 ViewCube 发生更改时，使用选定对象可以定义视图的中心。

> 切换到透视三维视图：在三维视图的平行和透视模式之间切换。

图 1-53 关联菜单

> 将当前视图设定为主视图：根据当前视图定义模型的主视图。

> 将视图设定为前视图：在 ViewCube 上更改定义为前视图的方向，并将三维视图定向到该方向。

> 重置为前视图：将模型的前视图重置为其默认方向。

> 显示指南针：显示或隐藏围绕 ViewCube 的指南针。

> 定向到视图：将三维视图设置为项目中的任何平面、立面、剖面或三维视图的方向。

➤ 确定方向：将相机定向到北、南、东、西、东北、西北、东南、西南或顶部。

➤ 定向到一个平面：将视图定向到指定的平面。

1.3.10 导航栏

导航栏在绘图区域中沿当前模型的窗口的一侧显示，包括 SteeringWheels（控制盘）和"缩放工具"，如图 1-54 所示。

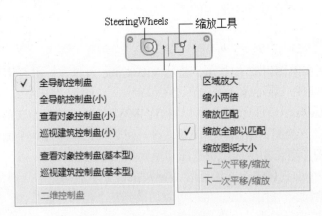

图 1-54 导航栏

1. SteeringWheels

控制盘的集合，通过这些控制盘，可以在专门的导航工具之间快速切换。每个控制盘都被分成不同的按钮。每个按钮都包含一个导航工具，用于重新定位模型的当前视图。包含以下几种形式，如图 1-55 所示。

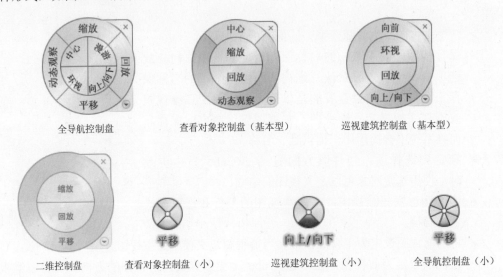

图 1-55 SteeringWheels

单击控制盘右下角的"显示控制盘菜单"按钮，打开图 1-56 所示的控制盘菜单，菜单中包含了所有全导航控制盘的视图工具，单击"关闭控制盘"选项关闭控制盘，也可以单击控制盘上的"关闭"按钮 ，关闭控制盘。

2. 缩放工具

缩放工具包括区域放大、缩小两倍、缩放匹配、缩放全部以匹配和缩放图纸大小等工具。

1）区域放大：放大所选区域内的对象。

2）缩小两倍：将视图窗口显示的内容缩小到原来的二分之一。

3）缩放匹配：缩放以显示所有对象。

4）缩放全部以匹配：缩放以显示所有对象的最大范围。

5）缩放图纸大小：缩放以显示图纸内的所有对象。

6）上一次平移/缩放：显示上一次平移或缩放结果。

7）下一次平移/缩放：显示下一次平移或缩放结果。

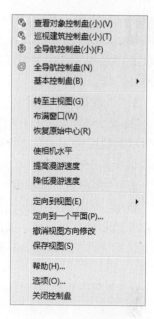

图 1-56 控制盘菜单

1.4 选项设置

单击"文件程序菜单"中的"选项"按钮 选项 ，打开"选项"对话框，如图 1-57 所示。"选项"对话框控制软件及其用户界面的各个方面。

图 1-57 "选项"对话框

1.4.1 "常规"设置

在"常规"选项卡中可以设置通知、用户名、日志文件清理工作共享更新频率和视图选项参数。

1. "通知"选项组

Revit 不能自动保存文件，可以通过"通知"选项组设置用户建立项目文件或族文件保存文档的提醒时间。在"保存提醒间隔"下拉列表中选择保存提醒时间，设置保存提醒时间间隔最少是 15min。

2. "用户名"选项组

Revit 首次在工作站中运行时，使用 Windows 登录名作为默认用户名。在以后的设计中可以修改和保存用户名。如果需要使用其他用户名，以便在某个用户不可用时放弃该用户的图元，可先注销 Autodesk 账户，然后在"用户名"字段中输入另一个用户的 Autodesk 用户名。

3. "日志文件清理"选项组

日志文件是记录 Revit 任务中每个步骤的文本文档。这些文件主要用于软件支持进程。要检测问题或重新创建丢失的步骤或文件时，可运行日志。设置要保留的日志文件数量以及要保留的天数后，系统会自动进行清理，并始终保留设定数量的日志文件，后面产生的新日志会自动覆盖前面的日志文件。

4. "工作共享更新频率"选项组

工作共享是一种设计方法，此方法允许多名团队成员同时处理同一项目模型，拖动对话框中的滑块可以设置工作共享的更新频率。

5. "视图选项"选项组

对于不存在默认视图样板或存在视图样板但未指定视图规程的视图，指定其默认规程，系统提供了 6 种视图样板，如图 1-58 所示。

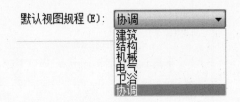

图 1-58　视图规程

1.4.2 "用户界面"设置

"用户界面"选项卡用来设置用户界面，包括功能区的设置、活动主题、快捷键的设置和选项卡的切换等，如图 1-59 所示。

1. "配置"选项组

1）工具和分析：可以通过勾选或取消勾选"工具和分析"列表框中的复选框，控制用户界面功能区中选项卡的显示和关闭。例如，若取消勾选"'建筑'选项卡和工具"复选框，单击"确定"按钮后，功能区中"建筑"选项卡将不再显示，如图 1-60 所示。

图 1-59 "用户界面"选项卡

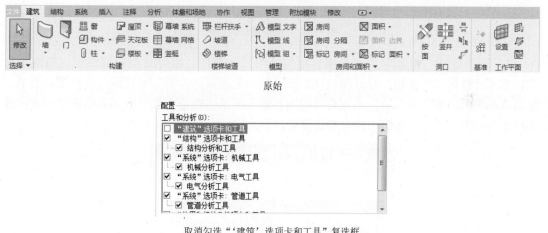

图 1-60 选项卡的关闭

2）快捷键：用于设置命令的快捷键。单击"自定义"按钮，打开"快捷键"对话框，如图 1-61 所示。主要通过搜索要设置快捷键的命令或者在列表中选择要设置快捷键的命令，然后在"按新建"文本框中输入快捷键，单击"指定"按钮 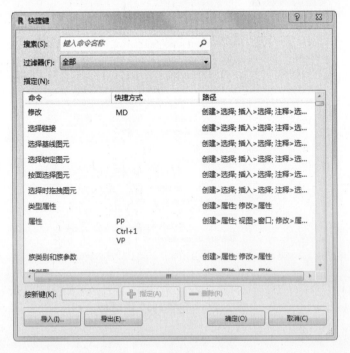 的方法来设置添加快捷键。

图 1-61 "快捷键"对话框

3）双击选项：指定用于进入族、绘制的图元、部件、组等类型的编辑模式的双击动作。单击"自定义"按钮，打开图 1-62 所示"自定义双击设置"对话框，选择图元类型，然后在相应的双击栏中单击，右侧会出现下拉箭头，单击在打开的下拉列表中选择相应的双击操作，单击"确定"按钮，完成双击设置。

图 1-62 "自定义双击设置"对话框

4）工具提示助理：工具提示提供有关用户界面中某个工具或绘图区域中某个项目的信息，或者在工具使用过程中提供下一步操作的说明。将光标停留在功能区的某个工具之上时，默认情况下，Revit 会显示工具提示。工具提示提供该工具的简要说明。如果光标在该功能区工具上再停留片刻，则会显示附加信息（如果有），如图 1-63 所示。系统提供了无、最小、标准和高 4 种类型。

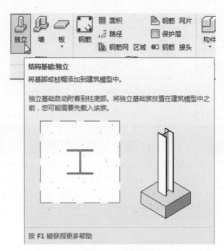

图 1-63　工具提示

> 无：关闭功能区工具提示和画布中工具提示，使它们不再显示。
> 最小：只显示简要的说明，而隐藏其他信息。
> 标准：为默认选项。当光标移动到工具上时，显示简要的说明，如果光标再停留片刻，则接着显示更多信息。
> 高：同时显示有关工具的简要说明和更多信息（如果有），没有时间延迟。

5）启动时启用"最近使用的文件"页面：在启动 Revit 时显示"最近使用的文件"页面。该页面列出用户最近处理过的项目和族的列表，还提供对联机帮助和视频的访问。

2. "选项卡切换行为"选项组

用来设置上下文选项卡在功能区中的行为。

1）清除选择或退出后：项目环境或族编辑器中指定所需的行为。列表中包括"返回到上一个选项卡"和"停留在'修改'选项卡"选项。

> 返回到上一个选项卡：在取消选择图元或者退出工具之后，Revit 显示上一次出现的功能区选项卡。
> 停留在"修改"选项卡：在取消选择图元或者退出工具之后，仍停留在"修改"选项卡上。

2）选择时显示上下文选项卡：勾选此复选框后，当激活某些工具或者编辑图元时会自动增加并切换到"修改 | xx"选项卡，如图 1-64 所示。其中包含一组只与该工具或图元相关的工具。

图 1-64　"修改 | xx"选项卡

3. "视觉体验"选项组

1）活动主题：用于设置 Revit 用户界面的视觉效果，包括明和暗两种，如图 1-65 所示。

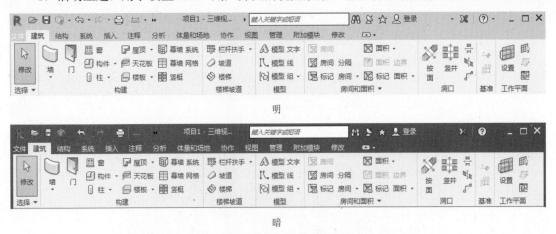

明

暗

图 1-65　活动主题

2）使用硬件图形加速（若有）：通过使用可用的硬件，提高渲染 Revit 用户界面时的性能。

1.4.3 "图形"设置

"图形"选项卡主要控制图形和文字在绘图区域中的显示，如图 1-66 所示。

图 1-66　"图形"选项卡

1．"图形模式"选项组

勾选"使用反走样平滑线条"复选框，提高视图中的线条质量，使边显示得更平滑。如果要在使用反走样时体验最佳性能，则勾选"使用硬件加速"复选框，启用硬件加速。如果没有启用硬件加速，并使用反走样，则在缩放、平移和操纵视图时性能会降低。

2．"颜色"选项组

1）背景：更改绘图区域中背景和图元的颜色。单击"颜色"按钮，打开图 1-67 所示的"颜色"对话框，指定新的背景颜色。系统会自动根据背景色调整图元颜色，比如较暗的颜色将导致图元显示为白色，如图 1-68 所示。

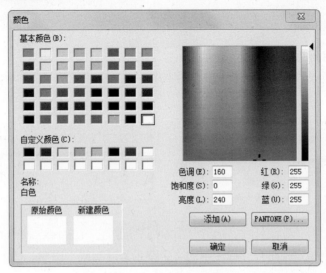

图 1-67　"颜色"对话框

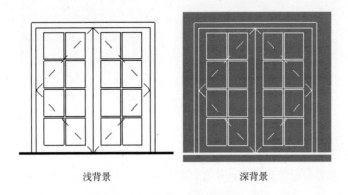

浅背景　　　　　　　　深背景

图 1-68　背景色和图元颜色

2）选择：用于显示绘图区域中选定图元的颜色，如图 1-69 所示。单击"颜色"按钮可在"颜色"对话框中指定新的选择颜色。勾选"半透明"复选框，可以查看选定图元下面的图元。

3）预先选择：设置在将光标移动到绘图区域中的图元时，用于显示高亮显示的图元的颜色，如图 1-70 所示。单击"颜色"按钮可在"颜色"对话框中指定高亮显示颜色。

4）警告：设置在出现警告或错误时用于显示图元的颜色，如图 1-71 所示。单击"颜色"按钮可在"颜色"对话框中指定新的警告颜色。

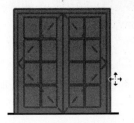　　　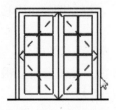　　　

图 1-69　选择图元　　　　　　图 1-70　高亮显示　　　　　图 1-71　警告颜色

3．"临时尺寸标注文字外观"选项组

1）大小：用于设置临时尺寸标注中文字的字体大小，如图 1-72 所示。

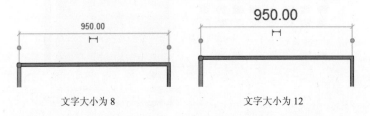

图 1-72　字体大小

2）背景：用于指定临时尺寸标注中的文字背景为透明或不透明，如图 1-73 所示。

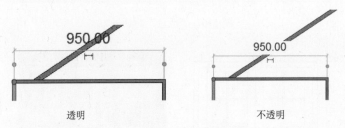

图 1-73　设置文字背景

1.4.4　"文件位置"设置

"文件位置"选项卡用来设置 Revit 文件和目录的路径，如图 1-74 所示。

1）项目样板文件：指定在创建新模型时要在"最近使用的文件"窗口和"新建项目"对话框中列出的样板文件。

2）用户文件默认路径：指定 Revit 保存当前文件的默认路径。

3）族样板文件默认路径：指定样板和库的路径。

4）点云根路径：指定点云文件的根路径。

5）放置：添加公司专用的第二个库。单击此按钮，打开图 1-75 所示的"放置"对话框，可添加或删除库路径。

图 1-74 "文件位置"选项卡

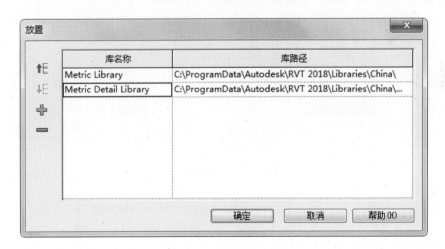

图 1-75 "放置"对话框

1.4.5 "渲染"设置

"渲染"选项卡提供有关在渲染三维模型时如何访问要使用的图像的信息,如图 1-76 所示。在此选项卡中可以指定用于渲染外观的文件路径以及贴花的文件路径。单击"添加值"按钮➕,输入路径,或在列表框中单击██按钮,打开"浏览器文件夹"对话框设置路径。选择列表中的路径,单击"删除值"按钮➖,删除路径。

图 1-76 "渲染"选项卡

1.4.6 "检查拼写"设置

"检查拼写"选项卡用于文字输入时的语法设置，如图 1-77 所示。

图 1-77 "检查拼写"选项卡

1）设置：勾选或取消勾选相应的复选框，以指示拼写检查工具是否应忽略特定单词或查找重复单词。

2）恢复默认值：单击此按钮，恢复到安装软件时的默认设置。

3）主字典：在列表中选择所需的字典。

4）其他词典：指定要用于定义拼写检查工具可能会忽略的自定义单词和建筑行业术语的词典文件的位置。

1.4.7 "SteeringWheels"设置

"SteeringWheels"选项卡用来设置 SteeringWheels 视图导航工具的选项，如图 1-78 所示。

图 1-78 "SteeringWheels"选项卡

1."文字可见性"选项组

1）显示工具消息（始终对基本控制盘启用）：显示或隐藏工具消息，如图 1-79 所示。不管该设置如何，基本控制盘工具消息始终显示。

2）显示工具提示（始终对基本控制盘启用）：显示或隐藏工具提示，如图 1-80 所示。

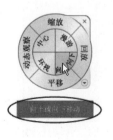

图 1-79 显示工具消息 　　　　　图 1-80 显示工具提示

3）显示工具光标文字（始终对基本控制盘启用）：工具处于活动状态时显示或隐藏光标文字。

2．"大控制盘外观"/"小控制盘外观"选项组

1）尺寸：用来设置大/小控制盘的大小，包括大、中、小 3 种尺寸。

2）不透明度：用来设置大/小控制盘的不透明度，可以在其下拉列表中选择不透明度值。

3．"环视工具行为"选项组

反转垂直轴（将鼠标拉回进行查阅）：反转环视工具的向上向下查找操作。

4．"漫游工具"选项组

1）将平行移动到地平面：使用"漫游"工具漫游模型时，勾选此复选框可将移动角度约束到地平面。取消勾选此复选框，漫游角度将不受约束，将沿查看的方向"飞行"，可沿任何方向或角度在模型中漫游。

2）速度系数：使用"漫游"工具漫游模型或在模型中"飞行"时，可以控制移动速度。移动速度由光标从"中心圆"图标移动的距离控制。可以拖动滑块调整速度系数，也可以直接在文本框中输入。

5．"缩放工具"选项组

单击一次鼠标放大一个增量（始终对基本控制盘启用）：允许通过单次单击缩放视图。

6．"动态观察工具"选项组

保持场景正立：使视图的边垂直于地平面。取消勾选此复选框，可以按 360° 旋转动态观察模型，此功能在编辑一个族时很有用。

1.4.8 "ViewCube"设置

"ViewCube"选项卡用于设置 ViewCube 导航工具的选项，如图 1-81 所示。

图 1-81 "ViewCube"选项卡

1．"ViewCube 外观"选项组

1）显示 ViewCube：设置在三维视图中显示或隐藏 ViewCube。

2）显示位置：指定在哪些视图中显示 ViewCube，如果选择"仅活动视图"，则仅在当前视图中显示 ViewCube。

3）屏幕位置：指定 ViewCube 在绘图区域中的位置，如右上、右下、左上、左下。

4）ViewCube 大小：指定 ViewCube 的大小，包括自动、微型、小、中、大。

5）不活动时的不透明度：指定未使用 ViewCube 时它的不透明度。如果选择了 0%，需要将光标移动至 ViewCube 位置上方，否则 ViewCube 不会显示在绘图区域中。

2．"拖曳 ViewCube 时"选项组

捕捉到最近的视图：勾选此复选框，将捕捉到最近的 ViewCube 的视图方向。

3．"在 ViewCube 上单击时"选项组

1）视图更改时布满视图：勾选此复选框后，在绘图区中选择了图元或构件，并在 ViewCube 上单击，则视图将相应地进行旋转，并进行缩放以匹配绘图区域中的该图元。

2）切换视图时使用动画转场：勾选此复选框后，切换视图方向时显示动画操作。

3）保持场景正立：使 ViewCube 和视图的边垂直于地平面。若取消勾选此复选框，可以按 360°动态观察模型。

4．"指南针"选项组

同时显示指南针和 ViewCube（仅当前项目）：勾选此复选框后，在显示 ViewCube 的同时会显示指南针。

1.4.9 "宏"设置

"宏"选项卡定义用于创建自动化重复任务的宏的安全性设置，如图 1-82 所示。

图 1-82 "宏"选项卡

1．"应用程序宏安全性设置"选项组

1）启用应用程序宏：选择此选项，打开应用程序宏。

2）禁用应用程序宏：选择此选项，关闭应用程序宏，但是仍然可以查看、编辑和构建代码，且修改后不会改变当前模块状态。

2．"文档宏安全性设置"选项组

1）启用文档宏前询问：系统默认选择此选项，如果在打开 Revit 项目时存在宏，系统会提示启用宏，用户可以选择在检测到宏时启用宏。

2）禁用文档宏：在打开项目时关闭文档级宏，但是仍然可以查看、编辑和构建代码，且修改后不会改变当前模块状态。

3）启用文档宏：打开文档宏。

第2章 基本绘图工具

 知识导引

Revit 提供了丰富的实体操作工具，如工作平面、模型修改以及几何图形的编辑等，借助这些工具，用户可以轻松、方便、快捷地绘制图形。

2.1 工作平面

工作平面是一个用作视图或绘制图元起始位置的虚拟二维表面。工作平面可以作为视图的原点，可以用来绘制图元，还可以用于放置基于工作平面的构件。

2.1.1 设置工作平面

每个视图都与工作平面相关联。在视图中设置工作平面时，工作平面与该视图一起保存。

在某些视图（如平面视图、三维视图和绘图视图）以及族编辑器的视图中，工作平面是自动设置的。在其他视图（如立面视图和剖面视图）中，则必须设置工作平面。

单击"建筑"选项卡"工作平面"面板中的"设置"按钮 ，打开图 2-1 所示的"工作平面"对话框，使用该对话框可以显示或更改视图的工作平面，也可以显示、设置、更改或取消关联基于工作平面图元的工作平面。

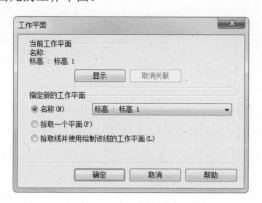

图 2-1 "工作平面"对话框

1）名称：从列表中选择一个可用的工作平面。此列表中包括标高、网格和已命名的参照平面。

2）拾取一个平面：选择此选项，可以选择任何可以进行尺寸标注的平面，包括墙面、链接模型中的面、拉伸面、标高、网格和参照平面为所需平面，Revit 会创建与所选平面重合的平面。

3）拾取线并使用绘制该线的工作平面：Revit 会创建与选定线的工作平面共面的工作平面。

2.1.2 显示工作平面

在视图中显示或隐藏活动的工作平面，工作平面在视图中以网格显示，如图 2-2 所示。

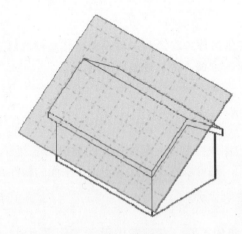

图 2-2　显示工作平面（1）

单击"建筑"选项卡"工作平面"面板上的"显示工作平面"按钮来显示工作平面。再次单击"显示工作平面"按钮，可以隐藏工作平面。

2.1.3 编辑工作平面

可以修改工作平面的边界大小和网格大小。

具体编辑过程如下。

1）单击"建筑"选项卡"工作平面"面板上的"显示工作平面"按钮，显示视图中的工作平面，如图 2-3 所示。

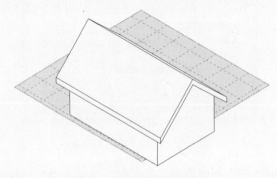

图 2-3　显示工作平面（2）

2）选取视图中的工作平面，拖动平面的边界控制点，改变大小，如图 2-4 所示。

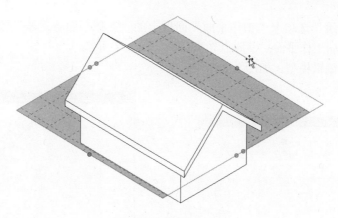

图2-4 拖动更改大小

3）在属性选项板中的工作平面网格间距中输入新的间距值，然后按〈Enter〉键或单击"应用"按钮，更改网格间距大小，如图2-5所示。

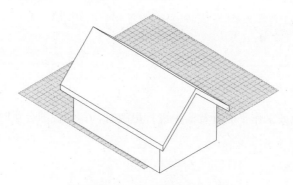

图2-5 更改网格间距

2.1.4 工作平面查看器

使用"工作平面查看器"可以修改模型中基于工作平面的图元。工作平面查看器提供一个临时性的视图，不会保留在"项目浏览器"中。对于编辑形状、放样和放样融合中的轮廓非常有用。

具体操作过程如下。

1）单击"快速访问"工具栏中的"打开"按钮 ，打开"放样.rfa"图形，如图 2-6所示。

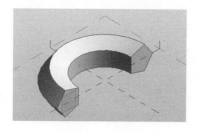

图2-6 打开图形

2）单击"建筑"选项卡"工作平面"面板上的"工作平面查看器"按钮，打开"工作平面查看器-活动工作平面：参照点"窗口，如图 2-7 所示。

3）根据需要编辑模型，如图 2-8 所示。

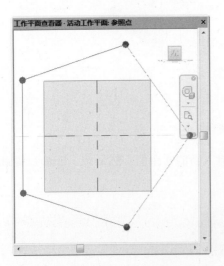

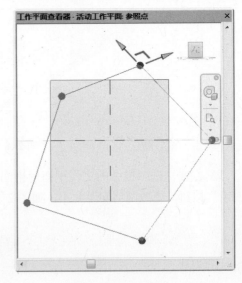

图2-7 "工作平面查看器-活动工作平面：参照点"窗口   图2-8   更改图形

4）当在项目视图或工作平面查看器中进行更改时，其他视图会实时更新，结果如图 2-9 所示。

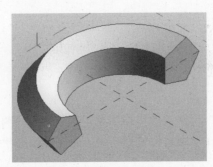

图2-9   更改后的图形

2.2   模型创建

2.2.1   模型线

模型线是基于工作平面的图元，存在于三维空间且在所有视图中都可见。模型线可以绘制成直线或曲线，可以单独绘制、链状绘制，或者以矩形、圆形、椭圆形或其他多边形的形状进行绘制。

单击"建筑"选项卡"模型"面板上的"模型线"按钮，打开"修改|放置线"选项

卡，其中"绘制"面板和"线样式"面板中包含了所有用于绘制模型线的绘图工具与线样式设置，如图 2-10 所示。

图 2-10　"绘制"面板和"线样式"面板

1. 直线

指定线的起点和终点，或指定线的长度绘制线。

具体绘制过程如下。

1）单击"修改 | 放置线"选项卡"绘制"面板上的"线"按钮，鼠标指针变成，并在功能区的下方显示选项栏，如图 2-11 所示。

图 2-11　选项栏

2）在视图区中指定直线的起点，按住左键开始拖动鼠标，直到直线终点放开。视图中绘制显示直线的参数，如图 2-12 所示。

3）可以直接输入直线的参数，按〈Enter〉键确认，如图 2-13 所示。

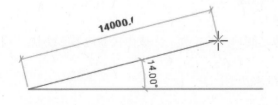
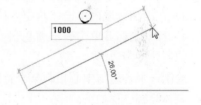

图 2-12　直线参数　　　　　　　　　　图 2-13　输入直线参数

- ➢ 放置平面：显示当前的工作平面，可以从列表中选择标高或拾取新工作平面为当前工作平面。
- ➢ 链：勾选此复选框，绘制连续线段。
- ➢ 偏移：在文本框中输入偏移值，绘制的直线根据输入的偏移值自动偏移轨迹线。
- ➢ 半径：勾选此复选框，并输入半径值，绘制的直线之间会根据半径值自动生成圆角。要使用此选项，必须先勾选"链"复选框绘制连续曲线，这样才能绘制圆角。

2. 矩形

根据起点和角点绘制矩形。

具体绘制过程如下。

1）单击"修改 | 放置线"选项卡"绘制"面板上的"矩形"按钮，在图中适当位置单击确定矩形的起点。

2）拖动鼠标移动，动态显示矩形的大小，单击确定矩形的角点，也可以直接输入矩形的尺寸值。

3）在选项栏中勾选"半径"复选框，输入半径值，绘制带圆角的矩形，如图2-14所示。

图 2-14　带圆角的矩形

3．多边形

（1）内接多边形

对于内接多边形，圆的半径是圆心到多边形边之间顶点的距离。

具体绘制过程如下。

1）单击"修改|放置线"选项卡"绘制"面板上的"内接多边形"按钮⬠，打开选项栏，如图2-15所示。

| 修改 | 放置 线 | 放置平面: 标高 : 标高 1 ▾ | ☑ 链 | 边: 5 | 偏移: 0.0 | ☐ 半径: 500.0 |

图 2-15　多边形选项栏

2）在选项栏中输入边数、偏移值以及半径等参数。

3）在绘图区域内单击以指定多边形的圆心。

4）移动光标并单击确定圆心到多边形边之间顶点的距离，完成内接多边形的绘制。

（2）外接多边形

绘制一个各边与中心相距某个特定距离的多边形。

具体绘制过程如下。

1）单击"修改|放置线"选项卡"绘制"面板上的"外接多边形"按钮⬡，打开选项栏，如图2-15所示。

2）在选项栏中输入边数、偏移值以及半径等参数。

3）在绘图区域内单击以指定多边形的圆心。

4）移动光标并单击确定圆心到多边形边的垂直距离，完成外接多边形的绘制。

4．圆

通过指定圆形的中心点和半径来绘制圆形。

具体绘制过程如下。

1）单击"修改|放置线"选项卡"绘制"面板上的"圆"按钮⊘，打开选项栏，如图2-16所示。

| 修改 | 放置 线 | 放置平面: 标高 : 标高 1 ▾ | ☑ 链 | 偏移: 0.0 | ☐ 半径: 500.0 |

图 2-16　圆选项栏

2）在绘图区域中单击确定圆的圆心。

3）在选项栏中输入半径，仅需单击一次就可将圆形放置在绘图区域。

4）如果在选项栏中没有确定半径，可以拖动鼠标调整圆的半径，再次单击确认半径，完成圆的绘制。

5. 圆弧

Revit 提供了 4 种用于绘制弧的选项。

1）起点-中点-半径弧：通过绘制连接弧的两个端点的弦指定起点-终点-半径弧，然后使用第 3 个点指定角度或半径。

2）圆心-端点弧：通过指定圆心、起点和端点绘制圆弧。此方法不能绘制角度大于 180°的圆弧。

3）相切-端点弧：从现有墙或线的端点创建相切弧。

4）圆角弧：绘制两相交直线间的圆角。

6. 椭圆和椭圆弧

1）椭圆：通过中心点、长半轴和短半轴来绘制椭圆。

2）半椭圆：通过长半轴和短半轴来控制半椭圆的大小。

7. 样条曲线

绘制一条经过或靠近指定点的平滑曲线。

具体绘制过程如下。

1）单击"修改|放置线"选项卡"绘制"面板上的"样条曲线"按钮，打开选项栏。

2）在绘图区域中单击指定样条曲线的起点。

3）移动光标单击，指定样条曲线上的下一个控制点，根据需要指定控制点。

用一条样条曲线无法创建单一闭合环，但是，可以使用第二条样条曲线来使曲线闭合。

8. 线样式

在"线样式"的"线样式"下拉列表中提供了多种线样式，如图 2-17 所示。

图 2-17 "线样式"下拉列表

在图形中选择要更改线型的模型线，在线样式列表中选择线型，结果如图 2-18 所示。

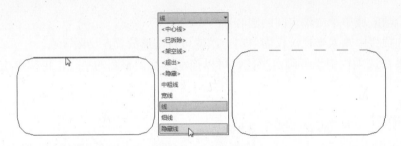

图 2-18　更改线样式

2.2.2　模型文字

模型文字是基于工作平面的三维图元，可用于建筑或墙上的标志或字母。对于能以三维方式显示的族（如墙、门、窗和家具族），可以在项目视图和族编辑器中添加模型文字。模型文字不可用于只能以二维方式表示的族，如注释、详图构件和轮廓族。

在添加模型文字之前首先要设置要在其中显示文字的工作平面。

1. 创建模型文字

具体绘制步骤如下。

1）在图形区域中绘制一段墙体。

2）单击"建筑"选项卡"工作平面"面板中的"设置"按钮，打开"工作平面"对话框，选择"拾取一个平面"选项，如图 2-19 所示。单击"确定"按钮，选择墙体的前端面为工作平面。

3）单击"建筑"选项卡"模型"面板中的"设置"按钮，打开"编辑文字"对话框，输入"Revit"文字，如图 2-20 所示。

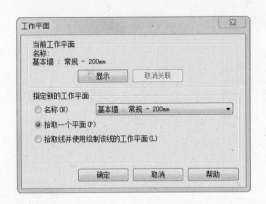

图 2-19　"工作平面"对话框

图 2-20　"编辑文字"对话框

4）将文字放置到墙上适当位置，如图 2-21 所示。

2. 编辑模型文字

具体步骤如下。

1）选中图 2-21 中的文字，在"属性"选项板中更改文字"深度"为"50"，单击"应用"按钮，更改文字深度，如图 2-22 所示。

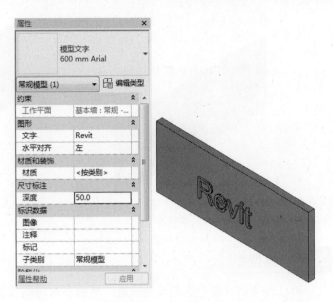

图 2-21 模型文字　　　　　　　　　　图 2-22 更改文字深度

2）单击属性选项板中的"编辑类型"按钮 ，打开"类型属性"对话框，更改"文字字体"为"Arial"，"文字大小"为"800"，勾选"粗体"和"斜体"复选框，如图 2-23所示，单击"确定"按钮，完成文字字体和大小的更改，如图 2-24 所示。

图 2-23 "类型属性"对话框　　　　　　　图 2-24 更改字体和大小

3）选中文字按住鼠标左键拖动文字，如图 2-25 所示，释放鼠标左键放置位置，如图 2-26 所示，完成文字的移动。

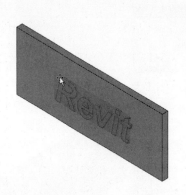

图 2-25　拖动文字　　　　　　　　　　　　　图 2-26　移动文字

2.2.3　模型组

可以将项目或族中的图元分成组，然后多次将组放置在项目或族中。需要创建代表重复布局的实体或通用于许多建筑项目的实体（例如宾馆房间、公寓或重复楼板）时，对图元进行分组非常有用。

放置在组中的每个实例之间都存在相关性。例如，创建一个具有床、墙和窗的组，然后将该组的多个实例放置在项目中。如果修改一个组中的墙，则该组所有实例中的墙都会随之改变。

可以创建模型组、详图组和附着的详图组。

1）模型组：创建全部由模型组成的组，如图 2-27 所示。

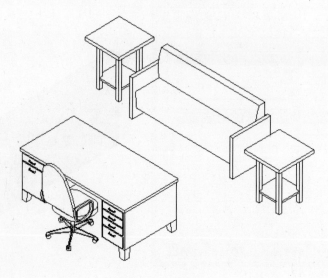

图 2-27　模型组

2）详图组：创建包含视图专有的文本、填充区域、尺寸标注、门窗标记等图元的组，如图 2-28 所示。

3）附着的详图组：创建包含与特定模型组关联的视图专有图元的组，如图 2-29 所示。

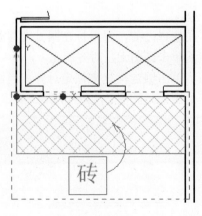

图 2-28 详图组

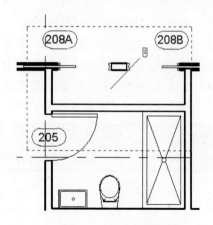

图 2-29 附着的详图组

组不能同时包含模型图元和视图专有图元。如果选择了这两种类型的图元，将它们成组，则 Revit 会创建一个模型组，并将详图图元放置于该模型组的附着的详图组中。如果同时选择了详图图元和模型组，Revit 将为该模型组创建一个含有详图图元的附着的详图组。

2.3 模型修改

Revit 提供了图元的修改和编辑工具，主要集中在"修改"选项卡中，如图 2-30 所示。

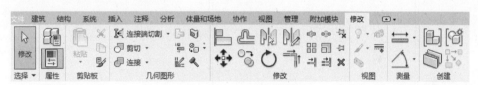

图 2-30 "修改"选项卡

当选择要修改的图元后，会打开"修改 | xx"选项卡，选择的图元不同，打开的"修改 | xx"选项卡也会有所不同，但是"修改"面板中的操作工具是相同的。

2.3.1 对齐

该命令可以将一个或多个图元与选定图元对齐。此工具通常用于对齐墙、梁和线，但也可以用于其他类型的图元。可以对齐同一类型的图元，也可以对齐不同族的图元。可以在平面视图（二维）、三维视图或立面视图中对齐图元。

具体步骤如下。

1）单击"修改"选项卡"修改"面板中的"对齐"按钮 ，打开选项栏，如图 2-31 所示。

图 2-31 对齐选项栏

➤ 多重对齐：勾选此复选框，将多个图元与所选图元对齐，也可以按〈Ctrl〉键的同时选择多个图元进行对齐。

➤ 首选：指明将如何对齐所选墙，包括参照墙面、参照墙中心线、参照核心层表面和参照核心层中心。

2）选择要与其他图元对齐的图元。

3）选择要与参照图元对齐的一个或多个图元。在选择之前，将鼠标在图元上移动，直到高亮显示要与参照图元对齐的图元部分时为止，然后单击该图元，对齐图元。

4）如果希望选定图元与参照图元保持对齐状态，单击锁定标记来锁定对齐，当修改具有对齐关系的图元时，系统会自动修改与之对齐的其他图元，如图 2-32 所示。

注意：
要启动新对齐，按〈Esc〉键一次；要退出对齐工具，按〈Esc〉键两次。

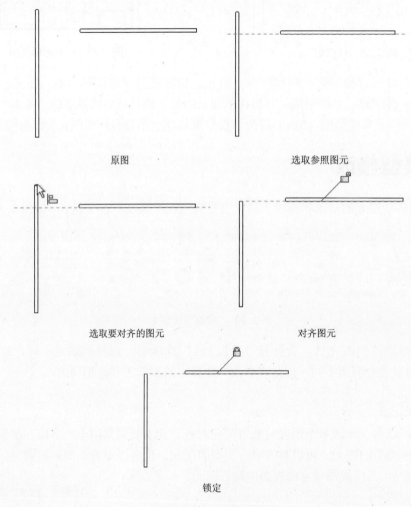

图 2-32　对齐过程图

2.3.2　移动

该命令用于将选定的图元移动到新的位置。

具体步骤如下。

1）选择要移动的图元。

2）单击"修改"选项卡"修改"面板中的"移动"按钮

，打开选项栏，如图 2-33 所示。

图 2-33 移动选项栏

➢ 约束：勾选此复选框，限制图元沿着与其垂直或共线的
矢量方向的移动。

➢ 分开：勾选此复选框，可在移动前中断所选图元和其他图元之间的关联。也可以将
依赖于主体的图元从当前主体移动到新的主体上。

3）单击图元上的点作为移动的起点。

4）移动鼠标移动图元到适当位置。

5）单击完成移动操作，如果要更精准地移动图元，在移动过程中输入要移动的距离
即可。

移动过程如图 2-34 所示。

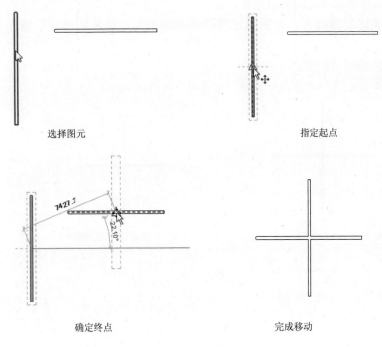

图 2-34 移动过程

2.3.3 旋转

该命令用来绕轴旋转选定的图元。在楼层平面视图、天花板投影平面视图、立面视图和
剖面视图中，图元会围绕垂直于这些视图的轴进行旋转。并不是所有图元均可以围绕任何轴
旋转，例如，墙不能在立面视图中旋转，窗不能在没有墙的情况下旋转。

具体步骤如下。

1）选择要旋转的图元。

2）单击"修改"选项卡"修改"面板中的"旋转"按钮，打开选项栏，如图 2-35
所示。

修改 | 墙 ☐分开 ☐复制 角度: ☐ 旋转中心: 地点 默认

图 2-35 旋转选项栏

➤ 分开：勾选此复选框，可在移动前中断所选图元和其他图元之间的关联。

➤ 复制：勾选此复选框，旋转所选图元的副本，而在原来位置上保留原始对象。

➤ 角度：输入旋转角度，系统会根据指定的角度执行旋转。

➤ 旋转中心：默认的旋转中心是图元中心，可以单击"地点"按钮 地点 ，指定新的旋转中心。

3）单击以指定旋转的开始位置放射线。此时显示的线即表示第一条放射线。如果在指定第一条放射线时光标进行捕捉，则捕捉线将随预览框一起旋转，并在放置第二条放射线时捕捉屏幕上的角度。

4）移动鼠标移动图元到适当位置。

5）单击完成旋转操作，如果要更精准地旋转图元，在旋转过程中输入要旋转的角度即可。

旋转过程如图 2-36 所示。

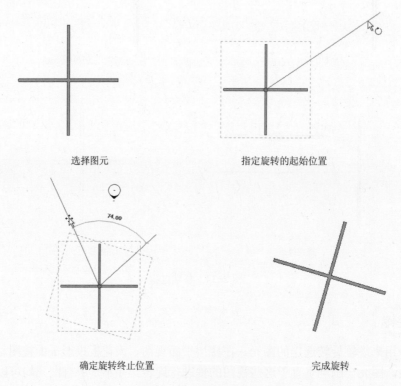

选择图元　　　　　　　　指定旋转的起始位置

确定旋转终止位置　　　　　　完成旋转

图 2-36 旋转过程

2.3.4 偏移

该命令用于将选定的图元，如线、墙或梁复制移动到其长度的垂直方向上的指定距离处。可以对单个图元或属于相同族的图元链应用偏移工具。可以通过拖曳选定图元或输入值来指定偏移距离。

偏移工具的使用限制条件：

1）只能在线、梁和支撑的工作平面中偏移它们。

2）不能对创建为内建族的墙进行偏移。

3）不能在与图元的移动平面相垂直的视图中偏移这些图元，如不能在立面图中偏移墙。

具体步骤如下。

1）单击"修改"选项卡"修改"面板中的"偏移"按钮  ，打开选项栏，如图 2-37 所示。

图 2-37 偏移选项栏

➢ 图形方式：选择此选项，将选定图元拖曳到所需位置。

➢ 数值方式：选择此选项，在"偏移"文本框中输入偏移距离值，距离值为正数值。

➢ 复制：勾选此复选框，偏移所选图元的副本，而在原来位置上保留原始对象。

2）在选项栏中选择偏移距离的方式。

3）选择要偏移的图元或链，如果选择"数值方式"选项指定了偏移距离，则将在放置光标的一侧在离高亮显示图元该距离的地方显示一条预览线，如图 2-38 所示。

4）根据需要移动光标，以便在所需偏移位置显示预览线，然后单击将图元或链移动到该位置，或在那里放置一个副本。

5）如果选择"图形方式"选项，则单击以选择高亮显示的图元，然后将其拖曳到所需距离并再次单击。开始拖曳后，将显示一个关联尺寸标注，可以输入特定的偏移距离。

旋转过程如图 2-38 所示。

鼠标在墙的内部

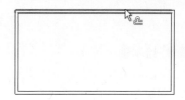

鼠标在墙的外部

图 2-38 偏移方向

2.3.5 镜像

Revit 移动或复制所选图元，并将其位置反转到所选轴线的对面。

1. 镜像-拾取轴

通过已有轴来镜像图元。

具体步骤如下。

1）选择要镜像的图元。

2）单击“修改”选项卡“修改”面板中的“镜像-拾取轴”按钮，打开选项栏，如图 2-39 所示。

修改 | 墙
复制

图 2-39　镜像选项栏（1）

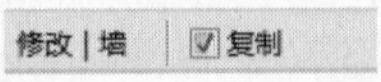

➢ 复制：勾选此复选框，镜像所选图元的副本，而在原来位置上保留原始对象。

3）选择代表镜像轴的线。

4）单击完成镜像操作。

镜像过程如图 2-40 所示。

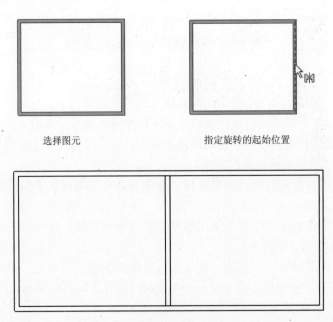

选择图元
指定旋转的起始位置
完成镜像

图 2-40　镜像过程

2．镜像-绘制轴

绘制一条临时镜像轴线来镜像图元。

具体步骤如下。

1）选择要镜像的图元。

2）单击“修改”选项卡“修改”面板“镜像-绘制轴”按钮，打开选项栏，如图 2-41 所示。

修改 | 墙
复制

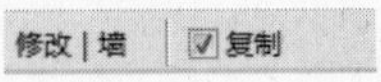

图 2-41　镜像选项栏（2）

3）绘制一条临时镜像轴线。

4）单击完成镜像操作。

镜像过程如图 2-42 所示。

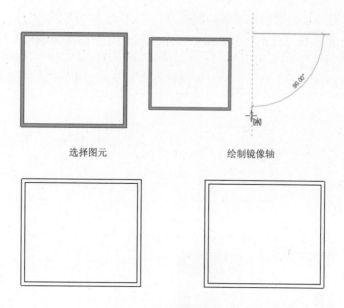

选择图元   绘制镜像轴

完成镜像

图 2-42　镜像过程

2.3.6　阵列

使用阵列工具可以创建一个或多个图元的多个实例，并同时对这些实例执行操作。

1. 线性阵列

可以指定阵列中的图元之间的距离。

具体步骤如下。

1）单击"修改"选项卡"修改"面板中的"阵列"按钮▥▥，选择要阵列的图元，按〈Enter〉键，打开选项栏，单击"线性"按钮▥，如图 2-43 所示。

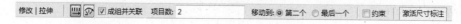

图 2-43　线性阵列选项栏

> 成组并关联：勾选此复选框，将阵列的每个成员包括在一个组中。如果未勾选此复选框，则阵列后，每个副本都独立于其他副本。

> 项目数：指定阵列中所有选定图元的副本总数。

> 移动到：成员之间间距的控制方法。

> 第二个：指定阵列每个成员之间的间距，如图 2-44 所示。

> 最后一个：指定阵列中第一成员到最后一个成员之间的间距。阵列成员会在第一个成员和最后一个成员之间以相等间距分布，如图 2-45 所示。

> 约束：勾选此复选框，用于限制阵列成员沿着与所选的图元垂直或共线的矢量方向移动。

> 激活尺寸标注：单击此选项，可以显示并激活要阵列图元的定位尺寸。

2）在绘图区域中单击以指明测量的起点。

3）移动光标显示第二成员尺寸或最后一个成员尺寸，单击确定间距尺寸，或直接输入尺寸值。

4）在选项栏中输入副本数，也可以直接修改图形中的副本数字，完成阵列。

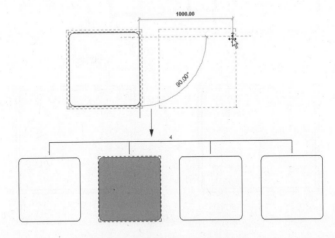

图 2-44　设置第二个成员间距

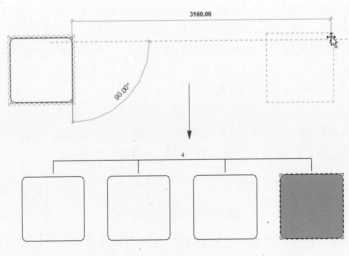

图 2-45　设置最后一个

2. 半径阵列

绘制圆弧并指定阵列中要显示的图元数量。

具体步骤如下。

1）单击"修改"选项卡"修改"面板中的"阵列"按钮⊞⊞，选择要阵列的图元，按〈Enter〉键，打开选项栏，单击"半径"按钮⊗，如图 2-46 所示。

图 2-46　半径阵列选项栏

➢ 角度：在此文本框中输入总的径向阵列角度，最大为 360°。

➢ 旋转中心：设定径向旋转中心点。

2）指定旋转中心点。在大部分情况下，都需要将旋转中心控制点从所选图元的中心移走或重新定位。

3）将光标移动到半径阵列的弧形开始的位置。

4）输入旋转角度和副本数。也可以指定第一条旋转放射线后移动光标放置第二条旋转放射线来确定旋转角度。

半径阵列过程如图 2-47 所示。

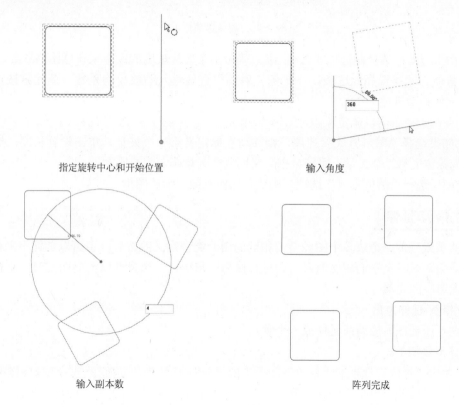

指定旋转中心和开始位置　　　　　　　　　　输入角度

输入副本数　　　　　　　　　　　　　　阵列完成

图 2-47　半径阵列过程

2.3.7　缩放

缩放工具适用于线、墙、图像、链接、DWG 和 DXF 导入、参照平面以及尺寸标注的位置。可以通过图形方式或输入比例系数以调整图元的尺寸和比例。

缩放图元大小时，需要考虑以下事项：

1）无法调整已锁定的图元。需要先解锁图元，然后才能调整其尺寸。

2）调整图元尺寸时，需要定义一个原点，图元将相对于该固定点均匀地改变大小。

3）所有选定图元都必须位于平行平面中。选择集中的所有墙必须都具有相同的底部标高。

4）调整墙的尺寸时，插入对象（如门和窗）与墙的中点保持固定的距离。

5）调整大小会改变尺寸标注的位置，但不改变尺寸标注的值。如果被调整的图元是尺寸标注的参照图元，则尺寸标注值会随之改变。

6）链接符号和导入符号具有名为"实例比例"的只读实例参数。它表明实例大小与基准符号的差异程度。可以调整链接符号或导入符号来更改实例比例。

具体步骤如下。

1）单击"修改"选项卡"修改"面板中的"缩放"按钮 ⬜，选择要缩放的图元，打开选项栏，如图 2-48 所示。

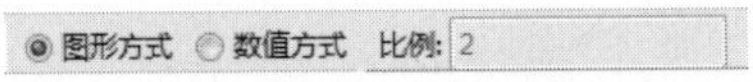

图形方式 数值方式 比例：2

图 2-48   旋转选项栏

➢ 图形方式：选择此选项，Revit 通过确定两个矢量长度的比率来计算比例系数。

➢ 数值方式：选择此选项，在比例文本框中直接输入缩放比例系数，图元将按定义的比例系数调整大小。

2）在图形中单击以确定原点。

3）如果选择"图形方式"选项，则移动光标定义第一个矢量，单击设置长度，然后再次移动光标定义第二个矢量，系统根据定义的两个矢量确定缩放比例。

4）如果选择"数值方式"选项，则输入比例系数，缩放图形。

2.3.8 修剪/延伸

以修剪或延伸一个或多个图元至由相同的图元类型定义的边界。也可以延伸不平行的图元以形成角，或者在它们相交时对它们进行修剪以形成角。选择要修剪的图元时，光标位置指示要保留的图元部分。

1．修剪/延伸为角

将两个所选图元修剪或延伸成一个角。

具体步骤如下。

1）单击"修改"选项卡"修改"面板中的"修剪/延伸为角"按钮 ⬛，选择要修剪/延伸为角的一个线或墙，单击要保留部分。

2）选择要修剪/延伸为角的第二个线或墙。

3）根据所选图元修剪/延伸为角，如图 2-49 所示。

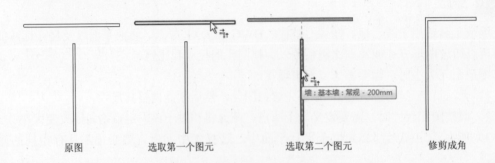

原图   选取第一个图元   选取第二个图元   修剪成角

图 2-49   修剪/延伸为角的创建过程

2. 修剪/延伸单个图元

将一个图元修剪或延伸到其他图元定义的边界。

1）单击"修改"选项卡"修改"面板中的"修剪/延伸单个图元"按钮 ，选择要用作边界的参照。

2）选择要修剪/延伸的图元。

3）如果此图元与边界（或投影）交叉，则保留所单击的部分，而修剪边界另一侧的部分，如图 2-50 所示。

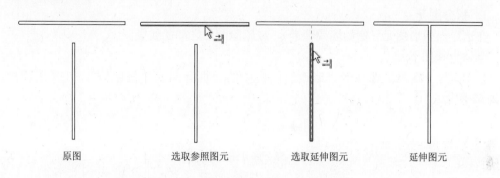

原图　　　　　　　选取参照图元　　　　　　　选取延伸图元　　　　　　　延伸图元

图 2-50　修剪/延伸单个图元的创建过程

3. 修剪/延伸多个图元

将多个图元修剪或延伸到其他图元定义的边界。

1）单击"修改"选项卡"修改"面板中的"修剪/延伸多个图元"按钮 ，选择要用作边界的参照。

2）单击以选择要修剪或延伸的每个图元，或者框选所有要修剪/延伸的图元。

> **注意：**
> 当从右向左绘制选择框时，图元不必包含在选中的框内。当从左向右绘制时，仅选中完全包含在框内的图元。

3）如果此图元与边界（或投影）交叉，则保留所单击的部分，而修剪边界另一侧的部分，如图 2-51 所示。

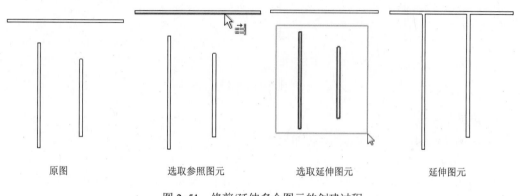

原图　　　　　　　选取参照图元　　　　　　　选取延伸图元　　　　　　　延伸图元

图 2-51　修剪/延伸多个图元的创建过程

2.3.9 拆分

通过"拆分"工具，可将图元拆分为两个单独的部分，可删除两个点之间的线段，也可在两面墙之间创建定义的间隙。

拆分工具有两种使用方法：拆分图元和用间隙拆分。

拆分工具可以拆分墙、线、栏杆护手（仅拆分图元）、柱（仅拆分图元）、梁（仅拆分图元）、支撑（仅拆分图元）等图元。

1. 拆分图元

在选定点剪切图元（例如墙或管道），或删除两点之间的线段。

具体步骤如下。

1) 单击"修改"选项卡"修改"面板中的"拆分图元"按钮 ，打开选项栏，如图 2-52 所示。

☑ 删除内部线段

图 2-52　拆分图元选项栏

➢ 删除内部线段：勾选此复选框，Revit 会删除墙或线上所选点之间的线段。

2) 在图元上要拆分的位置处单击，拆分图元。

3) 如果勾选"删除内部线段"复选框，则单击另一个点来删除一条线段，如图 2-53 所示。

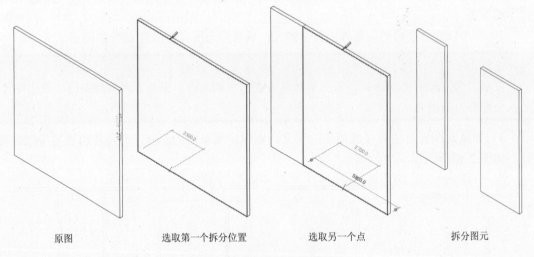

原图　　　　　选取第一个拆分位置　　　　　选取另一个点　　　　　拆分图元

图 2-53　拆分图元的创建过程

2. 用间隙拆分

将墙拆分成之间已定义间隙的两面单独的墙。

具体步骤如下。

1) 单击"修改"选项卡"修改"面板中的"用间隙拆分"按钮 ，打开选项栏，如图 2-54 所示。

连接间隙: 100.0

图 2-54　用间隙拆分选项栏

2）在选项栏中输入连接间隙值。

3）在图元上要拆分的位置处单击，拆分图元，如图 2-55 所示。

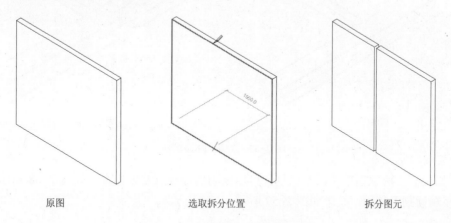

原图　　　　　　　选取拆分位置　　　　　　拆分图元

图 2-55　用间隙拆分的创建过程

2.4　编辑几何图形

2.4.1　连接端切割

1. 应用连接端切割

连接端切割可以应用于模型的钢构件，例如梁和柱。

具体步骤如下。

1）单击"修改"选项卡"几何图形"面板"连接端切割"下的"应用连接端切割"按钮，打开选项栏。

2）选择要应用连接端切割的图元。

3）选择要用来剪切连接端切割的柱或框架，如图 2-56 所示。

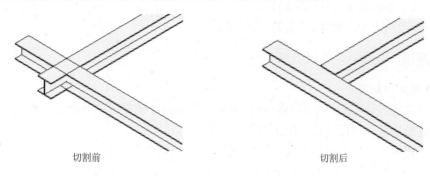

切割前　　　　　　　　　　　　切割后

图 2-56　应用连接端切割

4）如果钢梁件拉伸得过长，会影响切割效果，只在相交处被切断，切断处以外的钢梁件均被保留，如图 2-57 所示。

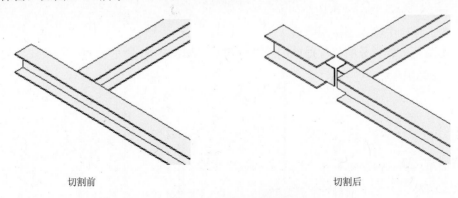

切割前   切割后

图 2-57   钢梁过长切割

5）如果需要两条钢梁件相互切割，可以拖动构件端点缩短长度，如图 2-58 所示。再次应用连接端切割工具后，结果如图 2-59 所示。

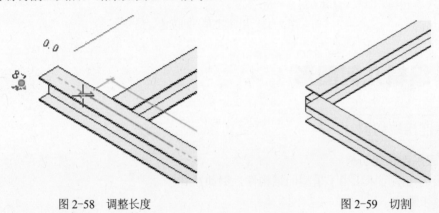

图 2-58   调整长度   图 2-59   切割

2．删除连接端切割

1）单击"修改"选项卡"几何图形"面板"连接端切割"下的"应用连接端切割"按钮，打开选项栏。

2）选择要删除连接端切割的构件。

3）选择要用来加连接端切割的柱或框架。

2.4.2　连接

1．连接几何图形

使用"连接几何图形"工具可以在共享公共面的两个或多个主体图元（例如墙和楼板）之间创建清理连接。也可以使用此工具连接主体和内建族或者主体和项目族。

在族编辑器中连接几何图形时，会在不同形状之间创建连接。但是在项目中，连接图元之一实际上会根据下列方案剪切其他图元。

1）墙剪切柱。

2）结构图元剪切主体图元（墙、屋顶、天花板和楼板）。

3）楼板、天花板和屋顶剪切墙。

4）檐沟、封檐带和楼板边剪切其他主体图元。檐口不剪切任何图元。

具体步骤如下。

1）单击"修改"选项卡"几何图形"面板"连接"下的"连接几何图形"按钮 ，打开选项栏，如图2-60所示。

□ 多重连接

图2-60　连接选项栏

➢ 多重连接：将所选的第一个几何图形实例连接到其他几个实例。

2）选择要连接的第一个几何图形。

3）选择要与第一个几何图形连接的第二个几何图形。如果勾选"多重连接"复选框，则继续选择要与第一个几何图形连接的其他几何图形，结果如图2-61所示

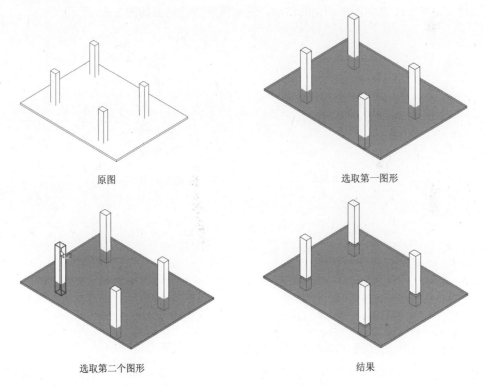

原图　　　　　　　　　　　选取第一图形

选取第二个图形　　　　　　　　　　结果

图2-61　连接几何图形的创建过程

2．取消连接几何图形

使用"取消连接几何图形"工具可以删除用"连接几何图形"工具应用的两个或两个以上图元之间的连接。

具体步骤如下。

1）单击"修改"选项卡"几何图形"面板"连接"下的"取消连接几何图形"按钮

，激活命令。

2）选择要取消连接的几何图形。

3．切换连接顺序

使用"切换连接顺序"工具可以反向连接图元。

具体步骤如下。

1）单击"修改"选项卡"几何图形"面板"连接"下的"切换连接顺序"按钮，打开选项栏，如图 2-62 所示。

☑多个开关

图 2-62　切换连接顺序选项栏

➢ 多重开关：切换多个图元与某个公共图元的连接顺序。

2）选择第一个几何图形。

3）选择与第一个几何图形连接的另一个几何图形。如果勾选"多个切换"复选框，则继续选择要与第一个几何图形相交的图形，隐藏图形后的结果如图 2-63 所示。

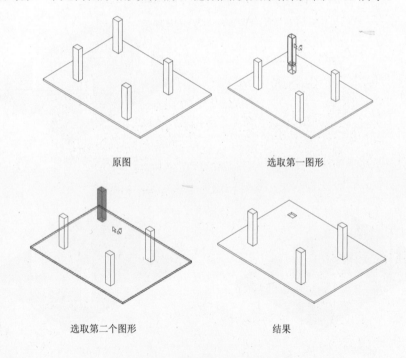

原图　　　　　　　　　　　　选取第一图形

选取第二个图形　　　　　　　　　　结果

图 2-63　切换连接顺序的创建过程

2.4.3　剪切

1．剪切几何图形

使用"剪切几何图形"工具可以拾取并选择要剪切和不剪切的几何图形。

具体步骤如下。

1）单击"修改"选项卡"几何图形"面板"剪切"下的"剪切几何图形"按钮，打开选项栏，如图 2-64 所示。

□多重剪切　　□剪切图元的拆分面

图 2-64　剪切选项栏

2）选择要剪切的图元或主墙体。

3）选择与主体平行的墙或用于剪切的族实例。隐藏用于修剪的墙体，结果如图 2-65 所示。

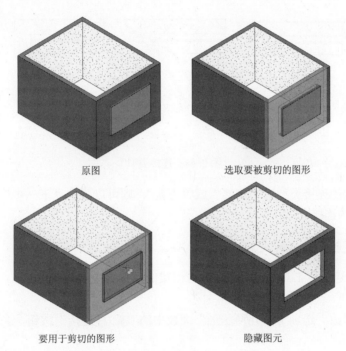

原图　　　　　　　　　　　　选取要被剪切的图形

要用于剪切的图形　　　　　　　隐藏图元

图 2-65　剪切几何图形的创建过程

2. 取消剪切几何图形

可以选择在连接几何图形时不剪切的几何图形。

具体步骤如下。

1）单击"修改"选项卡"几何图形"面板"剪切"下的 "取消剪切几何图形"按钮，打开选项栏，如图 2-66 所示。

□多重不剪切

图 2-66　取消剪切选项栏

2）选择剪切图元或主墙体。

3）选择用于剪切的内嵌墙或族实例。

2.4.4　墙连接

墙相交时，Revit 默认情况下会创建平接连接，并通过删除墙与其相应构件层之间的可见边来清理平面视图中的显示。

具体步骤如下。

1）单击"修改"选项卡"几何图形"面板中的"墙连接"按钮，打开选项栏，如

图 2-67 所示。

配置 | 上一个 | 下一个 | ⚪ 平接 ⚪ 斜接 ⚪ 方接 | ⚪ 允许连接 ⚪ 不允许连接

图 2-67　墙连接选项栏

2）将鼠标移至墙连接上，然后在显示的灰色方块中单击。

3）若要选择多个相交墙连接进行编辑，在按下〈Ctrl〉键的同时选择每个连接。

4）在选项栏中选择连接类型为平接（默认连接类型）、斜接或方接，如图 2-68 所示。

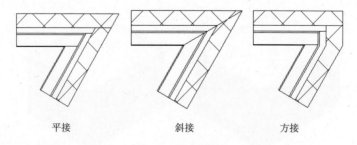

平接　　　　　　　　　斜接　　　　　　　　　方接

图 2-68　连接类型

5）如果选定的连接类型为"平接"或"方接"，则可以单击"下一步"和"上一步"按钮循环预览可能的连接顺序。

2.4.5　梁/柱连接

使用"梁/柱连接"工具，通过删除或应用梁的可见缩进来调整连接。

具体步骤如下。

1）单击"修改"选项卡"几何图形"面板中的"梁/柱连接"按钮，打开选项栏，如图 2-69 所示。

显示包含以下内容的梁连接：☑ 钢 ☑ 木材 ☑ 预制混凝土 ☑ 其他

图 2-69　梁/柱连接选项栏

2）视图中在梁（和柱，视具体情况而定）端点连接处显示缩进箭头控制柄，如图 2-70 所示。

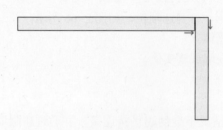

图 2-70　显示缩进箭头控制柄

3）在选项栏上，根据钢材、木材、预制混凝土和其他材质过滤可见连接控制柄。

4）单击缩进箭头控制，沿着箭头所指方向修改缩进，如图 2-71 所示。

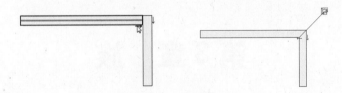

图 2-71 梁连接

2.4.6 拆分面

"拆分面"工具拆分图元的所选面。该工具不改变图元的结构，可以在任何非族实例上使用。在拆分面后，可使用"填色"工具为此部分面应用不同材质。

具体步骤如下。

1）单击"修改"选项卡"几何图形"面板中的"拆分面"按钮 ，选择要拆分的面，如图 2-72 所示。

2）打开"修改|拆分面>边界"选项卡，可以直接在提取边界然后输入偏移值，也可以单击绘图命令绘制边界，如图 2-73 所示。单击"完成编辑模式"按钮 ，完成边界绘制。

3）完成面的拆分，如图 2-74 所示。

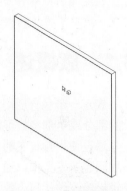

图 2-72 选择要拆分的面

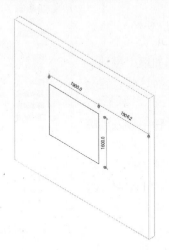

图 2-73 绘制边界

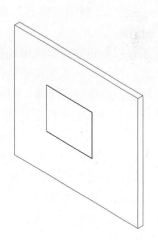

图 2-74 拆分面

第3章 族

知识导引

族是 Revit 软件中的一个非常重要的构成要素，在 Revit 中不管是模型还是注释均由族构成，所以掌握族的概念和用法至关重要。

3.1 族概述

族是一个包含通用属性（称作参数）集和相关图形表示的图元组。属于一个族的不同图元的部分或全部参数可能有不同的值，但是参数（其名称与含义）的集合是相同的。

通过使用预定义的族和在 Revit Architecture 中创建新族，可以将标准图元和自定义图元添加到建筑模型中。通过族，还可以对用法和行为类似的图元进行某种级别的控制，以便用户轻松修改设计和高效管理项目。

项目中所有正在使用或可用的族都显示在项目浏览器"族"下，并按图元类别分组，如图 3-1 所示。

Revit 提供了 3 种类型的族：系统族、可载入族和内建族。

1. 系统族

系统族可以创建要在建筑现场装配的基本图元，例如墙、屋顶、楼板、风管、管道等。系统族还包含项目和系统设置，而这些设置会影响项目环境，如标高、轴网、图纸和视口等类型。

系统族是在 Revit 中预定义的。不能将其从外部文件中载入到项目中，也不能将其保存到项目之外的位置。Revit 不允许用户创建、复制、修改或删除系统族，但可以复制和修改系统族中的类型，以便创建自定义的系统族类型。系统族中可以只保留一个系统族类型，除此以外的其他系统族类型都可以删除，因为每个族至少需要一个类型才能创建新系统族类型。

图 3-1 项目浏览器"族"

2. 可载入族

可载入的族是在外部 RFA 文件中创建的，并可导入或载入到项目中。

可载入族是用于创建下列构件的族，如窗、门、橱柜、装置、家具、植物以及锅炉、热水器等一些常规自定义的主视图元。由于载入族具有高度可自定义的特征，因此可载入的族是在 Revit 中最经常创建和修改的族。对于包含许多类型的可载入族，可以创建和使用类型目录，以便仅载入项目所需的类型。

可以在项目中创建多个内建族，并且将同一内建族的多个副本放置在项目中。但是，与系统族和可载入族不同，用户不能通过复制内建族类型来创建多种类型。

3．内建族

内建族是用户需要创建当前项目专有的独特构件时所创建的独特图元。用户可以创建内建几何图形，以便它可参照其他项目几何图形，使其在所参照的几何图形发生变化时进行相应大小调整和其他调整。创建内建族时，Revit 将为内建族创建一个族，该族包含单个族类型。

3.2　二维族

二维模型族包括注释类型族、标题栏族、轮廓族、详图构件族等，不同的类型族由不同的族样板文件来创建。

先绘制族的几何图形，使用参数建立族构件之间的关系，创建其包含的变体或族类型，确定其在不同视图中的可见性和详细程度。完成族后，先在项目中进行测试，然后使用族在项目中创建图元。

3.2.1　创建注释族

注释族时应用族的标记或符号，它可以自动提取模型族中的参数值，自动创建构件标记注释。一些注释族可以起标记作用，其他则是用于不同用途的常规注释。

3.2.2　实例——创建窗标记族

1）在开始界面中选择"族"→"新建"或者选择"文件程序菜单"→"新建"→"族"命令，打开"新族-选择样板文件"对话框，选择"注释"文件夹中的"公制窗标记.rft"为样板族，如图 3-2 所示，单击"打开"按钮进入族编辑器，如图 3-3 所示。该族样板中默认提供两个正交参照平面，参照平面点位置表示标签的定位位置。

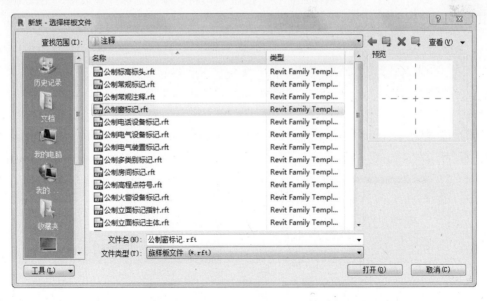

图 3-2　"新族-选择样板文件"对话框

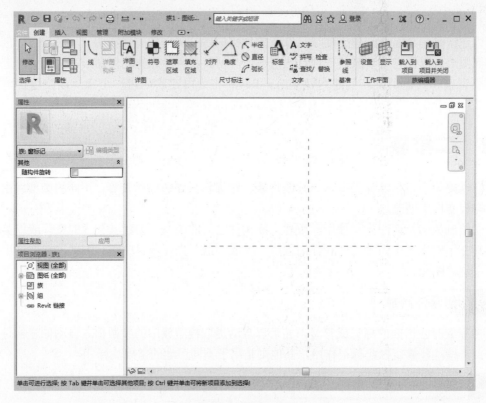

图 3-3 族编辑器

2）单击"创建"选项卡"文字"面板中的"标签"按钮，在视图中位置中心单击确定标签位置，打开"编辑标签"对话框，在"类别参数"栏中选择类型标记，双击后添加到标签参数栏，或者单击"将参数添加标签"按钮，将其添加到标签参数栏，更改样例值为"C2100"，如图 3-4 所示。

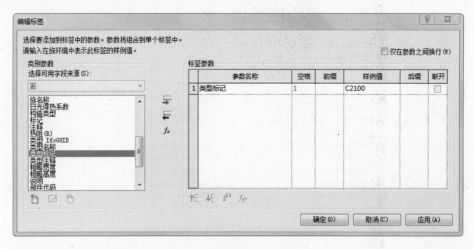

图 3-4 "编辑标签"对话框

3）单击"确定"按钮，将标签添加到视图中，如图 3-5 所示。

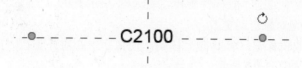

图 3-5　添加标签

4）选中标签，单击"编辑类型"按钮，打开图 3-6 所示的"类型属性"对话框，单击"复制"按钮，打开"名称"对话框，输入名称为"3.5mm"，如图 3-7 所示。单击"确定"按钮，返回到"类型属性"对话框。

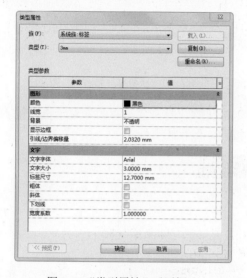

图 3-6　"类型属性"对话框

图 3-7　"名称"对话框

5）在"类型属性"对话框中修改颜色为"红色"，设置"文字字体"为"仿宋_GB2312"，"文字大小"为"3.5mm"，其他采用默认设置，如图 3-8 所示。单击"确定"按钮。

图 3-8　设置参数

6）在属性选项板中勾选"随构件旋转"复选框（图 3-9），当项目中有不同方向的窗户时，窗标记会根据标记对象自动更改。

7）在视图中选取窗标记，将其向上移动，使文字中心对齐垂直方向参照平面，底部稍高于水平参照平面，如图 3-10 所示。

图 3-9　属性选项板　　　　　　　　　　图 3-10　移动窗标记

8）单击"快速访问"工具栏中的"保存"按钮 ，打开"另存为"对话框，输入名称为"窗标记"，如图 3-11 所示。单击"保存"按钮，保存族文件。

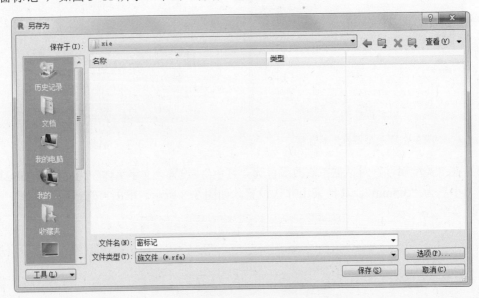

图 3-11　"另存为"对话框

注意：
窗标记已经创建完成，下面开始验证窗标记是否可用。

9）在开始界面中选择"项目"→"新建"命令，打开"新建项目"对话框，在"样板文件"下拉列表框中选择"建筑样板"样板文件，如图 3-12 所示，单击"确定"按钮，新建项目文件。也可以直接打开已有项目文件。

10）单击"建筑"选项卡"构建"面板中的"墙"按钮 ，在视图中任意绘制一段墙体，如图 3-13 所示。

图 3-12　"新建项目"对话框

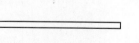

图 3-13　绘制墙体

11）打开窗标记族文件，单击"创建"选项卡"族编辑器"面板中的"载入到项目"按钮，返回到项目文件中。

12）单击"建筑"选项卡"构建"面板中的"窗"按钮，打开"修改 | 放置窗"选项卡，单击"在放置时进行标记"按钮，将窗放置到墙体中，如图 3-14 所示。

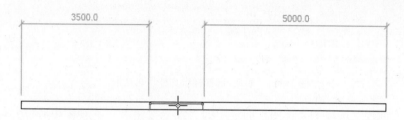

图 3-14　放置窗

13）放置完窗后，显示窗标记，结果如图 3-15 所示。

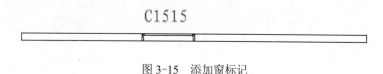

图 3-15　添加窗标记

> **技巧：**
> 其他类型的标记族与窗标记族的创建方法相同。只需要在建立其他注释族的时候选择相应的样板即可。

3.2.3　创建符号族

在绘制施工图的过程中，需要使用大量的注释符号，以满足二维出图要求，例如指北针、高程点等符号。

3.2.4　实例——创建高程点符号

高程即从某一基准面起算的地面点的高度。

1）在开始界面中选择"族"→"新建"或者选择"文件程序菜单"→"新建"→"族"命令，打开"新族-选择样板文件"对话框，选择"注释"文件夹中的"公制高程点符号.rft"为样板族，如图 3-16 所示，单击"打开"按钮进入族编辑器。

图 3-16 "新族-选择样板文件"对话框

2）单击"创建"选项卡"详图"面板中的"线"按钮，在视图中心位置创建高度为 3mm 的等腰三角形，并在顶部绘制水平直线，如图 3-17 所示。

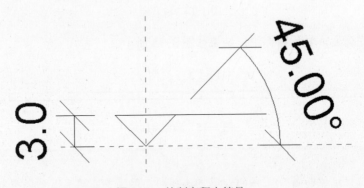

图 3-17 绘制高程点符号

3）单击"快速访问"工具栏中的"保存"按钮，打开"另存为"对话框，输入名称为"高程点"，单击"保存"按钮，保存族文件。

注意：
高程点已经创建完成，下面开始验证高程点是否可用。

4）选择"文件程序菜单"→"新建"→"项目"命令，打开"新建项目"对话框，在样板文件下拉列表中选择"建筑样板"，单击"确定"按钮，新建项目文件。也可以直接打开已有项目文件。

5）单击"建筑"选项卡"构建"面板中的"墙"按钮 ⬭，在视图中任意绘制墙体，如图 3-18 所示。

6）在浏览器中将视图切换到三维视图，单击"注释"选项卡"尺寸标注"面板中的"高程点"按钮 ⬤，在墙体上标注高程，如图 3-19 所示。

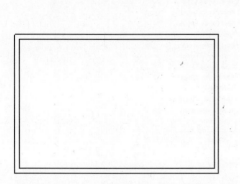

图 3-18　绘制墙体

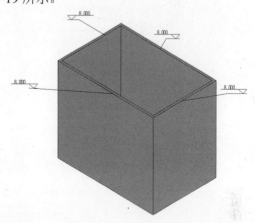

图 3-19　标注高程点符号

7）在视图中选择墙体，拖动墙体上的造型操纵柄，调整墙体的高度，高程点的值随着墙体高度的变化而变化，如图 3-20 所示。

8）采用相同的方法，调整其他墙体高度，高程点如图 3-21 所示。

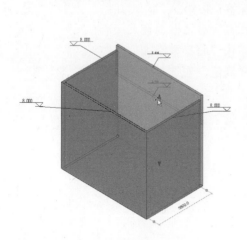

图 3-20　调整墙体高度

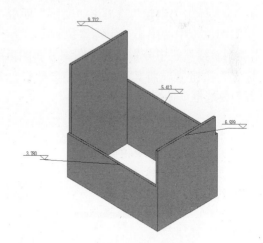

图 3-21　调整墙体高度

3.2.5　实例——创建索引符号

在施工图中，有时会因为比例问题而无法清楚表达某一局部，为方便施工需另画详图。一般用索引符号注明画出详图的位置、详图的编号以及详图所在的图纸编号。

1）在开始界面中选择"族"→"新建"或者选择"文件程序菜单"→"新建"→"族"命令，打开"新族-选择样板文件"对话框，选择"注释"文件夹中的"公制详图索引标头.rft"为样板族，如图 3-22 所示，单击"打开"按钮进入族编辑器。

图 3-22 "新族–选择样板文件"对话框

2）删除样板中显示的文字。

3）单击"创建"选项卡"详图"面板中的"线"按钮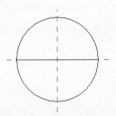，在视图中心位置绘制半径为 5mm 的圆，并在最大直径处绘制水平直线，如图 3-23 所示。完成索引符号外形的绘制。

4）单击"创建"选项卡"文字"面板中的"标签"按钮 **A**，在视图中位置中心单击确定标签位置，打开"编辑标签"对话框，在"类别参数"栏中分别选择详图编号和图纸编号，单击"将参数添加标签"按钮，将其添加到标签参数栏，并更改样例值，勾选"断开"复选框，如图 3-24 所示。

图 3-23 绘制图形

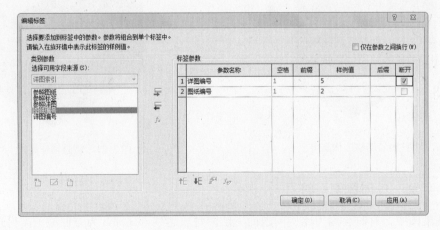

图 3-24 "编辑标签"对话框

5）单击"确定"按钮，将标签添加到图形中，如图 3-25 所示。从图中可以看出索引符号不符合标准，下面进行修改。

6）选中标签，单击"编辑类型"按钮，打开图 3-26 所示的"类型属性"对话框，单击"复制"按钮，打开"名称"对话框，输入名称为 2.5mm，单击"确定"按钮，返回到"类型属性"对话框。

图 3-25　添加标签　　　　　　　　　　　图 3-26　"类型属性"对话框

7）在"类型属性"对话框中选择"背景"为"透明"，设置"文字大小"为"2.5mm"，其他采用默认设置，如图 3-27 所示。单击"确定"按钮，更改后的索引符号如图 3-28 所示。

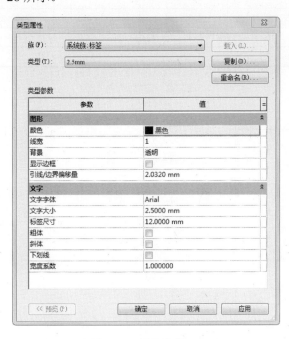

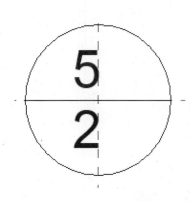

图 3-27　设置参数　　　　　　　　　　　图 3-28　更改文字大小

8）选中文字，将其移动到适当位置，如图 3-29 所示。

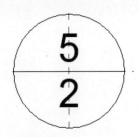

图 3-29　移动文字

9）单击"快速访问"工具栏中的"保存"按钮 ，打开"另存为"对话框，输入名称为"索引符号"，单击"保存"按钮，保存族文件。

3.2.6　创建图纸模板

标准图纸的图幅、图框、标题栏以及会签栏都必须按照国家标准来进行确定和绘制。

1. 图幅

根据国家规范的规定，按图面的长和宽确定图幅的等级。室内设计常用的图幅有 A0（也称 0 号图幅，其余类推）、A1、A2、A3 及 A4，每种图幅的长宽尺寸见表 3-1，表中的尺寸代号意义如图 3-30 和图 3-31 所示。

表 3-1　图幅标准　　　　　　　　　　　　　　　（单位：mm）

尺寸代号　　　　　图幅代号	A0	A1	A2	A3	A4
$b \times l$	841×1189	594×841	420×594	297×420	210×297
c		10			5
a			25		

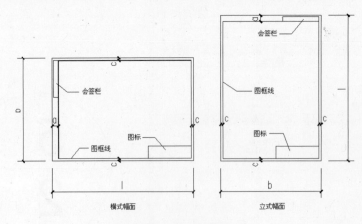

图 3-30　A0～A3 图幅格式

2. 标题栏

它包括设计单位名称、工程名称、签字区、图名区及图号区等内容。一般标题栏格式如

图 3-32 所示，如今不少设计单位采用个性化的标题栏格式，但是仍必须包括这几项内容。

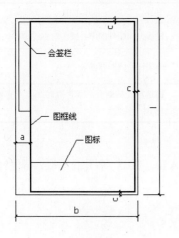

图 3-31　A4 图幅格式

图 3-32　标题栏格式

3．会签栏

会签栏是各工种负责人审核后签名用的表格，它包括专业、姓名、日期等内容，具体根据需要设置，图 3-33 所示为其中一种格式。对于不需要会签的图样，可以不设此栏。

图 3-33　会签栏格式

4．线型要求

建筑设计图主要由各种线条构成，不同的线型表示不同的对象和不同的部位，代表着不同的含义。为了使图面能够清晰、准确、美观地表达设计思想，工程实践中采用了一套常用的线型，并规定了它们的使用范围（表 3-2）。

表 3-2　常用线型

名称		线型	线宽	适用范围
实线	粗		b	建筑平面图、剖面图、构造详图的被剖切截面的轮廓线；建筑立面图外轮廓线；图框线
	中		$0.5b$	建筑设计图中被剖切的次要构件的轮廓线；建筑平面图、顶棚图、立面图、家具三视图中构配件的轮廓线等
	细		$\leqslant 0.25b$	尺寸线、图例线、索引符号、地面材料线及其他细部刻画用线
虚线	中		$0.5b$	主要用于构造详图中不可见的实物轮廓
	细		$\leqslant 0.25b$	其他不可见的次要实物轮廓线

（续）

名称		线型	线宽	适用范围
点画线	细	— — — — —	≤0.25b	轴线、构配件的中心线、对称线等
折断线	细	——⟋⟍——	≤0.25b	画图样时的断开界限
波浪线	细	～～～～	≤0.25b	构造层次的断开界线，有时也表示省略画出时的断开界限

说明：标准实线宽度 b=0.4～0.8mm。

Revit 软件提供了 A0、A1、A2、A3 和修改通知单（A4），共 5 种图纸模板，都包含在"标题栏"文件夹中，如图 3-34 所示。

图 3-34 "标题栏"文件夹

3.2.7 实例——创建 A3 图纸

1）在开始界面中选择"族"→"新建"或者选择"文件程序菜单"→"新建"→"族"命令，打开"新族-选择样板文件"对话框，选择"标题栏"文件夹中的"A3 公制.rft"为样板族，如图 3-35 所示，单击"打开"按钮进入族编辑器，视图中显示 A3 图幅的边界线。

图 3-35 "新族-选择样板文件"对话框

2）单击"创建"选项卡"详图"面板中的"线"按钮 ，打开"修改 | 放置线"选项卡，单击"修改"面板中的"偏移"按钮 ，将左侧竖直线向内偏移 25mm，将其他三条直线向内偏移 5mm，并利用"拆分图元"按钮 拆分图元后删除多余的线段，结果如图 3-36 所示。

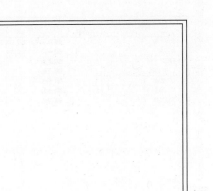

图 3-36　绘制图框

3）单击"管理"选项卡"设置"面板"其他设置" 下拉菜单中的"线宽"按钮 ，打开"线宽"对话框，分别设置 1 号线线宽为 0.2mm，2 号线线宽为 0.4mm，3 号线线宽为 0.8mm，其他采用默认设置，如图 3-37 所示。单击"确定"按钮，完成线宽设置。

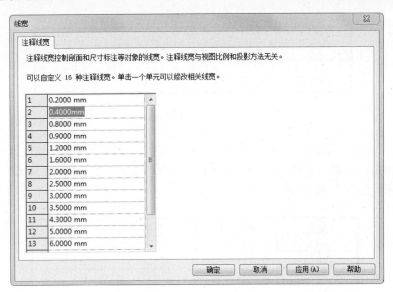

图 3-37　"线宽"对话框

4）单击"管理"选项卡"设置"面板中的"对象样式"按钮 ，打开"对象样式"对话框，修改图框线宽为 3 号，中粗线为 2 号，细线为 1 号，如图 3-38 所示，单击"确定"按钮。选取最外面的图幅边界线，将其子类别设置为"细线"。完成图幅和图框线型的设置。

图 3-38 "对象样式"对话框

5）如果放大视图也看不出线宽效果，则单击"视图"选项卡"图形"面板中的"细线"按钮，使其不处于选中状态。

6）单击"创建"选项卡"详图"面板中的"线"按钮，打开"修改 | 放置线"选项卡，单击"绘制"面板中的"矩形"按钮，绘制长为 100mm、宽为 20mm 的矩形。

7）将子类别更改为"细线"，单击"绘制"面板中的"线"按钮，根据图 3-33 所示绘制会签栏，如图 3-39 所示。

图 3-39 绘制会签栏

8）单击"创建"选项卡"文字"面板中的"文字"按钮 **A**，单击属性选项板中的"编辑类型"对话框，设置"字体"为"仿宋_GB2312"，"文字大小"为"2.5mm"，然后在会签栏中输入文字，如图 3-40 所示。

建筑	结构工程	签名	2018年

图 3-40 输入文字

9）单击"修改"选项卡"修改"面板中的"旋转"按钮↻，将会签栏逆时针旋转90°；单击"修改"选项卡"修改"面板中的"移动"按钮✛，将旋转后的会签栏移动到图框外的左上角，如图 3-41 所示。

图 3-41　移动会签栏

10）单击"创建"选项卡"详图"面板中的"线"按钮ﾉﾑ，打开"修改 | 放置线"选项卡，将子类别更改为"线框"，单击"绘制"面板中的"矩形"按钮▭，以图框的右下角点为起点，绘制长为 140mm、宽为 35mm 的矩形。

11）单击"绘制"面板中的"偏移"按钮凸，将水平直线和竖直直线进行偏移，偏移尺寸如图 3-42 所示，然后将偏移后的直线子类别更改为"细线"，如图 3-42 所示。

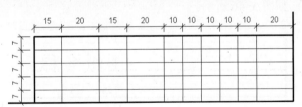

图 3-42　偏移标题栏

12）单击"修改"选项卡"修改"面板中的"拆分图元"按钮，删除多余的线段，或拖动直线端点调整直线长度，如图 3-43 所示。

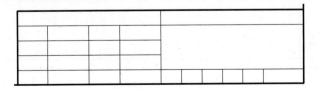

图 3-43　调整线段

13）单击"创建"选项卡"文字"面板中的"文字"按钮**A**，填写标题栏中的文字，如图 3-44 所示。

职责	签字	职责	签字					
				比例		日期		图号

图 3-44　填写文字

14）单击"创建"选项卡"文字"面板中的"标签"按钮，在标题栏的最大区域内单击，打开"编辑标签"对话框，在"类别参数"列表中选择"图纸名称"，单击"将参数添加到标签"按钮，将图纸名称添加到标签参数栏中，如图 3-45 所示。

图 3-45　"编辑标签"对话框

15）在属性选项板中单击"编辑类型"按钮，打开"类型属性"对话框，设置背景为"透明"，更改"字体"为"仿宋 GB_2312"，其他采用默认设置，单击"确定"按钮，完成图纸名称标签的添加，如图 3-46 所示。

职责	签字	职责	签字	图纸名称			
				比例	日期	图号	

图 3-46　添加图纸名称标签

16）采用相同的方法添加其他标签，结果如图 3-47 所示。

设计单位				项目名称			
职责	签字	职责	签字	图纸名称			
				比例	日期	图号	A101

图 3-47　添加标签

17）单击"快速访问"工具栏中的"保存"按钮，打开"另存为"对话框，输入名称为"A3 图纸",单击"保存"按钮,保存族文件。

3.3 三维模型

在"族编辑器"中可以创建实心几何图形和空心几何图形。基于二维截面轮廓进行扫掠得到的实心几何图形,通过布尔运算进行剪切得到空心几何图形。

3.3.1 拉伸

在工作平面上绘制形状的二维轮廓,然后拉伸该轮廓使其与绘制它的平面垂直,得到拉伸模型。

具体绘制步骤如下。

1)在开始界面中选择"族"→"新建"或者选择"文件程序菜单"→"新建"→"族"命令,打开"新族-选择样板文件"对话框,选择"公制常规模型.rft"为样板族,如图 3-48 所示,单击"打开"按钮进入族编辑器,如图 3-49 所示。

图 3-48 "新族-选择样板文件"对话框

图 3-49 族编辑器

2）单击"创建"选项卡"形状"面板中的"拉伸"按钮 ，打开"修改 | 创建拉伸"选项卡，如图 3-50 所示。

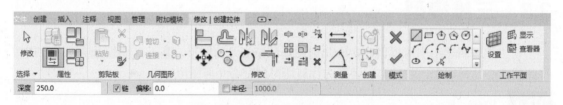

图 3-50 "修改 | 创建拉伸"选项卡

3）单击"修改 | 创建拉伸"选项卡"绘制"面板中的绘图工具绘制拉伸截面，这里利用"矩形"命令，绘制长度为 1000mm 的正方形，如图 3-51 所示。

4）在选项栏中输入拉伸深度为 1000mm，单击"模式"面板中的"完成编辑模式"按钮 ，完成拉伸模型的创建，如图 3-52 所示。

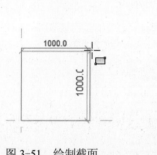

图 3-51 绘制截面

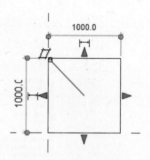

图 3-52 创建拉伸

5）在项目浏览器中的三维视图下双击视图 1，显示三维视图，如图 3-53 所示。

在拉伸过程中可以通过"属性"选项板来指定拉伸属性，也可以创建完后通过"属性"选项板来更改拉伸参数，如图 3-54 所示。

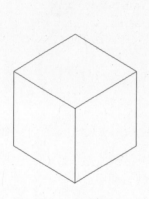

图 3-53 三维模型

图 3-54 "属性"选项板

➤ 要从默认起点 0.0 拉伸轮廓，则在"约束"组的"拉伸终点"文本框中输入一个正/

负值作为拉伸深度。

➢ 要从不同的起点拉伸，则在"约束"组的"拉伸起点"文本框中输入值作为拉伸起点。

➢ 要设置实心拉伸的可见性，则在"图形"组中单击"可见性/图形替换"对应的"编辑"按钮，打开"族图元可见性设置"对话框，然后进行可见性设置，如图 3-55 所示。

➢ 要按类别将材质应用于实心拉伸，则在"材质和装饰"组中单击"材质"字段，单击按钮，打开"材质浏览器"，指定材质。

➢ 要将实心拉伸指定给子类别，则在"标识数据"组下选择"实心/空心"为"实心"。

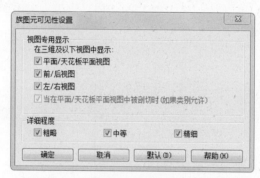

图 3-55 "族图元可见性设置"对话框

3.3.2 旋转

旋转是指围绕轴旋转某个形状而创建的形状。

如果轴与旋转造型接触，则产生一个实心几何图形。如果远离轴旋转几何图形，则旋转体中将有个孔。

具体绘制步骤如下。

1) 在开始界面中选择"族"→"新建"或者选择"文件程序菜单"→"新建"→"族"命令，打开"新族-选择样板文件"对话框，选择"公制常规模型.rft"为样板族，单击"打开"按钮进入族编辑器。

2) 单击"创建"选项卡"形状"面板中的"旋转"按钮，打开"修改 | 创建旋转"选项卡，如图 3-56 所示。

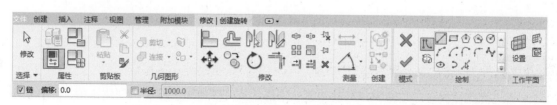

图 3-56 "修改 | 创建旋转"选项卡

3) 单击"修改 | 创建旋转"选项卡"绘制"面板中的"线"按钮和"样条曲线"按钮，绘制旋转截面，如图 3-57 所示。

4）单击"修改 | 创建旋转"选项卡"绘制"面板中的"轴线"按钮🔄，绘制一条与长竖直直线重合的轴线，如图 3-58 所示。

5）在"属性"选项板中输入起始角度为"0"，终止角度为"360"，单击"模式"面板中的"完成编辑模式"按钮✔，完成旋转模型的创建，如图 3-59 所示。

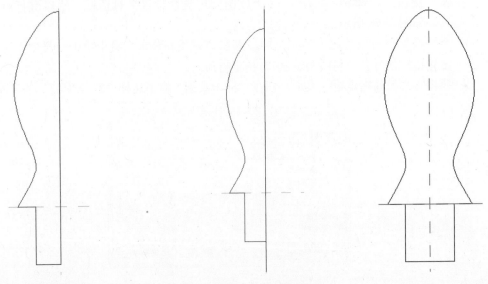

图 3-57　绘制旋转截面　　　　　图 3-58　绘制轴线　　　　　图 3-59　完成旋转

6）在项目浏览器中的三维视图下双击视图 1，显示三维视图，如图 3-60 所示。

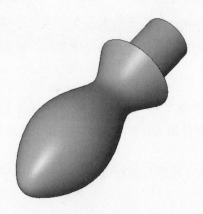

图 3-60　三维模型

3.3.3　放样

通过沿路径放样二维轮廓，可以创建三维形状。可以使用放样方式创建饰条、栏杆扶手或简单的管道。

路径既可以是单一的闭合路径，也可以是单一的开放路径。但不能有多条路径。路径可以是直线和曲线的组合。轮廓草图可以是单个闭合环形，也可以是不相交的多个闭合环形。

具体绘制步骤如下。

1）在开始界面中选择"族"→"新建"或者选择"文件程序菜单"→"新建"→"族"命令，打开"新族-选择样板文件"对话框，选择"公制常规模型.rft"为样板族，单击"打开"按钮进入族编辑器。

2）单击"创建"选项卡"形状"面板中的"放样"按钮🔘，打开"修改|放样"选项卡，如图3-61所示。

图3-61 "修改|放样"选项卡

3）单击"放样"面板中的"绘制路径"按钮🔗，打开"修改|放样>绘制路径"选项卡，单击"绘制"面板中的"样条曲线"按钮↖，绘制图 3-62 所示的放样路径。单击"模式"面板中的"完成编辑模式"按钮✔，完成路径绘制。如果选择现有的路径，则单击"拾取路径"按钮🔲，拾取现有绘制线作为路径。

4）单击"放样"面板中的"编辑轮廓"按钮📝，打开图3-63所示的"转到视图"对话框，选择"立面：前"视图绘制轮廓，如果在平面视图中绘制路径，应选择立面视图来绘制轮廓。单击"打开视图"按钮。

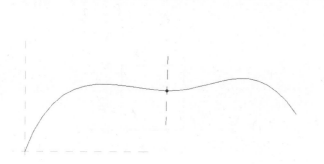

图3-62 绘制路径

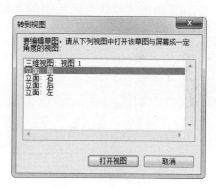

图3-63 "转到视图"对话框

5）单击"绘制"面板中的"椭圆"按钮⬭，绘制图 3-64 所示的放样截面轮廓。单击"模式"面板中的"完成编辑模式"按钮✔，结果如图3-65所示。

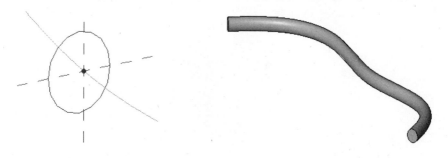

图3-64 绘制截面

图3-65 放样

3.3.4 融合

融合工具可将两个轮廓（边界）融合在一起。

具体绘制步骤如下。

1）在开始界面中选择"族"→"新建"或者选择"文件程序菜单"→"新建"→"族"命令，打开"新族-选择样板文件"对话框，选择"公制常规模型.rft"为样板族，单击"打开"按钮进入族编辑器。

2）单击"创建"选项卡"形状"面板中的"融合"按钮，打开"修改 | 创建融合底部边界"选项卡，如图 3-66 所示。

图 3-66 "修改 | 创建融合底部边界"选项卡

3）单击"绘制"面板中的"矩形"按钮，绘制边长为 1000mm 的正方形，如图 3-67 所示。

4）单击"模式"面板中的"编辑顶部"按钮，绘制边长为 600mm 的正方形，如图 3-68 所示。

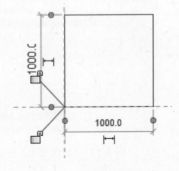

图 3-67 绘制底部边界

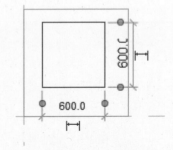

图 3-68 绘制顶部边界

5）单击"模式"面板中的"完成编辑模式"按钮，结果如图 3-69 所示。

图 3-69 融合

3.3.5 放样融合

通过放样融合工具可以创建一个具有两个不同轮廓的融合体，然后沿某个路径对其进行放样。放样融合的造型由绘制或拾取的二维路径以及绘制或载入的两个轮廓确定。

具体绘制步骤如下。

1）在开始界面中选择"族"→"新建"或者选择"文件程序菜单"→"新建"→"族"命令，打开"新族-选择样板文件"对话框，选择"公制常规模型.rft"为样板族，单击"打开"按钮进入族编辑器。

2）单击"创建"选项卡"形状"面板中的"放样融合"按钮，打开"修改 | 放样融合"选项卡，如图3-70所示。

图3-70 "修改 | 放样融合"选项卡

3）单击"放样"面板中"绘制路径"按钮，打开"修改 | 放样融合>绘制路径"选项卡，单击"绘制"面板中的"样条曲线"按钮，绘制图3-71所示的放样路径。单击"模式"面板中的"完成编辑模式"按钮，完成路径绘制。如果选择现有的路径，则单击"拾取路径"按钮，拾取现有绘制线作为路径。

图3-71 绘制路径

4）单击"放样"面板中"编辑轮廓"按钮，打开图3-72所示"转到视图"对话框，选择"立面：前"视图绘制轮廓，如果在平面视图中绘制路径，应选择立面视图来绘制轮廓。单击"打开视图"按钮。

5）单击"放样融合"面板中的"选择轮廓 1"按钮，然后单击"绘制截面"按钮，利用矩形绘制图3-73所示的截面轮廓1。单击"模式"面板中的"完成编辑模式"按钮，结果如图3-74所示。

图3-72 "转到视图"对话框

图3-73 绘制截面1

6）单击"放样融合"面板中的"选择轮廓 2"按钮，然后单击"绘制截面"按钮，利用圆弧绘制图 3-74 所示的截面轮廓 2。单击"模式"面板中的"完成编辑模式"按钮，结果如图 3-75 所示。

图 3-74　绘制截面 2

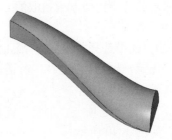

图 3-75　放样融合

3.3.6　实例——创建平开窗

平开窗是在窗扇一侧装铰链，与窗框相连，有单扇、双扇之分，可以内开或外开。平开窗构造简单，制作与安装方便，采风、通风效果好，应用最广。

具体步骤如下。

1）在开始界面中选择"族"→"新建"或者选择"文件程序菜单"→"新建"→"族"命令，打开"新族-选择样板文件"对话框，选择"公制窗.rft"为样板族，如图 3-76 所示，单击"打开"按钮进入族编辑器，如图 3-77 所示。

图 3-76　"新族-选择样板文件"对话框

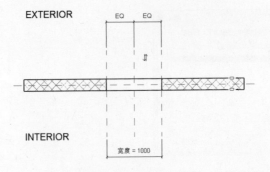

图 3-77　绘制窗界面

2）单击"创建"选项卡"工作平面"面板中的"设置"按钮，打开"工作平面"对话框，选择"拾取一个平面"选项，如图 3-78 所示。单击"确定"按钮，在视图中拾取墙体中心位置的参照平面为工作平面，如图 3-79 所示。

图 3-78 "工作平面"对话框　　　　　　　　图 3-79 拾取参照平面

3）打开"转到视图"对话框，选择"立面：外部"，如图 3-80 所示，单击"打开视图"按钮，打开立面视图，如图 3-81 所示。

图 3-80 "转到视图"对话框

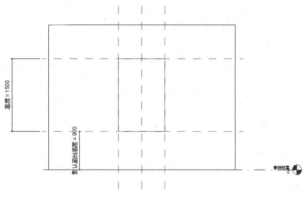

图 3-81 立面视图

4）单击"创建"选项卡"基准"面板中的"参照平面"按钮，绘制新平面，然后单击"修改"选项卡"测量"面板中的"对齐尺寸标注"按钮，标注新平面的尺寸，如图 3-82 所示。

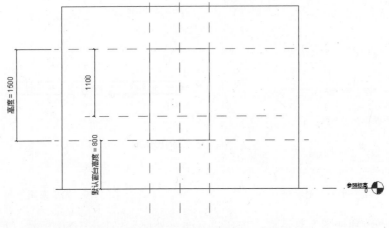

图 3-82　标注尺寸

5）选中上步标注的尺寸，打开"修改|尺寸标注"选项卡，单击"标签尺寸标注"面板中的"创建参数"按钮，打开"参数属性"对话框，选择"参数类型"为"族参数"，输入名称为"开启扇高度"，设置"参数分组方式"为"尺寸标注"，单击"确定"按钮，完成尺寸的添加，如图 3-83 所示。

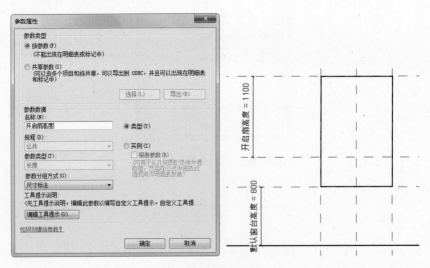

图 3-83　添加参数

6）单击"创建"选项卡"形状"面板中的"拉伸"按钮，打开"修改|创建拉伸"选项卡，单击"绘制"面板中的"矩形"按钮，以洞口轮廓及参照平面为参照，创建轮廓线，如图 3-84 所示。单击视图中的"创建或删除长度或对齐约束"按钮，将轮廓线与洞口进行锁定，如图 3-85 所示。

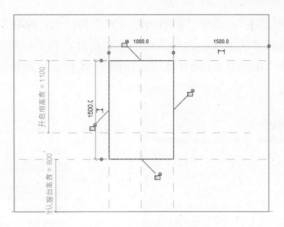

图 3-84　绘制轮廓线

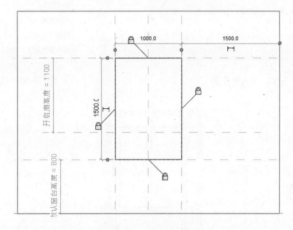

图 3-85　锁定约束

7）利用绘图和修改命令绘制窗框，并标注尺寸，如图 3-86 所示。

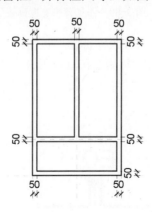

图 3-86　绘制窗框

8）选中窗框中的任意一个尺寸，打开"修改|尺寸标注"选项卡，单击"标签尺寸标注"面板中的"创建参数"按钮，打开"参数属性"对话框，选择"参数类型"为"族参

数"，输入名称为"窗框宽度"，设置"参数分组方式"为"尺寸标注"，如图 3-87 所示，单击"确定"按钮，完成尺寸的添加。选中其余的窗框尺寸，在"标签尺寸标注"面板的"标签"下拉列表框中选择"窗框宽度=50"选项，如图 3-88 所示。最终结果如图 3-89 所示。

图 3-87 添加参数

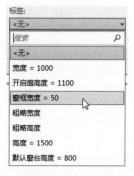

图 3-88 选择标签

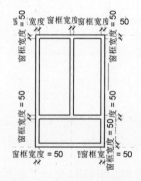

图 3-89 添加窗框宽度标签

9）单击"测量"面板中的"对齐尺寸标注"按钮 ，分别拾取中间部分左侧窗框、中间参照面和右侧窗框标注连续尺寸，然后单击 EQ 限制符号，如图 3-90 所示。标注其他的 EQ 尺寸，结果如图 3-91 所示。

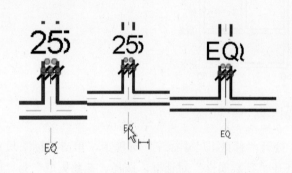

图 3-90 标注 EQ 尺寸

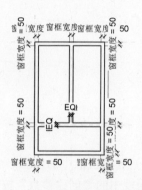

图 3-91 标注其他 EQ 尺寸

10）单击"模式"面板中的"完成编辑模式"按钮 ✔，在属性选项板中设置"拉伸起点"为"-40"，"拉伸终点"为"40"，如图 3-92 所示，单击"应用"按钮，完成拉伸模型的创建。

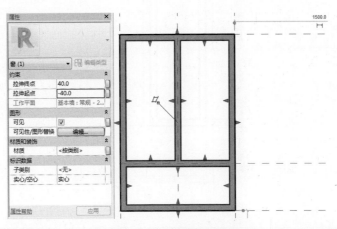

图 3-92　设置拉伸参数

11）单击属性选项板"材质和装饰"栏中"材质"右侧的"关联族参数"按钮 🔲，打开图 3-93 所示的"关联族参数"对话框，单击"新建参数"按钮 🗋，打开"参数属性"对话框，输入名称为"窗框材质"，"参数分组方式"为"材质和装饰"，如图 3-94 所示。连续单击"确定"按钮，完成材质的添加。

图 3-93　"关联族参数"对话框

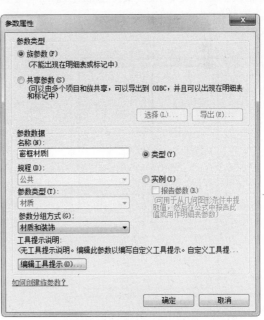

图 3-94　"参数属性"对话框

12）单击"创建"选项卡"形状"面板中的"拉伸"按钮 🔲，打开"修改 | 创建拉伸"选项卡，绘制并标注图形，对标注尺寸添加"开启扇边框宽度"参数，如图 3-95 所示。

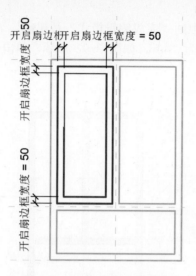

图 3-95　创建开启扇边框宽度

注意:

在绘制窗扇框轮廓线时，要将其与窗框洞口锁定，如图 3-96 所示。

13）单击"模式"面板中的"完成编辑模式"按钮✓，在属性选项板中输入"拉伸终点"为"25"，"拉伸起点"为"-25"，单击"材质"右侧的"关联族参数"按钮⬜，打开"关联族参数"对话框，选择前面创建的"窗框材质"参数，单击"确定"按钮，完成开启扇窗框的创建，如图 3-97 所示。

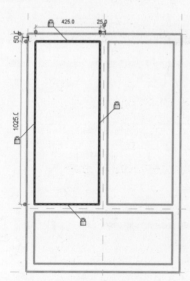

图 3-96　窗扇框轮廓与窗框洞口锁定

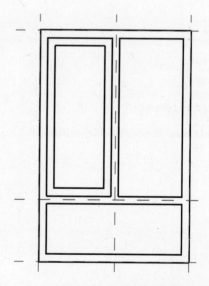

图 3-97　绘制开启扇窗框

14）单击"创建"选项卡"形状"面板中的"拉伸"按钮⬜，打开"修改 | 创建拉伸"选项卡，绘制玻璃轮廓线并将其与内框锁定，如图 3-98 所示。

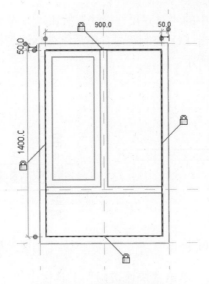

图 3-98 创建玻璃轮廓线

15）单击"模式"面板中的"完成编辑模式"按钮 ✔，在属性选项板中输入"拉伸终点"为"3"，"拉伸起点"为"-3"，单击"材质"栏中的"按类别"选项，打开"材质浏览器-玻璃"对话框，选择"玻璃"材质，如图 3-99 所示，单击"确定"按钮，完成玻璃的创建。

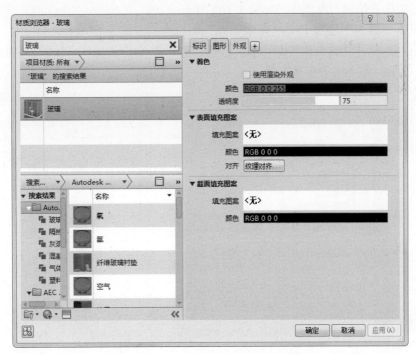

图 3-99 "材质浏览器-玻璃"对话框

16）在项目浏览器中选择"楼层平面"→"参照标高"，双击打开参照标高视图，如图 3-100 所示。

17）单击"测量"面板中的"对齐尺寸标注"按钮，分别拾取窗框上下边线、中间参照面标注连续尺寸，接着单击 EQ 限制符号，然后继续标注窗框尺寸，并添加"窗框厚度"尺寸参数，结果如图 3-101 所示。

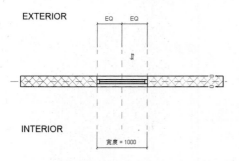

图 3-100　参照标高视图

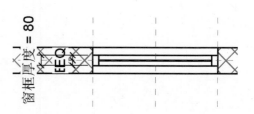

图 3-101　添加窗框厚度参数尺寸

18）平开窗族绘制完成，单击"快速访问"工具栏中的"保存"按钮，打开"另存为"对话框，输入名称为"平开窗"，单击"保存"按钮，保存族文件。

19）选择"文件程序菜单"→"新建"→"项目"命令，打开"新建项目"对话框，在样板文件下拉列表中选择"建筑样板"，单击"确定"按钮，新建项目文件。也可以直接打开已有项目文件。

20）单击"建筑"选项卡"构建"面板中的"墙"按钮，在视图中任意绘制一段墙体，如图 3-102 所示。

图 3-102　绘制墙体

21）单击"插入"选项卡"从库中载入"面板中的"载入族"按钮，打开"载入族"对话框，选择"平开窗.rfa"族文件，如图 3-103 所示。单击"打开"按钮，载入平开窗族文件。

图 3-103　"载入族"对话框

22）在项目浏览器中，选择"族"→"窗"→"平开窗"节点下的"平开窗"族文件，将其拖曳到墙体中放置，如图 3-104 所示。在项目浏览器中选择三维视图，观察图形，如图 3-105 所示。

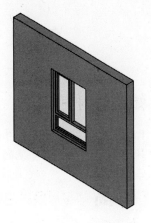

图 3-104　放置平开窗

图 3-105　效果图

第4章 标高和轴网

知识导引

在 Revit 中标高和轴网是用来定位和定义楼层高度和视图平面的，也就是设计基准。在 Revit 中轴网确定了一个不可见的工作平面。轴网编号以及标高符号样式均可定制修改。

4.1 标高

在 Revit 中几乎所有的建筑构件都是基于标高创建的，标高不仅可以作为楼层层高，还可以作为窗台和其他构件的定位。当标高修改后，这些建筑构件会随着标高的改变而发生高度上的变化。

4.1.1 创建标高

使用"标高"工具，可定义垂直高度或建筑内的楼层标高。读者可为每个已知楼层或其他必需的建筑参照（例如第二层、墙顶或基础底端）创建标高。

具体绘制步骤如下。

1）新建一项目文件，并视图切换到东立面视图，或者打开要添加标高的剖面视图或立面视图。

2）东立面视图中显示预设的标高，如图 4-1 所示。

图 4-1　预设标高

3）单击"建筑"选项卡"基准"面板中的"标高"按钮 ，打开"修改 | 放置 标高"选项卡和选项栏，如图 4-2 所示。

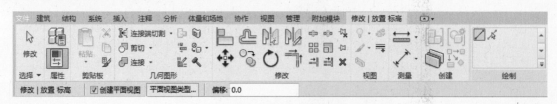

图 4-2　"修改 | 放置 标高"选项卡和选项栏

➢ 创建平面视图：默认勾选此复选框，所创建的每个标高都是一个楼层，并且拥有关联楼层平面视图和天花板投影平面视图。如果取消勾选此复选框，则认为标高是非楼层的标高或参照标高，并且不创建关联的平面视图。墙及其他以标高为主体的图元可以将参照标高用作自己的墙顶定位标高或墙底定位标高。

➢ 平面视图类型：单击此选项，打开图 4-3 所示"平面视图类型"对话框，指定视图类型。

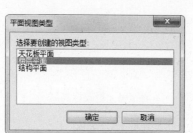

图 4-3 "平面视图类型"对话框

4）当放置光标以创建标高时，如果光标与现有标高线对齐，则光标和该标高线之间会显示一个临时的垂直尺寸标注，如图 4-4 所示。单击确定标高的起点。

图 4-4 对齐标头

5）通过水平移动光标绘制标高线，直到捕捉到另一侧标头时，单击确定标高线的终点。

6）选择与其他标高线对齐的标高线时，将会出现一个锁以显示对齐，如图 4-5 所示。如果水平移动标高线，则全部对齐的标高线会随之移动。

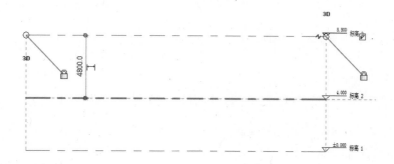

图 4-5 锁定对齐

7）选中视图中标高的临时尺寸值，可以更改标高的高度，如图 4-6 所示。

图 4-6　更改标高高度

8）单击标高的名称，可以改变其名称，如图 4-7 所示。在空白位置单击，打开图 4-8 所示"Revit"提示对话框，单击"是"按钮，则相关的楼层平面和天花板投影平面的名称也将随之更新。如果输入的名称已存在，则会打开图 4-9 所示"Autodesk Revit 2018"错误提示对话框，单击"取消"按钮，重新输入名称。

图 4-7　输入标高名称

图 4-8　"Revit"提示对话框

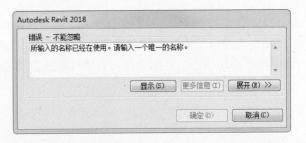

图 4-9　"Autodesk Revit 2018"错误提示对话框

注意：
　　在绘制标高时，要注意鼠标的位置，如果鼠标在现有标高的上方，则会在当前标高上方生成标高，如果鼠标在现有标高的下方位置，则会在当前标高的下方生成标高。在拾取时，视图中会以虚线表示即将生成的标高位置，可以根据此来预览并判断标高位置是否正确。

9）如果想要生成多条标高，还可以利用"复制" 和"阵列" 创建多个标高，只是利用这两种工具只能单纯地创建标高符号而不会生成相应的视图，所以需要手动创建平面视图。

4.1.2 编辑标高

当标高创建完成后，还可以修改标高的标头样式，标高线型，调整标高标头位置。

具体操作步骤如下。

1）选取要修改的标高，在属性选项板中更改类型，如图4-10所示。

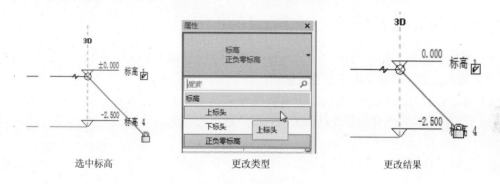

图4-10 更改标高类型

2）当相邻两个标高靠得很近时，有时会出现标头文字重叠的现象，可以单击"添加弯头"按钮 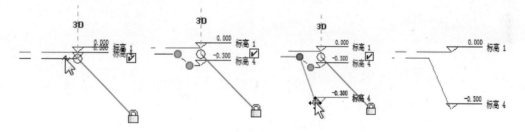，拖动控制柄到适当的位置，如图4-11所示。

图4-11 调整位置

3）选取标高线，拖动标高线两端的操纵柄，向左或向右移动鼠标，调整标高线的长度，如图4-12所示。

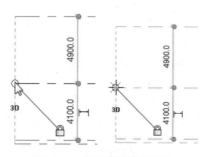

图4-12 调整标高线长度

4）选取一条标高线，在标高编号的附近会显示"隐藏或显示标头"复选框。取消此复选框的勾选，隐藏标头；勾选此复选框，显示标头，如图 4-13 所示。

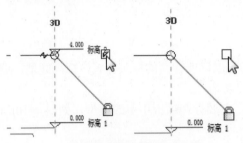

图 4-13　隐藏或显示标头

5）选取标高后，单击"3D"字样，将标高切换到 2D 属性，如图 4-14 所示。这时拖曳标头延长标高线后，其他视图不会受到影响。

6）可以在属性选项板中通过修改实例属性来指定标高的高程、计算高度和名称，如图 4-15 所示。对实例属性的修改只会影响当前所选中的图元。

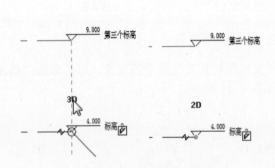

图 4-14　3D 与 2D 切换

图 4-15　属性选项板

> 立面：标高的垂直高度。
> 上方楼层：与"建筑楼层"参数结合使用，此参数指示该标高的下一个建筑楼层。默认情况下，"上方楼层"是下一个启用"建筑楼层"的最高标高。
> 计算高度：在计算房间周长、面积和体积时要使用的标高之上的距离。
> 名称：标高的标签。可以为该属性指定任何所需的标签或名称。
> 结构：将标高标识为主要结构（例如钢顶部）。
> 建筑楼层：指示标高对应于模型中的功能楼层或楼板，与其他标高（如平台和保护墙）相对。

7）单击属性选项板中的"编辑类型"按钮，打开图 4-16 所示的"类型属性"对话框，可以在该对话框中修改标高类型"基面""线宽""颜色"等属性。

> 基面：包括项目基点和测量点。如果选择项目基点，则在某一标高上报告的高程基于项目原点。如果选择测量点，则报告的高程基于固定测量点。
> 线宽：设置标高类型的线宽。可以从值列表中选择线宽型号。
> 颜色：设置标高线的颜色。单击颜色，打开"颜色"对话框，从对话框的颜色列表

中选择颜色或自定义颜色。

图 4-16 "类型属性"对话框

➢ 线型图案：设置标高线的线型图案。线型图案可以为实线或虚线和圆点的组合。可以从 Revit 定义的值列表中选择线型图案，或自定义线型图案。

➢ 符号：确定标高线的标头是否显示编号中的标高号（标高标头-圆圈）、显示标高号但不显示编号（标高标头-无编号）或不显示标高号（<无>）。

➢ 端点 1 处的默认符号：默认情况下，在标高线的左端点处不放置编号，勾选此复选框时，显示编号。

➢ 端点 2 处的默认符号：默认情况下，在标高线的右端点处放置编号。选择标高线时，标高编号旁边将显示复选框，取消此复选框的勾选，隐藏编号。

4.1.3 实例——创建别墅标高

从本实例开始，全书将以别墅为综合实例贯穿全书进行讲解。

1）在开始界面中单击"项目"→"建筑样板"，新建一项目文件，系统自动切换视图到楼层平面：标高 1。

2）在项目浏览器中双击立面节点下的东，将视图切换到东立面视图，显示预设的标高，如图 4-17 所示。

图 4-17 预设标高

3）单击"管理"选项卡"设置"面板中的"项目单位"按钮 ，打开"项目单位"对话框，设置"长度"为"1235mm"，"面积"为"1234.57m^2"，"体积"为"1234.57m^3"，其他采用默认设置，如图 4-18 所示。

图 4-18　"项目单位"对话框

4）单击"建筑"选项卡"基准"面板中的"标高"按钮 ，打开"修改 | 放置 标高"选项卡和选项栏，绘制标高线，如图 4-19 所示。

图 4-19　绘制标高线

5）双击标高上的临时尺寸值，输入标高值，双击标高线上的名称，进行更改并将相应的视图重命名，显示左端的编号，最终结果如图 4-20 所示。

图 4-20　修改标高线

4.2 轴网

轴网用于为构件定位，在 Revit 中轴网确定了一个不可见的工作平面。软件目前可以绘制弧形和直线轴网，不支持折线轴网。

4.2.1 创建轴网

使用"轴网"工具，可以在建筑设计中放置柱轴网线。轴网可以是直线、圆弧或多段。具体操作步骤如下。

1）新建一项目文件，在默认的标高平面上绘制轴网。

2）单击"建筑"选项卡"基准"面板中的"轴网"按钮 ，打开"修改 | 放置 轴网"选项卡和选项栏，如图 4-21 所示。

图 4-21 "修改 | 放置 轴网"选项卡和选项栏

3）单击确定轴线的起点，拖动鼠标向下移动，如图 4-22 所示，到适当位置单击确定轴线的终点，完成一条竖直直线的绘制，结果如图 4-23 所示。

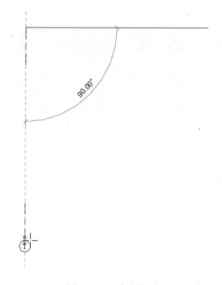

图 4-22 确定起点　　　　　　　　　　　　　　图 4-23 绘制轴线

4）继续绘制其他轴线，也可以单击"修改"面板中的"复制"按钮 ，框选上步绘制的轴线，然后按〈Enter〉键，指定起点，移动鼠标到适当位置，单击确定终点，如图 4-24 所示。也可以直接输入尺寸值确定两轴线之间的间距。

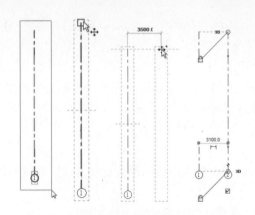

图 4-24　复制轴线

5）继续绘制其他竖轴线，如图 4-25 所示。复制的轴线编号是自动排序的。当绘制轴线时，可以让各轴线的头部和尾部相互对齐。如果轴线是对齐的，则选择线时会出现一个锁以指明对齐。如果移动轴网范围，则所有对齐的轴线都会随之移动。

图 4-25　绘制竖直轴线

6）继续指定轴线的起点，水平移动鼠标到适当位置单击确定终点，绘制一条水平轴线，如图 4-26 所示。

图 4-26　绘制水平轴线

7）单击"修改"面板中的"阵列"按钮，选取上步绘制的水平轴线，然后指定阵列起点，在选项栏中取消勾选"成组并关联"复选框，选择"最后一个"选项，拖动鼠标向下移动，指定阵列最后一个的位置，单击确定，并输入阵列个数为"6"，按〈Enter〉键确定，绘制过程如图 4-27 所示。从图中可以看出，采用"最后一个"选项阵列出来的轴线编号不是按顺序编号的，但是采用"第二个"选项阵列出来的轴线编号是按顺序编号。

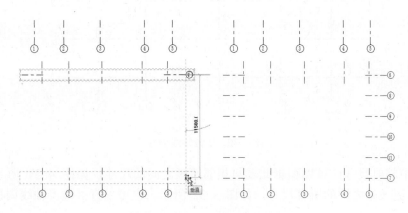

图 4-27　阵列轴线过程图

4.2.2　编辑轴网

绘制完轴网后会发现轴网中有的地方不符合，需要进行修改。

具体操作步骤如下。

1）打开 4.2.1 小节绘制的文件，选取轴线，然后在属性选项板中选择图 4-28 所示的轴网类型，更改后的结果如图 4-29 所示。

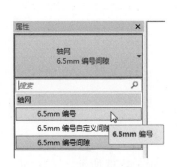

图 4-28　选择类型

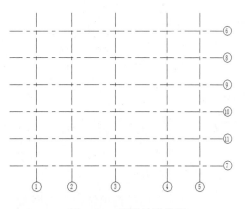

图 4-29　更改轴线类型

2）一般情况横向轴线的编号按从左到右的顺序编写，纵向轴线的编号则用大写的拉丁字母从下到上编写，不能用字母 I 和 O。选择最下端水平轴线，单击"6"数字，更改为"A"，按〈Enter〉键确认，采用相同方法更改其他纵向轴线的编号，结果如图 4-30 所示。

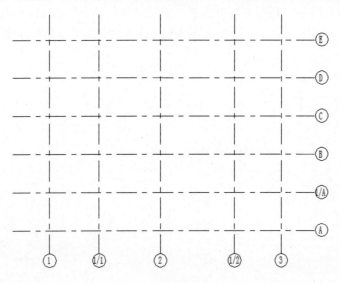

图 4-30　更改轴线编号

3）选中临时尺寸，可以编辑此轴与相邻两轴之间的尺寸，如图 4-31 所示。采用相同的方法，更改轴之间的所有尺寸，如图 4-32 所示。也可以直接拖曳轴线调整轴线之间的间距。

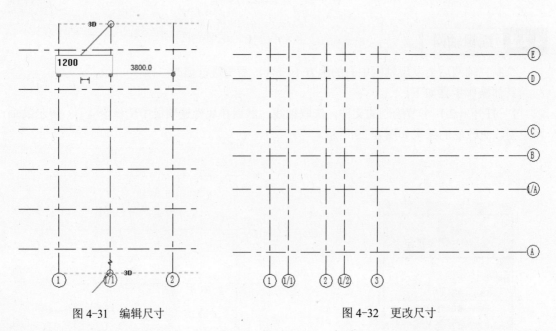

图 4-31　编辑尺寸　　　　　　　　　　　　图 4-32　更改尺寸

4）选取轴线，通过拖曳轴线端点来修改轴线的长度，如图 4-33 所示。

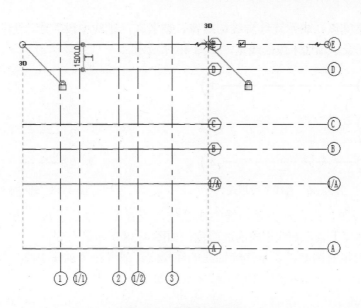

图 4-33 调整轴线长度

5）单击属性选项板中的"编辑类型"按钮，打开图 4-34 所示的"类型属性"对话框，可以在该对话框中修改轴线类型"符号""颜色"等属性。勾选"平面视图轴号端点 1（默认）"复选框，单击"确定"按钮，结果如图 4-35 所示。

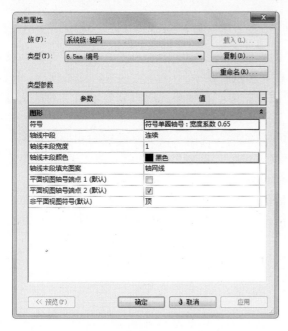

图 4-34 "类型属性"对话框

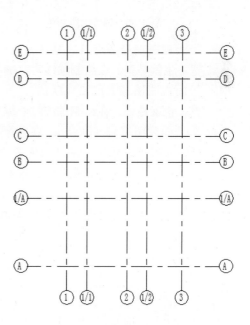

图 4-35 显示端点 1 的轴号

➤ 符号：用于轴线端点的符号。
➤ 轴线中段：在轴线中显示的轴线中段的类型。包括"无""连续""自定义"，如图 4-36 所示。

➤ 轴线末端宽度：表示连续轴线的线宽，或者在"轴线中段"为"无"或"自定义"的情况下表示轴线末段的线宽，如图 4-37 所示。

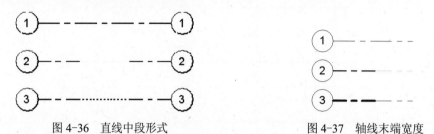

图 4-36　直线中段形式　　　　　　　　　图 4-37　轴线末端宽度

➤ 轴线末段颜色：表示连续轴线的线颜色，或者在"轴线中段"为"无"或"自定义"的情况下表示轴线末段的线颜色，如图 4-38 所示。

➤ 轴线末段填充图案：表示连续轴线的线样式，或者在"轴线中段"为"无"或"自定义"的情况下表示轴线末段的线样式，如图 4-39 所示。

图 4-38　轴线末段颜色　　　　　　　　　图 4-39　轴线末段填充图案

➤ 平面视图轴号端点 1（默认）：在平面视图中，在轴线的起点处显示编号的默认设置。也就是说，在绘制轴线时，编号在其起点处显示。

➤ 平面视图轴号端点 2（默认）：在平面视图中，在轴线的终点处显示编号的默认设置。也就是说，在绘制轴线时，编号显示在其终点处。

➤ 非平面视图符号（默认）：在非平面视图的项目视图（例如立面视图和剖面视图）中，轴线上显示编号的默认位置为"顶""底""两者"（顶和底）或"无"。如果需要，可以显示或隐藏视图中各轴网线的编号。

6）从图 4-35 中可以看出 1 和 1/1 两条轴线之间相距太近，可以选取 1/1 轴线，单击"添加弯头"按钮 ，添加弯头后如图 4-40 所示，拖动控制点调整轴线位置，结果如图 4-41 所示。

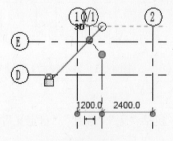

图 4-40　添加弯头

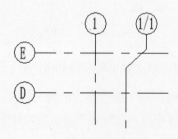

图 4-41　调整位置

7）选择任意轴线，勾选或取消勾选轴线外侧的方框☑，打开或关闭轴号显示，如图 4-42 所示。

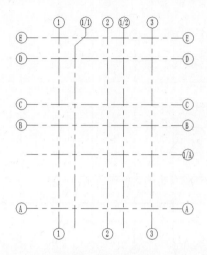

图 4-42 关闭轴号

4.2.3 实例——创建别墅轴网

接 4.1.3 小节实例继续创建别墅。

1）在项目浏览器中双击楼层平面节点下的 1F，将视图切换到 1F 楼层平面视图。

2）单击"建筑"选项卡"基准"面板中的"轴网"按钮 ⊞，打开"修改 | 放置 轴网"选项卡和选项栏。

3）在属性选项板中选择"轴网 6.5mm 编号"类型，单击"编辑类型"按钮 🔡，打开"类型属性"对话框，单击轴线末端颜色栏的颜色块，打开"颜色"对话框，选择红色，单击"确定"按钮，返回到"类型属性"对话框，勾选"平面视图轴号端点 1（默认）"复选框，其他采用默认设置，如图 4-43 所示，单击"确定"按钮。

图 4-43 "类型属性"对话框

4）在视图中适当位置单击确定轴线的起点，移动鼠标在适当位置单击确定轴线的终点，重复绘制图 4-44 所示的轴线网。

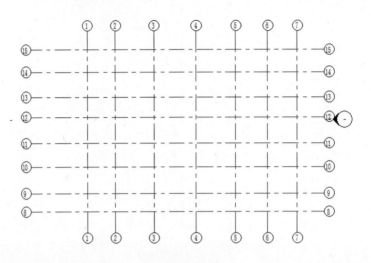

图 4-44　轴网

5）选择轴号，输入新的轴编号，竖直方向更改为子母，从 A 开始，结果如图 4-45 所示。

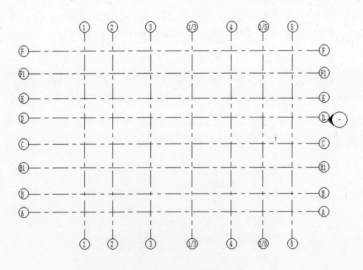

图 4-45　更改轴编号

6）选择 1/3 轴线，取消勾选轴线下端的"隐藏编号"复选框，隐藏轴线下端的轴号，然后单击 🔓 图标变成 🔒，删除对齐约束，拖曳轴线调整 1/3 轴线长度，采用相同的方法，编辑其他的轴线，结果如图 4-46 所示。

7）选取轴线 2，双击轴线 1 与轴线 2 之间的临时尺寸，输入新尺寸为"1000"，采用相同的方法，更改轴线之间的距离，具体尺寸如图 4-47 所示。

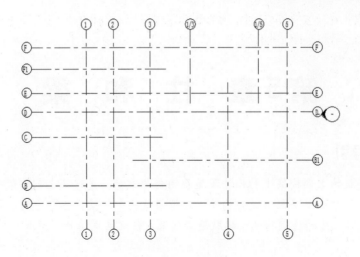

图 4-46　编辑轴线

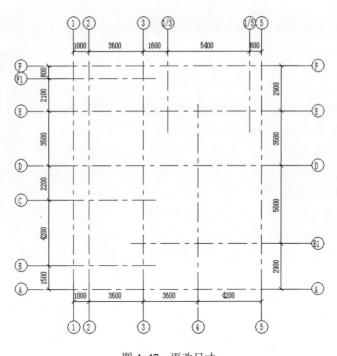

图 4-47　更改尺寸

8）分别打开 2F、3F、4F、5F 楼层平面图，更改轴网。

第5章 柱 和 梁

知识导引

梁承托着建筑物上部构架中的构件及屋面的全部重量，是建筑上部构架中最为重要的部分。柱和梁是建筑结构中经常出现的构件。在框架结构中，梁把各个方向的柱连接成整体；在墙结构中，洞口上方的连梁将两个墙肢连接起来，使之共同工作。

5.1 柱

在 Revit 中包括两种柱，分别是结构柱和建筑柱，结构柱用于承重，建筑柱用于装饰和围护。

5.1.1 结构柱

结构柱在框架结构中承受梁和板传来的荷载，并将荷载传给基础，是主要的竖向受力构件，如图 5-1 所示。

尽管结构柱与建筑柱共享许多属性，但结构柱还具有许多由其配置和行业标准定义的其他属性，可提供不同的行为。结构柱具有一个可用于数据交换的分析模型。

图 5-1　结构柱

1. 放置垂直结构柱

具体绘制步骤如下。

1）新建项目文件，并绘制轴网，或者打开第 4 章绘制的轴网，如图 5-2 所示。

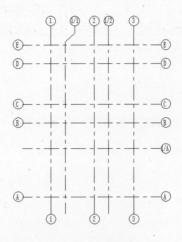

图 5-2　打开的轴网

2）单击"建筑"选项卡"构建"面板"柱" 下拉列表框中的"结构柱"按钮 ，打开"修改 | 放置 结构柱"选项卡和选项栏，如图5-3所示。

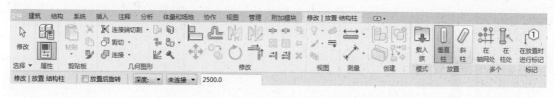

图5-3 "修改 | 放置 结构柱"选项卡和选项栏

> 放置后旋转：选择此选项可以在放置柱后立即将其旋转。
> 深度：此设置从柱的底部向下绘制。要从柱的底部向上绘制，则选择"高度"。
> 标高/未连接：选择柱的顶部标高；或者选择"未连接"，然后指定柱的高度。

3）在选项栏设置结构柱的参数，比如放置后是否旋转、结构柱的深度等。

4）在属性选项板的类型下拉列表中选择结构柱的类型，系统默认的只有"UC-普通柱-柱"，需要载入其他结构柱类型。单击"模式"面板中的"载入族"按钮 ，打开"载入族"对话框，选择"China"→"结构"→"柱"→"混凝土"文件夹中的"混凝土-矩形-柱.rfa"，如图5-4所示。

图5-4 "载入族"对话框

5）单击"打开"按钮，加载"混凝土-矩形-柱.rfa"文件，此时"属性"选项板如图 5-5所示。

> 随轴网移动：将垂直柱限制条件改为轴网。
> 房间边界：将柱限制条件改为房间边界条件。
> 启用分析模型：显示分析模型，并将它包含在分析计算中。默认情况下处于选中状态。
> 钢筋保护层 - 顶面：只适用于混凝土柱。设置与柱顶面间的钢筋保护层距离。
> 钢筋保护层 - 底面：只适用于混凝土柱。设置与柱底面间的钢筋保护层距离。
> 钢筋保护层 - 其他面：只适用于混凝土柱。设置从柱到其他图元面间的钢筋保护层

距离。

6）柱放置在轴网交点时，两组网格线将亮显，如图 5-6 所示。放置柱时，使用空格键更改柱的方向。每次按空格键时，柱将发生旋转，以便与选定位置的相交轴网对齐。在不存在任何轴网的情况下，按空格键时会使柱旋转 90°。

图 5-5 "属性"选项板

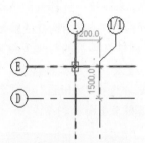

图 5-6 捕捉轴网交点

7）单击放置柱，在其他轴网交点处放置柱，结果如图 5-7 所示。切换到三维视图，观察结构柱如图 5-8 所示。

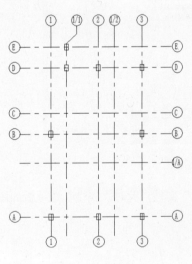

图 5-7 放置柱

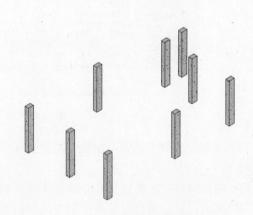

图 5-8 三维结构柱

2. 放置斜结构柱

倾斜结构柱在较高的大型轮廓结构中较为常见。斜柱建模可以帮助工程师详细构建项目并执行准确的分析计算。

下列常规规则适用于斜柱放置过程。

➢ 放置斜柱时，柱顶部的标高始终要比底部的标高高。放置柱时，处于较高标高的端点为顶部，处于较低标高的端点为底部。定义后，不得将顶部设置在底部下方。

➢ 如果放置在三维视图中，"第一次单击"和"第二次单击"设置将定义柱的关联标高和偏移。如果放置在立面或横截面中，端点将与其最近的标高关联。默认情况下，端点与立面之间的距离就是偏移。

➢ 如果禁用了"三维捕捉"，则针对当前工作平面中的图元显示捕捉参照，以及典型的临时尺寸标注。在启用"三维捕捉"的情况下放置柱时，如果未发现或利用捕捉参照，则将使用"第一次单击"和"第二次单击"标高设置。

➢ 斜柱不会出现在图形柱明细表中。处于倾斜状态的柱不会显示与图形柱明细表相关的图元属性，如"柱定位轴线"。

➢ "复制/监视"工具不适用于斜柱。

具体绘制过程如下。

1）单击"建筑"选项卡"构建"面板"柱"下拉列表框中的"结构柱"按钮，在打开的"修改|放置 结构柱"选项卡中选择"斜柱"按钮，如图5-9所示。

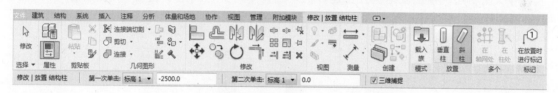

图5-9　"修改|放置 结构柱"选项卡和选项栏

➢ 第一次单击：（仅平面视图放置）选择柱起点所在的标高。

➢ 第二次单击：（仅平面视图放置）选择柱端点所在的标高。

➢ 三维捕捉：勾选此复选框柱的起点和终点之一或二者都捕捉到之前放置的结构图元。

2）在平面区域中单击，以便在为"第一次单击"选择的标高处指定柱的起点，如图5-10所示。

3）移动鼠标到适当的位置，再次单击，以便在为"第二次单击"选择的标高处指定柱的终点，如图5-11所示。

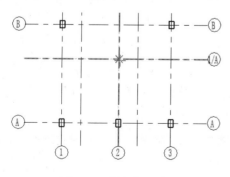

图5-10　指定第一点

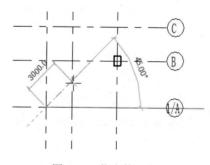

图5-11　指定第二点

4）此时将放置该柱，其放置方式将由这两次单击、与这些单击相关联的标高以及为这些单击定义的偏移量来定义，如图5-12所示。

5）将视图切换到三维视图，观察图形，如图 5-13 所示。

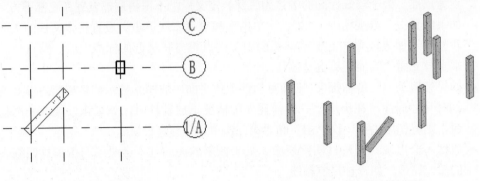

图 5-12　放置柱　　　　　　　　　　　　图 5-13　倾斜结构柱

5.1.2　建筑柱

可以使用建筑柱围绕结构柱创建柱框外围模型，并将其用于装饰应用，如图 5-14 所示。墙的复合层包络建筑柱。这并不适用于结构柱。

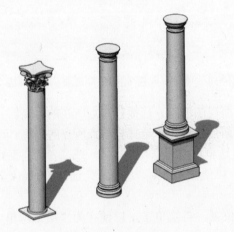

图 5-14　建筑柱

可以在平面视图和三维视图中添加柱。

具体绘制过程如下。

1）新建项目文件。

2）单击"建筑"选项卡"构建"面板"柱" 下拉列表框中的"结构柱"按钮 ，打开"修改 | 放置 柱"选项卡和选项栏，如图 5-15 所示。

图 5-15　"修改 | 放置 柱"选项卡和选项栏

➤ 放置后旋转：勾选此复选框可以在放置柱后立即将其旋转。

➤ 深度：此设置从柱的底部向下绘制。要从柱的底部向上绘制，则选择"高度"。

➤ 标高/未连接：选择柱的顶部标高；或者选择"未连接"，然后指定柱的高度。

➤ 房间边界：勾选此复选框可以在放置柱之前将其指定为房间边界。

3）在选项栏设置结构柱的参数。

4）在"属性"选项板的类型下拉列表中选择建筑柱的类型，系统默认的只有"矩形柱"，可以单击"模式"面板中的"载入族"按钮，打开"载入族"对话框，在"China"→"建筑"→"柱"文件夹中选择需要的柱，这里选择"陶立克柱.rfa"，如图5-16所示。

图 5-16 "载入族"对话框

5）单击"打开"按钮，加载"陶立克柱.rfa"，此时"属性"选项板如图5-17所示。

6）单击放置柱，切换到三维视图，如图5-18所示。通常，通过选择轴线或墙放置柱时将会对齐柱。

图 5-17 属性选项板

图 5-18 三维建筑柱

5.1.3 实例——创建别墅的柱

接 4.2.3 小节实例继续创建别墅。

1）单击"建筑"选项卡"构建"面板"柱"下拉列表中的"结构柱"按钮，打开"修改 | 放置 柱"选项卡和选项栏。

2）单击"模式"面板中的"载入族"按钮，打开"载入族"对话框，在"China"→"结构"→"柱"→"混凝土"中选择"混凝土-矩形-柱.rfa"族文件，如图 5-19 所示。单击"打开"按钮，打开族文件。

图 5-19 "载入族"对话框

3）在"属性"选项板中单击"编辑类型"按钮，打开"类型属性"对话框，单击"复制"按钮，新建"300×300mm"类型，在对话框中更改"b"和"h"为"300"，如图 5-20 所示。其他采用默认设置，单击"确定"按钮。

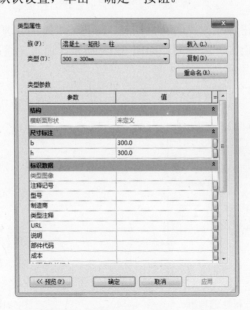

图 5-20 新建"300×300mm"类型

4）在轴线2、3与轴线F1的交点，轴线4与D的交点处放置柱子，如图5-21所示。

5）选中上步放置的矩形柱，在属性选项中设置"底部标高"为"1F"，"底部偏移"为
"-470"，"顶部标高"为"2F"，其他采用默认设置，如图5-22所示。

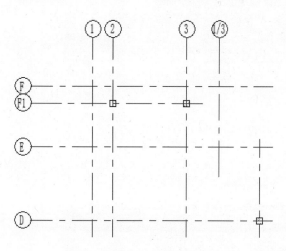

图5-21　放置300×300柱子　　　　　　图5-22　设置参数（1）

6）单击"建筑"选项卡"构建"面板"柱" 🔲 下拉列表框中的"结构柱"按钮 🔲 ，在
"属性"选项板中单击"编辑类型"按钮 🔠 ，新建"200×200mm"类型，在对话框中更改 b
和 h 为200。

7）在轴网的交点处放置柱子，如图5-23所示。

8）选中上步放置的矩形柱，在"属性"选项板中设置"底部标高"为"1F"，"底部偏
移"为"-470"，"顶部标高"为"4F"，其他采用默认设置，如图5-24所示。

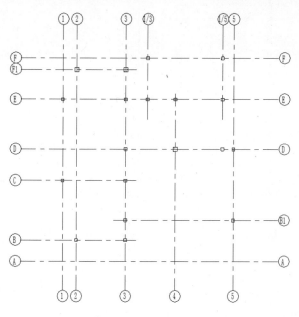

图5-23　放置柱子　　　　　　　　　　图5-24　设置参数（2）

9）单击"插入"选项卡"从库中载入"面板中的"载入族"按钮，打开"载入族"对话框，在"China"→"建筑"→"柱"中选择"柱 4.rfa"族文件，如图 5-25 所示。单击"打开"按钮，打开族文件。

图 5-25 "载入族"对话框

10）从项目浏览器的柱节点下选择柱 4，将其拖曳到视图中，放置到轴交点上，如图 5-26 所示。

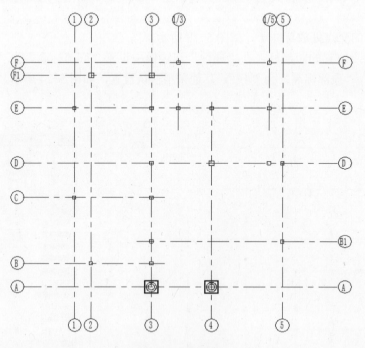

图 5-26 放置柱

11）选中上步放置的柱，在"属性"选项板中设置"底部标高"为"1F"，"底部偏移"为"-470"，"顶部标高"为"2F"，其他采用默认设置，如图 5-27 所示。

12）单击"编辑类型"按钮，打开"类型属性"对话框，设置柱的尺寸标注，输入

"顶部半径"为"100","底部半径"为"120","底座边长"为"350","底座高度"为"500","柱高度"为"1680",其他采用默认设置,如图 5-28 所示。单击"确定"按钮。

图 5-27 设置参数

图 5-28 "类型属性"对话框

13)将视图切换到三维视图,并设置视觉样式为真实,观察柱的布置情况,如图 5-29 所示。

图 5-29 布置柱

5.2 梁

由支座支承,承受的外力以横向力和剪力为主,以弯曲为主要变形的构件称为梁。

将梁添加到平面视图中时,必须将底剪裁平面设置为低于当前标高;否则,梁在该视图中不可见。但是如果使用结构样板,视图范围和可见性设置会相应地显示梁。每个梁的图元是通过特定梁族的类型属性定义的。此外，还可以修改各种实例属性来定义梁的功能。

可以使用以下任一方法，将梁附着到项目中的任何结构图元。

➢ 绘制单个梁。

➢ 创建梁链。

➢ 选择位于结构图元之间的轴线。

➢ 创建梁系统。

5.2.1 创建单个梁

梁及其结构属性还具有以下特性。

➢ 可以使用"属性"选项板修改默认的"结构用途"设置。

➢ 可以将梁附着到任何其他结构图元（包括结构墙）上，但是它们不会连接到非承重墙。

➢ 结构用途参数可以包括在结构框架明细表中，这样便可以计算大梁、托梁、檩条和水平支撑的数量。

➢ 结构用途参数值可确定粗略比例视图中梁的线样式。可使用"对象样式"对话框修改结构用途的默认样式。

➢ 梁的另一结构用途是作为结构桁架的弦杆。

具体绘制过程如下。

1）打开第 5.1.1 小节绘制的结构柱文件，如图 5-30 所示。

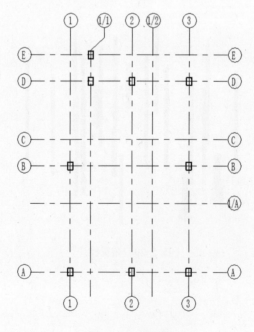

图 5-30　结构柱

2）单击"结构"选项卡"结构"面板"梁"按钮，打开"修改 | 放置 梁"选项卡和选项栏，如图 5-31 所示。

图 5-31 "修改 | 放置 梁"选项卡和选项栏

> 放置平面：在列表中可以选择梁的放置平面。

> 结构用途：指定梁的结构用途，包括大梁、水平支撑、托梁、檩条以及其他。

> 三维捕捉：勾选此复选框可捕捉任何视图中的其他结构图元，不论高程如何，屋顶梁都将捕捉到柱的顶部。

> 链：勾选此复选框可依次连续放置梁。在放置梁时的第二次单击将作为下一个梁的起点。按〈Esc〉键完成链式放置梁。

3）在"属性"选项板中只有热轧 H 型钢类型的梁，如图 5-32 所示。

4）单击"模式"面板中的"载入族"按钮，打开"载入族"对话框，选择"China"→"结构"→"框架"→"混凝土"文件夹中的"混凝土-矩形梁.rfa"，如图 5-33 所示。

图 5-32 "属性"选项板

图 5-33 "载入族"对话框

5）混凝土梁的"属性"选项板如图 5-34 所示。Revit 中提供了混凝土和钢梁两种不同属性的梁，其属性参数也稍有不同。

> 参照标高：标高限制。这是一个只读的值，取决于放置梁的工作平面。

> YZ 轴对正：包括统一和独立两个选项。使用"统一"可为梁的起点和终点设置相同的参数。使用"独立"可为梁的起点和终点设置不同的参数。

> Y 轴对正：指定物理几何图形相对于定位线的位置，包括"原点""左侧""中心""右侧"。

> Y 轴偏移值：几何图形偏移的数值。在"Y 轴对正"参数中设置的定位线与特性点之间的距离。

> Z 轴对正：指定物理几何图形相对于定位线的位置，包括"原点""顶部""中心""底部"。

> Z 轴偏移值：在"Z 轴对正"参数中设置的定位线与特性点之间的距离。

6）在选项栏中设置放置平面为"标高 2"，其他采用默认设置。

7）在绘图区域中单击柱的中点作为梁的起点，如图 5-35 所示。

图 5-34　混凝土梁的"属性"选项板

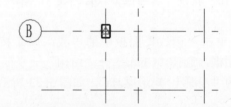

图 5-35　指定梁的起点

8）移动鼠标，光标将捕捉到其他结构图元（例如柱的质心或墙的中心线），状态栏将显示光标的捕捉位置，这里捕捉另一柱的中心，如图 5-36 所示。若要在绘制时指定梁的精确长度，在起点处单击，然后按其延伸的方向移动光标。先输入所需长度，然后按〈Enter〉键以放置梁。

9）将视图切换到三维视图，观察图形，如图 5-37 所示。

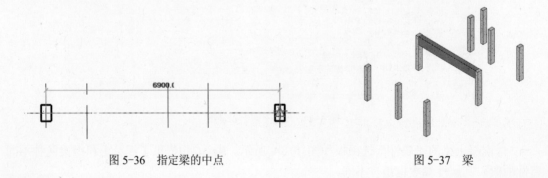

图 5-36　指定梁的中点

图 5-37　梁

5.2.2　创建轴网梁

沿轴线放置梁时，Revit 将使用下列条件。

> 将扫描所有与轴线相交的可能支座，例如柱、墙或梁。

> 如果墙位于轴线上，则不会在该墙上放置梁。墙的各端用作支座。

> ➤ 如果梁与轴线相交并穿过轴线，则此梁被认为是中间支座，因为此梁是支座在轴线
> 上创建的新梁。

> ➤ 如果梁与轴线相交但不穿过轴线，则此梁由在轴线上创建的新梁支撑。

具体绘制过程如下。

1）打开第 5.1.1 小节绘制的结构柱，如图 5-38 所示。

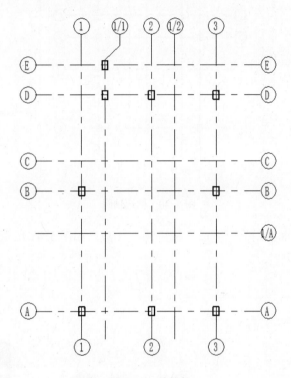

图 5-38 结构柱

2）单击"结构"选项卡"结构"面板中的"梁"按钮，打开"修改 | 放置 梁"选项卡和选项栏，选择"标高 2"为放置平面。

3）单击"模式"面板中的"载入族"按钮，打开"载入族"对话框，选择"China" → "结构" → "框架" → "混凝土"文件夹中的"混凝土-矩形梁.rfa"。

4）单击"多个"面板上的"在轴网上"按钮，打开"修改 | 放置 梁>在轴网线上"选项卡，如图 5-39 所示。

图 5-39 "修改 | 放置 梁>在轴网线上"选项卡

5）框选视图中绘制好的轴网，如图 5-40 所示。

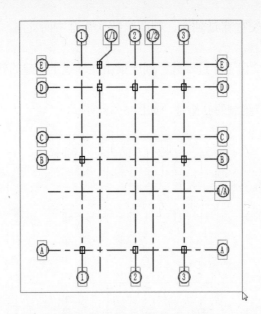

图 5-40　框选轴网

6）单击"多个"面板中的"完成"按钮 ，生成梁如图 5-41 所示。

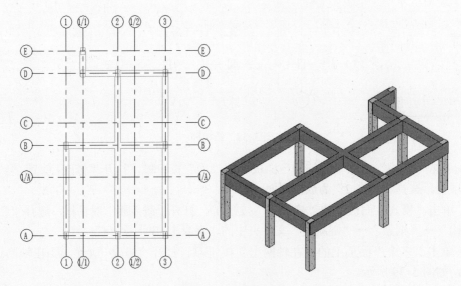

图 5-41　创建轴网梁

5.2.3　创建梁系统

梁系统参数随设计中的改变而调整。如果重新定位了一个柱，梁系统参数将自动随其位置的改变而调整。

创建梁系统时，如果两个面积的形状和支座不相同，则粘贴的梁系统面积可能不会如期望的那样附着到支座。在这种情况下，可能需要修改梁系统。

具体绘制过程如下。

1）打开第 5.1.1 小节绘制的结构柱，如图 5-42 所示。

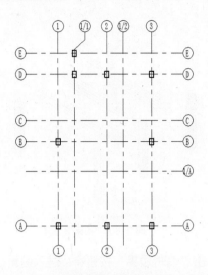

图 5-42 结构柱

2）单击"结构"选项卡"结构"面板中的"梁系统"按钮 ▦，打开"修改 | 创建梁系统边界"选项卡和选项栏，如图 5-43 所示。

图 5-43 "修改 | 创建梁系统边界"选项卡和选项栏

3）在"属性"选项板的图案填充栏中设置梁类型，在固定间距中输入两个梁之间的间距值，如图 5-44 所示。

4）单击"绘制"面板中的"线"按钮 ，绘制边界线；也可以单击"拾取线"按钮 ，提取边界线，如图 5-45 所示。将边界线锁定，梁系统参数将自动随其位置的改变而调整。

图 5-44 "属性"选项板

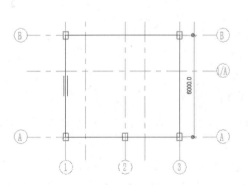

图 5-45 边界线

5）单击"模式"面板中的"完成编辑模式"按钮✔，完成的结构梁系统的三维视图如图 5-46 所示。

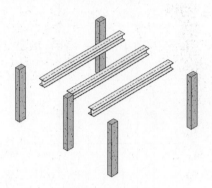

图 5-46 梁系统

6）选取梁系统，然后单击"编辑边界"按钮，进入编辑边界环境。

7）单击"绘制"面板中的"梁方向"按钮，拾取图 5-47 所示的直线为梁方向，单击"模式"面板中的"完成编辑模式"按钮✔，绘制另一个方向上的梁系统，结果如图 5-48 所示。

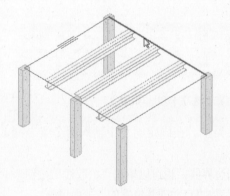

图 5-47 拾取梁方向

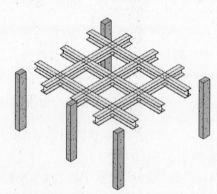

图 5-48 创建另一个梁系统

第6章 墙

 知识导引

墙体是建筑物重要的组成部分，起着承重、围护和分隔空间的作用，同时还具有保温、隔热、隔声等功能。墙体的材料和构造方法的选择，将直接影响房屋的质量和造价，因此合理地选择墙体材料和构造方法十分重要。

本章主要介绍墙、墙饰条以及幕墙的创建方法。

6.1 墙体

与建筑模型中的其他基本图元类似，墙也是预定义系统族类型的实例，表示墙功能、组合和厚度的标准变化形式。通过修改墙的类型属性来添加或删除层、将层分割为多个区域，以及修改层的厚度或指定的材质，可以自定义这些特性。

6.1.1 一般墙体

通过单击"墙"工具，选择所需的墙类型，并将该类型的实例放置在平面视图或三维视图中，可以将墙添加到建筑模型中。

可以在功能区中选择一个绘制工具，在绘图区域中绘制墙的线性范围，或者通过拾取现有线、边或面来定义墙的线性范围。墙相对于所绘制路径或所选现有图元的位置由墙的某个实例属性的值来确定，即"定位线"。

具体绘制步骤如下。

1）打开 4.2.2 小节绘制的轴网文件，单击"建筑"选项卡"构建"面板中的"墙"按钮，打开"修改 | 放置墙"选项卡和选项栏，如图 6-1 所示。

图 6-1 "修改 | 放置墙"选项卡和选项栏

2）"属性"选项板的"类型"下拉列表框中没有找到 240mm 的墙，所以这里要先创建 240mm 的墙。

首先，单击"编辑类型"按钮，打开"类型属性"对话框，单击"复制"按钮，打开"名称"对话框，新建名称为"砖墙-240mm"，如图 6-2 所示。单击"确定"按钮。

图 6-2 "名称"对话框

其次，返回到"类型属性"对话框，单击对话框结构栏中的"编辑"按钮 编辑... ，打开"编辑部件"对话框，更改结构厚度为"240"，其他采用默认设置，如图 6-3 所示。连续单击"确定"按钮，完成砖墙 240mm 的设置。

图 6-3　"编辑部件"对话框

3）在选项栏中设置墙体高度为 3300mm，定位线为"墙中心线"，其他采用默认设置，如图 6-4 所示。

图 6-4　选项栏

➢ 高度：为墙的墙顶定位标高选择标高，或者默认设置"未连接"，然后输入高度值。

➢ 定位线：指定使用墙的哪一个垂直平面相对于所绘制的路径或在绘图区域中指定的路径来定位墙，包括"墙中心线"（默认）、"核心层中心线""面层面：外部""面层面：内部""核心面：外部""核心面：内部"；在简单的砖墙中，"墙中心线"和"核心层中心线"平面将会重合，然而它们在复合墙中可能会不同于从左到右绘制墙时，其外部面（面层面：外部）默认情况下位于顶部。

➢ 链：勾选此复选框，以绘制一系列在端点处连接的墙分段。

➢ 偏移：输入一个距离，以指定墙的定位线与光标位置或选定的线或面之间的偏移。

➢ 连接状态：选择"允许"选项以在墙相交位置自动创建对接（默认）。选择"不允许"选项以防止各墙在相交时连接。每次打开软件时默认选择"允许"选项，但上一选定选项在当前会话期间保持不变。

4）在视图中捕捉轴网的交点为墙的起点，如图 6-5 所示，移动鼠标到适当位置确定墙体的终点，如图 6-6 所示，接续绘制墙体，完成 240mm 墙的绘制，如图 6-7 所示。

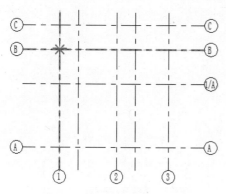

图 6-5 指定墙体起点

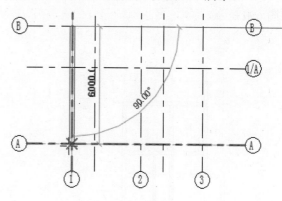

图 6-6 指定终点

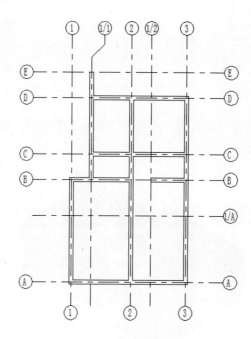

图 6-7 绘制 240mm 墙体

可以使用 3 种方法来放置墙：

➤ 绘制墙：使用默认的"线"工具可通过在图形中指定起点和终点来放置直墙分段。或者，可以指定起点，沿所需方向移动光标，然后输入墙长度值。

➤ 沿着现有的线放置墙：使用"拾取线"工具可以沿图形中选择的线来放置墙分段。线可以是模型线、参照平面或图元（如屋顶、幕墙嵌板和其他墙）边缘。

➤ 将墙放置在现有面上：使用"拾取面"工具可以将墙放置于在图形中选择的体量面或常规模型面上。

5）在属性选项板中选择"内部-切块墙 140"类型，设置高度为 3300mm，绘制储藏间和卫生间的隔断，如图 6-8 所示。

6）单击"修改"面板中的"用间隙拆分"按钮，拆分墙体，并修改临时尺寸，如图 6-9 所示。

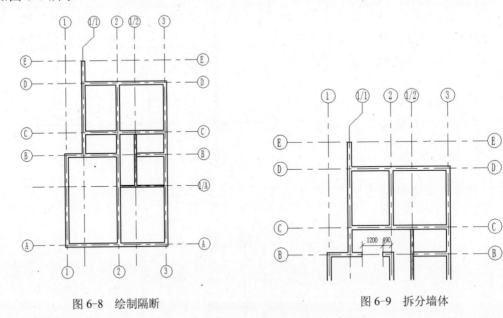

图 6-8　绘制隔断

图 6-9　拆分墙体

7）在项目浏览器中选择三维视图，将视图切换至三维视图，查看绘制的建筑墙体，如图 6-10 所示。

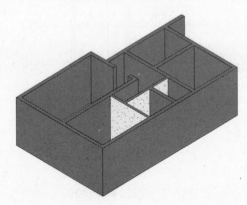

图 6-10　三维图形

6.1.2　复合墙

复合墙板是指用几种材料制成的多层板。复合板的面层有石棉水泥板、石膏板铝板、树脂板、硬质纤维板、压型钢板等。夹心材料可以使用矿棉、木质纤维、泡沫塑料和蜂窝状材料等。复合板能充分利用材料的性能，大多具有强度高、耐久性、防水性、隔声性能好的优点，且安装、拆卸简便，有利于建筑工业化。

使用层或区域可以修改墙类型以定义垂直复合墙的结构，如图 6-11

图 6-11　复合墙

所示。

在编辑复合墙的结构时，要遵循以下原则。

➢ 在预览窗格中，样本墙的各个行必须保持从左到右的顺序显示。要测试样本墙，按
  顺序选择行号，然后在预览窗格中观察选择内容。如果层不是按从左到右的顺序高
  亮显示的，Revit 就不能生成该墙。

➢ 同一行不能指定给多个层。

➢ 不能将同一行同时指定给核心层两侧的区域。

➢ 不能为涂膜层指定厚度。

➢ 非涂膜层的厚度不能小于 1/8in 或 4mm。

➢ 核心层的厚度必须大于 0。不能将核心层指定为涂膜层。

➢ 外部和内部核心边界以及涂膜层不能上升或下降。

➢ 只能将厚度添加到从墙顶部直通到底部的层。不能将厚度添加到复合层。

➢ 不能水平拆分墙并随后不顾其他区域而移动区域的外边界。

➢ 层功能优先级不能按从核心边界到面层面升序排列。

具体绘制步骤如下。

1）选中要创建成复合墙的墙体，或直接绘制墙体，这里选中图 6-10 中的外墙。

2）在"属性"选项板中单击"编辑类型"按钮，打开"类型属性"对话框，新建
"240 复合墙"，单击"编辑"按钮，打开"编辑部件"对话框，如图 6-12 所示。

图 6-12　"编辑部件"对话框

3）单击"插入"按钮，插入一个构造层，选择功能为"面层 1[4]"，如
图 6-13 所示，单击材质中的"浏览器"按钮，打开"材质浏览器"对话框，选择

"涂料-黄色"材质，其他采用默认设置，如图 6-14 所示，单击"确定"按钮，返回到"编辑部件"对话框。

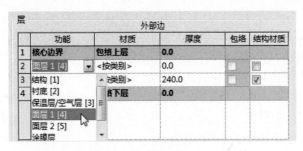

图 6-13　设置功能

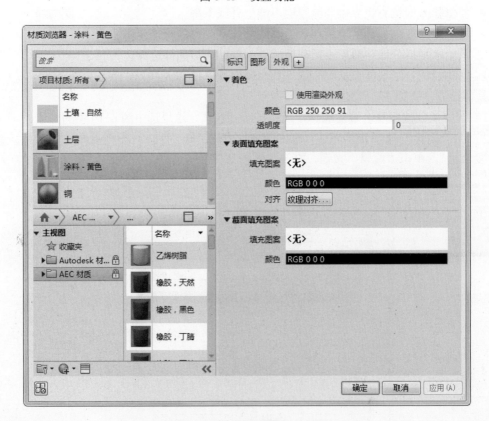

图 6-14　"材质浏览器"对话框

提示：
Revit 软件提供了 6 种层，分别为"结构[1]""村底[2]""保温层/空气层[3]""涂膜层""面层 1[4]""面层 2[5]"。

➢ 结构[1]：支撑其余墙、楼板或屋顶的层。

➢ 村底[2]：作为其他材质基础的材质（例如胶合板或石膏板）

➢ 保温层/空气层[3]：隔绝并防止空气渗透。

➢ 涂膜层：通常用于防止水蒸气渗透的薄膜。涂膜层的厚度应该为零。

> 面层 1[4]: 面层 1 通常是外层。
> 面层 2[5]: 面层 2 通常是内层。

层的功能具有优先顺序，其规则为：

> 结构层具有最高优先级（优先级 1）。
> "面层 2"具有最低优先级（优先级 5）。
> Revit 首先连接优先级高的层，然后连接优先级最低的层。

例如，假设连接两个复合墙，第一面墙中优先级 1 的层会连接到第二面墙中优先级 1 的层上。优先级 1 的层可穿过其他优先级较低的层与另一个优先级 1 的层相连接。优先级低的层不能穿过优先级相同或优先级较高的层进行连接。

> 当层连接时，如果两个层都具有相同的材质，则接缝会被清除。如果两个不同材质的层进行连接，则连接处会出现一条线。
> 对于 Revit 来说，每一层都必须带有指定的功能，以使其准确地进行层匹配。
> 墙核心内的层可穿过连接墙核心外的优先级较高的层。即使核心层被设置为优先级 5，核心中的层也可延伸到连接墙的核心。

4）修改结构层的厚度为"200"，"面层 1[4]"的厚度为"20"。

5）单击"插入"按钮 插入(I)，新插入"保温层/空气层"，设置材质为"纤维填充"，厚度为"20"，单击"向上"按钮 向上(U) 或"向下"按钮 向下(O) 调整当前层所在的位置，单击"预览"按钮，可以查看所设置的层，如图 6-15 所示。

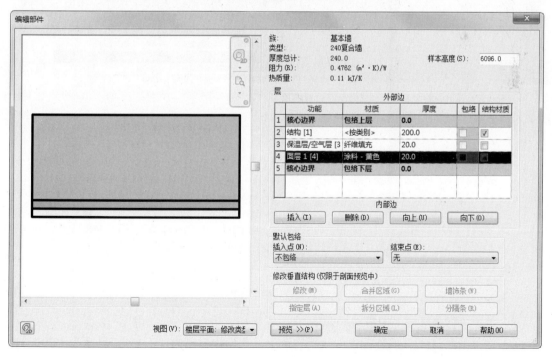

图 6-15　设置结构层

6）连续单击"确定"按钮，完成复合墙的设置，结果如图 6-16 所示。

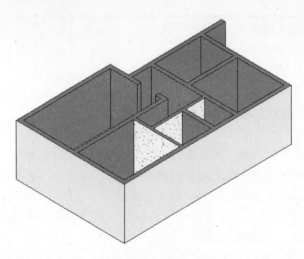

图 6-16　复合墙

7）选取右侧墙，新建"240 复合墙拆分"类型，并对其进行编辑，在"编辑部件"对话框中选择视图为"剖面：修改类型属性"，如图 6-17 所示。

图 6-17　切换视图

8）单击"拆分区域"按钮 [拆分区域(L)] ，在外层上进行拆分，如图 6-18 所示。

9）在"面层 1[4]"的基础上创建新构造层，并设置材质为"石料"，厚度为"20"，也可以不指定厚度，如图 6-19 所示。

图 6-18 拆分墙

层			外部边		
	功能	材质	厚度	包络	结构材质
1	**核心边界**	**包络上层**	**0.0**		
2	结构 [1]	<按类别>	200.0		☑
3	保温层/空气层	纤维填充	20.0	☐	☐
4	面层 1 [4]	涂料 - 黄色	可变	☐	☐
5	面层 1 [4]	石料	20.0	☐	☐
6	**核心边界**	**包络下层**	**0.0**		

图 6-19 新建构造层

10）选中新创建的构造层，然后单击"指定层"按钮，在预览区中选择被拆分的下部分，单击"确定"按钮，结果如图 6-20 所示。

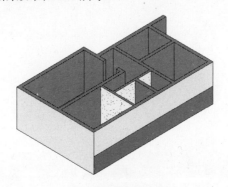

图 6-20 选择拆分墙

6.1.3 叠层墙

Revit 包括用于为墙建模的"叠层墙"系统族，这些墙包含一面接一面叠放在一起的两面或多面子墙。子墙在不同的高度可以具有不同的墙厚度。叠层墙中的所有子墙都被附着，其几何图形相互连接。

具体绘制过程如下。

1）新建一项目文件，并绘制一段墙体，如图 6-21 所示。

2）选中墙体将其类型更改为"叠层墙"→"外部-砌块勒脚砖墙"，如图 6-22 所示。结果如图 6-23 所示。

3）单击"编辑类型"按钮，打开"类型属性"对话框，如图 6-24 所示。单击"编辑"按钮，打开"编辑部件"对话框，打

图 6-21 绘制墙体

开"编辑部件"对话框，单击"预览"按钮 预览 >>(P) ，预览当前墙体的结构，如图 6-25 所示。

图 6-22　更改类型

图 6-23　叠层墙

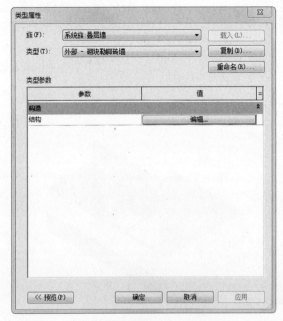

图 6-24　"类型属性"对话框

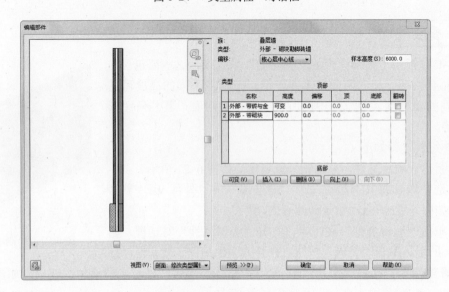

图 6-25　"编辑部件"对话框

4）单击"插入"按钮 插入(I)，插入"外部-带砌块与金属立筋龙骨复合墙"，单击"向上"或"向下"按钮，调整位置，如图 6-26 所示。

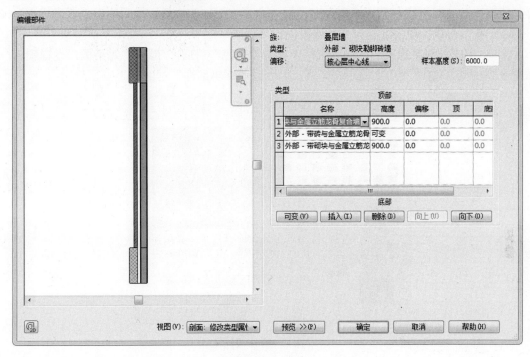

图 6-26　插入墙

5）连续单击"确定"按钮，完成叠层墙的编辑，如图 6-27 所示。

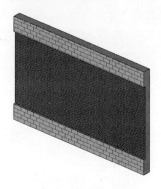

图 6-27　叠层墙

6.1.4　实例——创建别墅墙体

接 5.1.3 小节实例继续创建别墅。

1. 创建第一层墙

1）新建 240 外墙。

① 切换到 1F 楼层平面，单击"建筑"选项卡"构建"面板中的"墙"按钮，在"属性"选项板中选择"基本墙 常规-200mm"类型，单击"编辑类型"按钮，打开"类型属

性"对话框，新建 240mm 外墙，单击结构栏中的"编辑"按钮。

② 打开"编辑部件"对话框，单击"插入"按钮，插入"面层 1[4]"，单击材质栏中的浏览器按钮 ，打开"材质浏览器"对话框，选择水泥砂浆材质，然后单击"新建材质"按钮 ，新建材质并更改名称为"外墙黄色"。

③ 单击"外观"选项卡，在常规栏中单击"颜色"，打开"颜色"对话框，设置颜色，如图 6-28 所示。连续单击"确定"按钮，返回到"编辑部件"对话框。

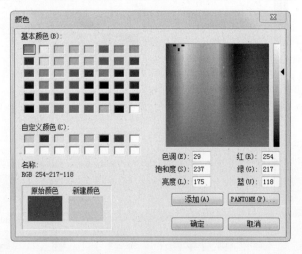

图 6-28 "颜色"对话框

④ 设置"面层 1[4]"的厚度为"20"，单击"插入"按钮，在结构层的下面创建"面层 1[4]"，设置材质如图 6-29 所示。然后设置厚度为"20"，如图 6-30 所示。连续单击"确定"按钮，完成 240mm 外墙的创建。

图 6-29 设置材质

图 6-30　240mm 外墙参数

2）在"属性"选项板中选择"叠层墙 外部-砌块勒脚砖墙"类型，单击"编辑类型"按钮，打开"类型属性"对话框，新建 240mm 外墙带墙脚，单击结构栏中的"编辑"按钮，打开"编辑部件"对话框，更改"外部-带砌块与金属立筋龙骨复合墙"的高度为"940"，选择层 1 为 240mm 外墙，如图 6-31 所示。单击"确定"按钮，完成 240mm 外墙带墙脚的创建。

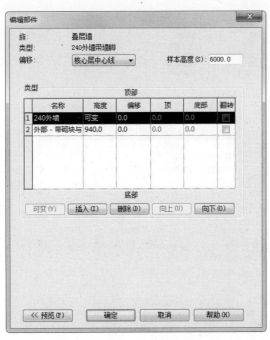

图 6-31　240mm 外墙带墙脚参数

3）在"属性"选项板中设置"定位线"为"核心层中心线","底部约束"为"1F","底部偏移"为"-470","顶部约束"为"直到标高：2F"，如图 6-32 所示。

4）根据轴网和结构柱，绘制图 6-33 所示的外墙。

图 6-32　属性选项板

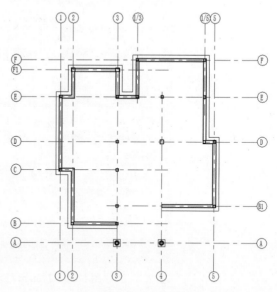

图 6-33　绘制外墙

5）单击"建筑"选项卡"构建"面板中的"墙"按钮 ，在"属性"选项板中选择"基本墙 常规-200mm"类型，单击"编辑类型"按钮，打开"类型属性"对话框，新建 240mm 内墙，单击结构栏中的"编辑"按钮，打开"编辑部件"对话框，设置参数如图 6-34 所示。连续单击"确定"按钮。

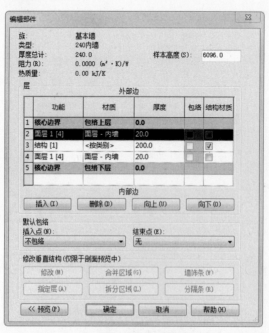

图 6-34　设置内墙参数

6）根据轴网和结构柱，绘制图 6-35 所示的内墙。

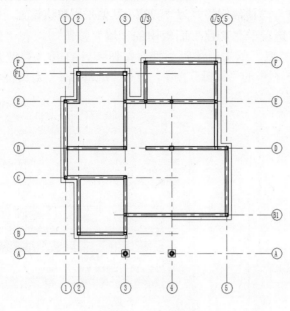

图 6-35　绘制内墙

7）单击"建筑"选项卡"构建"面板中的"墙"按钮，在选项栏中设置连接状态为"不允许"，在"属性"选项板中选择"240 外墙"类型，绘制大门处的外墙，如图 6-36 所示。

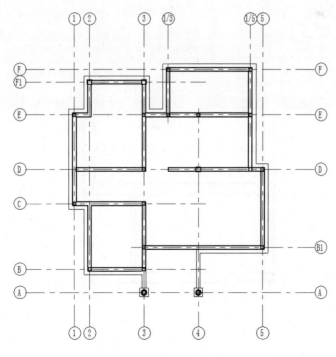

图 6-36　绘制大门处外墙

8）在"属性"选项板中设置"底部偏移"为"1F"，"底部偏移"为"-470"，"顶部约束"为"直到标高：1F"，"顶部偏移"为"470"，其他采用默认设置，如图6-37所示。

9）单击"建筑"选项卡"构建"面板中的"墙"按钮，在"属性"选项板中选择"基本墙 240 内墙"类型，单击"编辑类型"按钮，打开"类型属性"对话框，新建120mm 内墙，单击结构栏中的"编辑"按钮，打开"编辑部件"对话框，设置参数如图 6-38所示。连续单击"确定"按钮。

图 6-37 "属性"选项板

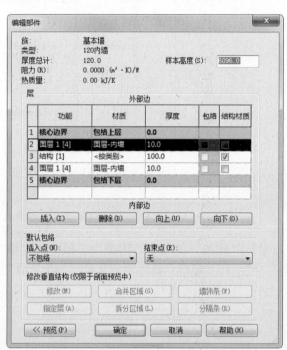

图 6-38 设置内墙参数

10）在图中绘制隔断墙，选取隔断墙，双击临时尺寸修改尺寸值，如图6-39所示。

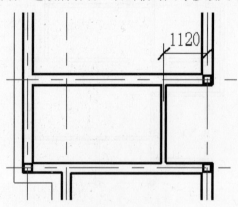

图 6-39 绘制隔断墙

2. 创建第二层墙

1）将视图切换到 2F 楼层平面。

2）单击"建筑"选项卡"构建"面板中的"墙"按钮 ，在"属性"选项板中选择"基本墙 240 外墙"，设置"定位线"为"核心层中心线"，"底部约束"为"2F"，"底部偏移"为"0"，"顶部约束"为"直到标高：3F"，如图 6-40 所示。

3）在选项栏中设置连接状态为"允许"，根据轴网和结构柱绘制二层的外墙，如图 6-41 所示。

图 6-40　设置参数

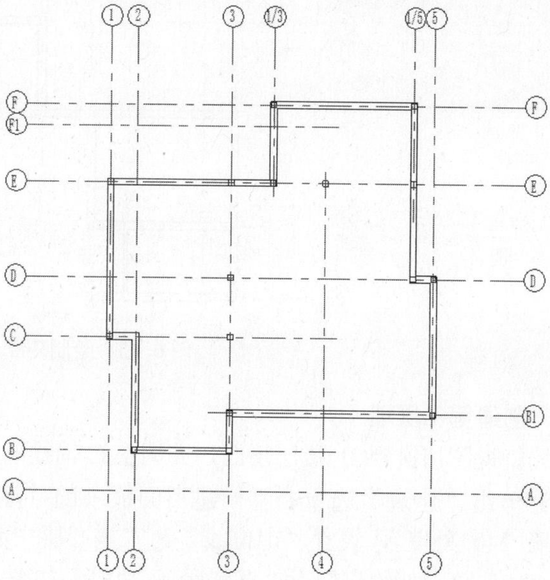

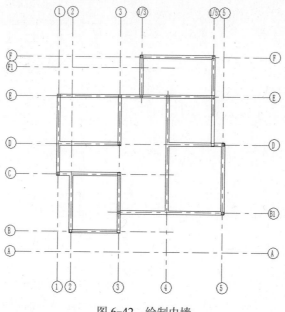

图 6-41　绘制二层外墙

4）单击"建筑"选项卡"构建"面板中的"墙"按钮 ，在"属性"选项板中选择"基本墙 240 内墙"，其他采用默认设置，根据轴网和结构柱绘制内墙，如图 6-42 所示。

图 6-42　绘制内墙

5）单击"建筑"选项卡"构建"面板中的"墙"按钮，在"属性"选项板中选择"基本墙 120 内墙"类型。

6）在图中绘制隔断墙，选取隔断墙，双击临时尺寸修改尺寸值，如图 6-43 所示。

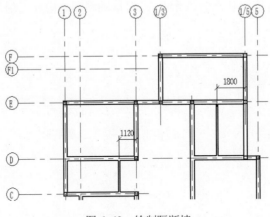

图 6-43　绘制隔断墙

3. 创建第三层墙

1）将视图切换到 3F 楼层平面，并调整 C 轴线的长度。

2）单击"建筑"选项卡"构建"面板中的"墙"按钮，在"属性"选项板中选择"基本墙 240 外墙"，设置"定位线"为"核心层中心线"，"底部约束"为"3F"，"底部偏移"为"0"，"顶部约束"为"直到标高：4F"，如图 6-44 所示。

3）在选项栏中设置连接状态为"允许"，根据轴网和结构柱绘制三层的外墙，如图 6-45 所示。

图 6-44　设置参数

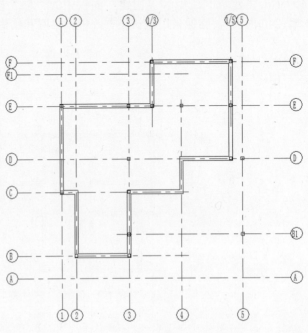

图 6-45　绘制三层外墙

4）单击"建筑"选项卡"构建"面板中的"墙"按钮 🗂，在"属性"选项板中选择"基本墙 240 内墙"，其他采用默认设置，根据轴网和结构柱绘制内墙，如图 6-46 所示。按〈Esc〉键取消。

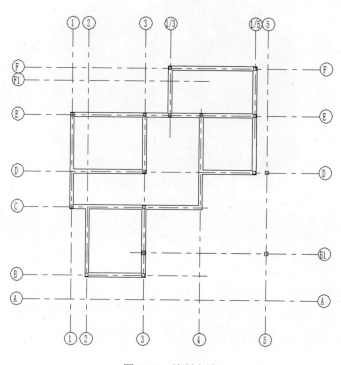

图 6-46 绘制内墙

5）单击"建筑"选项卡"构建"面板中的"墙"按钮 🗂，在"属性"选项板中选择"基本墙 120 内墙"类型，设置"定位线"为"核心层中心线"，"底部约束"为"3F"，"底部偏移"为"0"，"顶部约束"为"直到标高：4F"，其他采用默认设置。

6）在图中绘制隔断墙，选取隔断墙，双击临时尺寸修改尺寸值，如图 6-47 所示。

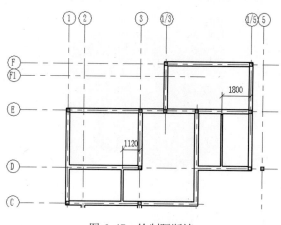

图 6-47 绘制隔断墙

7）将视图切换到三维视图，观察墙体，将靠近大门的结构柱顶部标高改为"3F"，如

图 6-48 所示。

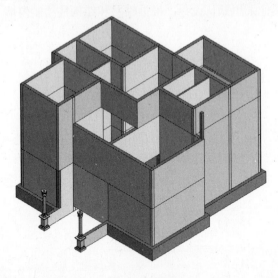

图 6-48　墙体

6.2　墙饰条

在图纸中放置墙后，可以添加墙饰条或分隔缝、编辑墙的轮廓，以及插入主体构件，如门和窗。

6.2.1　墙饰条

使用"墙：饰条"工具向墙中添加踢脚板、冠顶饰或其他类型的装饰用水平或垂直投影。具体绘制过程如下。

1）新建一项目文件，并绘制墙体，如图 6-49 所示。

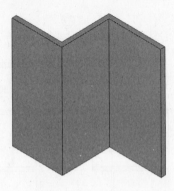

图 6-49　绘制墙体

2）单击"建筑"选项卡"构建"面板"墙" 🗋 列表下的"墙：饰条"按钮 ▭，打开"修改 | 放置 墙饰条"选项卡，如图 6-50 所示。

图 6-50 "修改 | 放置 墙饰条"选项卡

3）在属性选项板中选择墙饰条的类型，默认为檐口。

4）在"修改 | 放置 墙饰条"选项卡中选择装饰条的方向为水平或垂直。

5）将光标放在墙上以高亮显示墙饰条位置，如图 6-51 所示，单击以放置墙饰条。

6）继续为相邻墙添加墙饰条，Revit 会在各相邻墙体上预选墙饰条的位置，如图 6-52 所示。

图 6-51 放置墙饰条

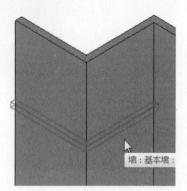

图 6-52 添加相邻墙饰条

7）要在不同的位置放置墙饰条，则需要单击"放置"面板中的"重新放置装饰条"按钮，将光标移到墙上所需的位置，如图 6-53 所示，单击鼠标以放置墙饰条，结果如图 6-54 所示。

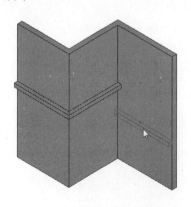

图 6-53 添加不同位置的墙饰条

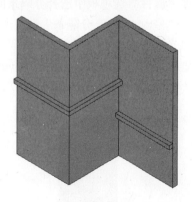

图 6-54 墙饰条

8）选取墙饰条，可以拖拉操纵柄来调整其大小，也可以单击"翻转"按钮，调整位置。

注意：

如果在不同高度创建多个墙饰条，然后将这些墙饰条设置为同一高度，这些墙饰条将在连接处斜接。

6.2.2 分隔条

使用"分隔缝"工具将装饰用水平或垂直剪切添加到立面视图或三维视图中的墙。

1）新建一项目文件，并绘制墙体，如图 6-55 所示。

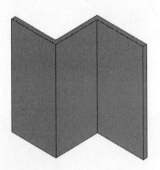

图 6-55　绘制墙体

2）单击"建筑"选项卡"构建"面板"墙" ⛀ 列表下的"墙：分隔条"按钮 ▤，打开"修改 | 放置 分隔条"选项卡，如图 6-56 所示。

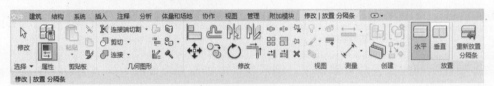

图 6-56　"修改 | 放置 分隔条"选项卡

3）在"属性"选项板中选择分隔条的类型，默认为檐口。

4）在"修改 | 放置 分隔条"选项卡选择装饰条的方向为水平或垂直。

5）将光标放在墙上以高亮显示分隔条位置，如图 6-57 所示，单击以放置分隔条。

6）继续为相邻墙添加分隔条，Revit 会在各相邻墙体上预选分隔条的位置，如图 6-58 所示。

图 6-57　放置分隔条

图 6-58　添加相邻分隔条

7）要在不同的位置放置分隔条，则需要单击"放置"面板中的"重新放置分隔条"按钮🖳，将光标移到墙上所需的位置，如图6-59所示，单击鼠标以放置分隔条，结果如图6-60所示。

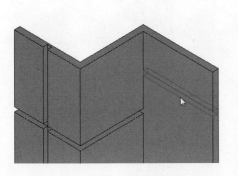

图6-59 添加不同位置的分隔条

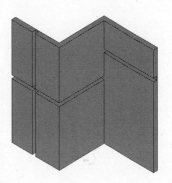

图6-60 分隔条

6.2.3 实例——创建别墅墙饰条

接6.1.4实例继续创建别墅。

1）单击"建筑"选项卡"构建"面板"墙"📂列表下的"墙：饰条"按钮▤，打开"修改｜放置 墙饰条"选项卡，单击"放置"面板中的"水平"按钮▢。

2）在"属性"选项板中单击"编辑类型"按钮🖽，打开"类型属性"对话框，单击"材质"栏中的按钮🔲，打开"材质浏览器-EIFS，外部隔热层"对话框，在图形选项卡中勾选"使用渲染外观"复选框，在"外观"选项卡中设置墙漆的颜色为白色，如图6-61所示。连续单击"确定"按钮。

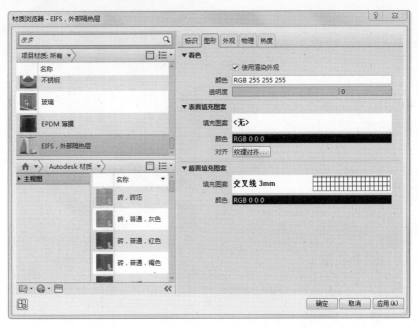

图6-61 "材质浏览器-EIFS，外部隔热层"对话框

3）在墙体上放置第一圈墙饰条，具体参数如图 6-62 所示。沿着墙体放置墙饰条，结果如图 6-63 所示。

图 6-62　设置参数（1）

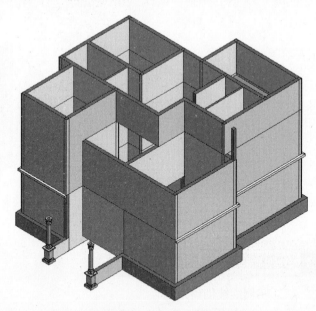

图 6-63　放置第一圈墙饰条

4）继续绘制第二圈墙饰条，具体参数如图 6-64 所示。沿着墙体放置墙饰条，结果如图 6-65 所示。

图 6-64　设置参数（2）

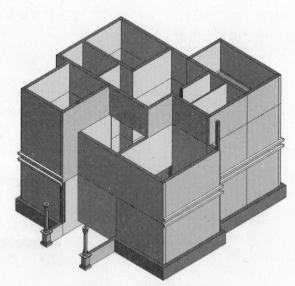

图 6-65　放置第二圈墙饰条

5）将图形放大可以看见第一圈的墙饰条与大门处相交，选取墙饰条，调整墙饰条的长度，结果如图 6-66 所示。

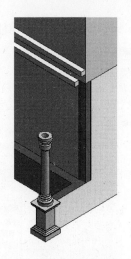

图 6-66 编辑墙饰条

6.3 幕墙

　　幕墙的结构框架由镶嵌板材等组成，是不承担主体结构载荷与作用的建筑围护结构。因为看起来像幕布一样挂上去，故幕墙又称为悬挂墙，是大型和高层建筑常用的带有装饰效果的轻质墙体。

　　幕墙是利用各种强劲、轻盈、美观的建筑材料取代传统的砖石或窗墙结合的外墙工法，其包围在主结构的外围而达到使整栋建筑美观、使用功能健全而又安全的目的，就好像为建筑穿上一件漂亮的外衣。

6.3.1 幕墙

　　在一般应用中，幕墙常常定义为薄的、通常带铝框的墙，包含填充的玻璃、金属嵌板或薄石。绘制幕墙时，单个嵌板可延伸墙的长度。如果所创建的幕墙具有自动幕墙网格，则该墙将被再分为几个嵌板。

　　在幕墙中，网格线定义放置竖梃的位置。竖梃是分割相邻窗单元的结构图元。可通过选择幕墙并单击鼠标右键访问关联菜单来修改该幕墙。在关联菜单上有几个用于操作幕墙的选项，例如选择嵌板和竖梃。

　　可以使用默认 Revit 幕墙类型设置幕墙。这些墙类型提供 3 种复杂程度，可以对其进行简化或增强。

　　➤ 幕墙：没有网格或竖梃。没有与此墙类型相关的规则。此墙类型的灵活性最强。

　　➤ 外部玻璃：具有预设网格。如果设置不合适，可以修改网格规则。

　　➤ 店面：具有预设网格和竖梃。如果设置不合适，可以修改网格和竖梃规则。

　　具体绘制过程如下。

　　1）单击"建筑"选项卡"构建"面板中的"墙"按钮　，打开"修改|放置 墙"选项卡和选项栏。

　　2）从"属性"选项板的"类型"下拉列表框中选择"幕墙"类型，如图 6-67 所示。此时"属性"选项板如图 6-68 所示。该选项板中各选项功能如下。

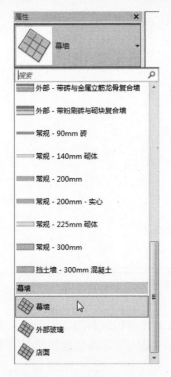

图 6-67 选择幕墙类型　　　　　图 6-68 "属性"选项板

➢ 底部约束：设置幕墙的底部标高，例如，标高 1。
➢ 底部偏移：输入幕墙距墙底定位标高的高度。
➢ 已附着底部：勾选此复选框，指示幕墙底部附着到另一个模型构件。
➢ 顶部约束：设置幕墙的顶部标高。
➢ 无连接标高：输入幕墙的高度值。
➢ 顶部偏移：输入距顶部标高的幕墙偏移量。
➢ 已附着顶部：勾选此复选框，指示幕墙顶部附着到另一个模型构件，比如屋顶等。
➢ 房间边界：勾选此复选框，则幕墙将成为房间边界的组成部分。
➢ 与体量相关：勾选此复选框，则此图元是从体量图元创建的。
➢ 编号：如果将"垂直/水平网格样式"下的"布局"设置为"固定数量"，则可以在这里输入幕墙上放置幕墙网格的数量，最多为 200。
➢ 对正：确定在网格间距无法平均分割幕墙图元面的长度时，Revit 如何沿幕墙图元面调整网格间距。
➢ 角度：将幕墙网格旋转到指定角度。

3）默认情况下，系统自动选择"线"按钮，在选项栏或"属性"选项板中设置墙的参数。

4）在视图中单击确定墙的起点，移动鼠标到适当位置单击确定终点绘制幕墙，如图 6-69 所示。

图 6-69　绘制幕墙

5）将视图切换到三维视图，观察图形，如图 6-70 所示。

6）选取上步绘制的幕墙，在"属性"选项板中选择"外部玻璃"类型，结果如图 6-71 所示。

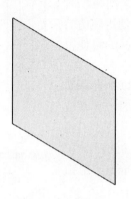

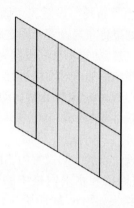

图 6-70　三维幕墙

图 6-71　外部玻璃

7）在"属性"选项板中选择"店面"类型，结果如图 6-72 所示。

8）单击"属性"选项板中的"编辑类型"按钮 🔲，打开图 6-73 所示"类型属性"对话框，修改类型属性来更改幕墙族的功能、连接条件、轴网样式和竖梃。对话框中各选项功能如下。

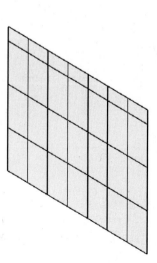

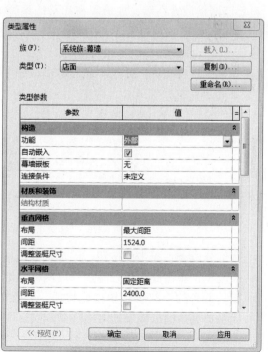

图 6-72　店面

图 6-73　"类型属性"对话框

- 功能：指定墙的作用，包括外墙、内墙、挡土墙、基础墙、檐底板或核心竖井。
- 自动嵌入：指示幕墙是否自动嵌入墙中。
- 幕墙嵌板：设置幕墙图元的幕墙嵌板族类型。
- 连接条件：控制在某个幕墙图元类型中在交点处截断哪些竖梃。
- 布局：沿幕墙长度设置幕墙网格线的自动垂直/水平布局。
- 间距：当"布局"设置为"固定距离"或"最大间距"时启用。如果将布局设置为固定距离，则 Revit 将使用确切的"间距"值；如果将布局设置为最大间距，则 Revit 将使用不大于指定值的值对网格进行布局。
- 调整竖梃尺寸：调整类型从动网格线的位置，以确保幕墙嵌板的尺寸相等（如果可能）。有时，放置竖梃时，尤其放置在幕墙主体的边界处时，可能会导致嵌板的尺寸不相等；即使"布局"的设置为"固定距离"，也是如此。

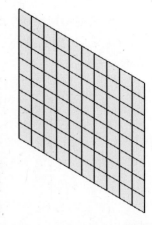

图 6-74　更改间距后的幕墙

9）将垂直网格和水平网格中的间距更改为 1000mm，单击"确定"按钮，结果如图 6-74 所示。

6.3.2　幕墙网格

幕墙网格主要控制整个幕墙的划分，横梃、竖梃以及幕墙嵌板都要基于幕墙网格建立。如果绘制了不带自动网格的幕墙，可以手动添加网格。

将幕墙网格放置在墙、玻璃斜窗和幕墙系统上时，幕墙网格将捕捉到可见的标高、网格和参照平面。另外，在选择公共角边缘时，幕墙网格将捕捉到其他幕墙网格。

1）新建一项目文件，并绘制一段幕墙，如图 6-75 所示。

2）单击"建筑"选项卡"构建"面板中的"幕墙 网格"按钮⊞，打开"修改 | 放置 幕墙网格"选项卡，如图 6-76 所示。

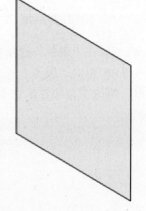

图 6-75　绘制墙体

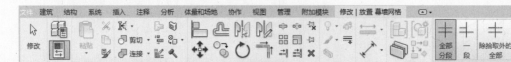

图 6-76　"修改 | 放置 幕墙网格"选项卡

- 全部分段⊞：单击此按钮，添加整条网格线。
- 一段⊞：单击此按钮，添加一段网格线细分嵌板。
- 除拾取外的全部⊞：单击此按钮，先添加一条红色的整条网格线，然后再单击某段删除，其余的嵌板添加网格线。

3）在选项卡中选择放置类型。

4）沿着墙体边缘放置光标，会出现一条临时网格线，如图 6-77 所示。

5）在适当位置单击放置网格线，继续绘制其他网格线，如图 6-78 所示。

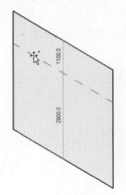

图 6-77　临时网格线

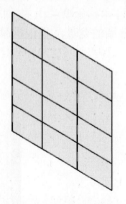

图 6-78　绘制幕墙网格

6）选中视图中的幕墙，如图 6-79 所示，单击"配置网格布局"按钮◈，在幕墙网格面上打开幕墙网格布局界面，如图 6-80 所示。使用此界面，可以图形方式修改面的实例参数值。在其他位置单击退出此界面。

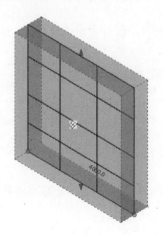

图 6-79　选中幕墙

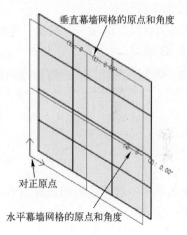

图 6-80　幕墙网格布局界面

➤ 对正原点：单击箭头可修改网格的对正方案。水平箭头用于修改垂直网格的对正；垂直箭头用于修改水平网格的对正。

➤ 垂直幕墙网格的原点和角度：单击控制柄可修改垂直网格相应的值。

➤ 水平幕墙网格的原点和角度：单击控制柄可修改水平网格相应的值。

7）选中幕墙中的网格线，可以输入尺寸值更改数值，也可以拖动网格线改变位置。

8）选中幕墙中的网格线，打开"修改 | 幕墙网格"选项卡，单击"幕墙网格"面板中的"添加/删除线段"按钮，然后在视图中选择不需要的网格，网格线被删除，如图 6-81 所示。

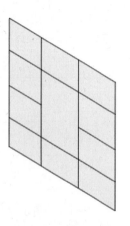

图 6-81　删除网格线

6.3.3 竖梃

幕墙竖梃是幕墙的龙骨，是根据幕墙网格来创建的，如图 6-82 所示。

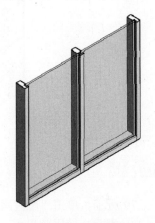

图 6-82　幕墙竖梃

具体绘制步骤如下。

1）单击"建筑"选项卡"构建"面板"竖梃"按钮 ▦，打开"修改 | 放置 竖梃"选项卡，如图 6-83 所示。

图 6-83　"修改 | 放置 竖梃"选项卡

2）在选项卡中选择竖梃的放置方式，包括网格线、单段网格线、全部网格线。这里选择单段网格线放置方式。

➢ 网格线：创建当前选中的连续的水平或垂直的网格线，从头到尾创建，如图 6-84 所示。

➢ 单段网格线：创建当前网格中所选网格中的一段竖梃，如图 6-85 所示。

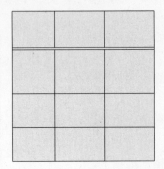

图 6-84　网格线竖梃

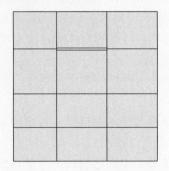

图 6-85　单段网格线竖梃

> 全部网格线：创建当前幕墙中所有网格线上的竖梃，如图 6-86 所示。

3）在属性选项板的类型下拉列表中选择竖梃类型，如图 6-87 所示。这里选择矩形竖梃"50×150mm"类型。

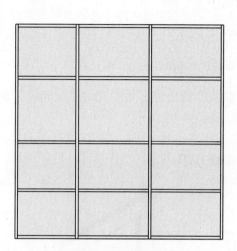

图 6-86 全部网格线竖梃

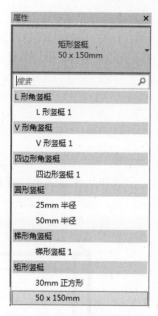

图 6-87 竖梃类型

> L 形角竖梃：幕墙嵌板或玻璃斜窗与竖梃的支脚端部相交，如图 6-88 所示。可以在竖梃的类型属性中指定竖梃支脚的长度和厚度。
> V 形角竖梃：幕墙嵌板或玻璃斜窗与竖梃的支脚侧边相交，如图 6-89 所示。可以在竖梃的类型属性中指定竖梃支脚的长度和厚度。
> 梯形角竖梃：幕墙嵌板或玻璃斜窗与竖梃的侧边相交，如图 6-90 所示。可以在竖梃的类型属性中指定沿着与嵌板相交的侧边的中心宽度和长度。

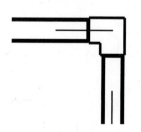

图 6-88 L 形角竖梃

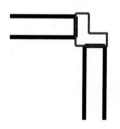

图 6-89 V 形角竖梃

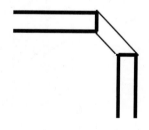

图 6-90 梯形角竖梃

> 四边形角竖梃：幕墙嵌板或玻璃斜窗与竖梃的支脚侧边相交。如果两个竖梃部分相等并且连接不是 90°，则竖梃会呈现出风筝的形状，如图 6-91a 所示。如果连接角度为 90° 并且各部分不相等，则竖梃是矩形的，如图 6-91b 所示。如果两个部分相等并且连接处是 90°，则竖梃是方形的，如图 6-91c 所示。

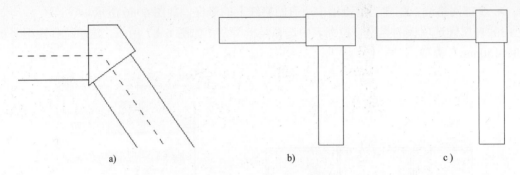

a)   b)   c)

图 6-91　四边形角竖梃

> 矩形竖梃：常作为幕墙嵌板之间分隔或幕墙边界，可以通过定义角度、偏移、轮廓、位置和其他属性来创建矩形竖梃，如图 6-92 所示。
> 圆形竖梃：常作为幕墙嵌板之间分隔或幕墙边界，可以通过定义竖梃的半径以及距离幕墙嵌板的偏移来创建圆形竖梃，如图 6-93 所示。

　　　　　　　　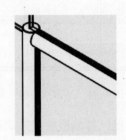

图 6-92　矩形竖梃　　　　　　　　　　　图 6-93　圆形竖梃

4）在视图中选择网格线，创建竖梃，如图 6-94 所示。

5）继续绘制一段墙体，如图 6-95 所示。

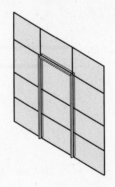　　　　　　　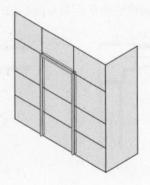

图 6-94　绘制矩形竖梃　　　　　　　　　图 6-95　绘制墙体

6）单击"建筑"选项卡"构建"面板中的"竖梃"按钮，打开"修改｜放置 竖梃"选项卡，选择"网格线"按钮。

7）在"属性"选项板中选择"L 形角竖梃"类型，在视图中选择两面墙交汇处的网格线，如图 6-96 所示。在网格线处生成 L 形角竖梃，如图 6-97 所示。

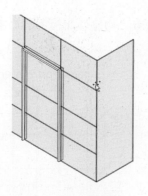

图 6-96　选择网格线

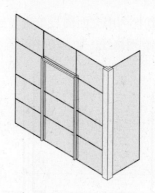

图 6-97　L 形角竖梃

6.3.4　实例——创建别墅幕墙

接 6.2.3 实例继续创建别墅。

1）将视图切换至 2F 楼层平面图。

2）单击"建筑"选项卡"构建"面板中的"墙"按钮，在"属性"选项板中选择"幕墙"类型，单击"编辑类型"按钮，打开"类型属性"对话框，勾选"自动嵌入"复选框，选择"幕墙嵌板"为"系统嵌板：玻璃"，其他采用默认设置，如图 6-98 所示。连续单击"确定"按钮。

3）在"属性"选项板中设置"底部约束"为"2F"，"底部偏移"为"80"，"顶部约束"为"直到标高：2F"，"顶部偏移"为"2700"，其他采用默认设置，如图 6-99 所示。

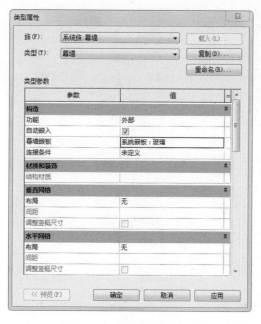

图 6-98　设置幕墙参数

图 6-99　"属性"选项板

4）在图 6-100 所示的位置绘制幕墙，并修改临时尺寸。

5）将视图切换到南立面图，单击"建筑"选项卡"构建"面板中的"幕墙网格"按钮 ⊞，在幕墙上绘制网格线，如图 6-101 所示。

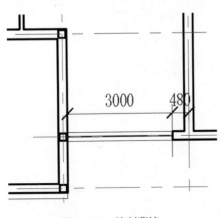

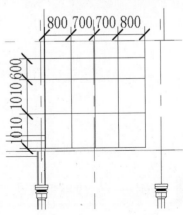

图 6-100　绘制幕墙　　　　　　　　　　图 6-101　绘制网格线

6）单击"建筑"选项卡"构建"面板中的"竖梃"按钮 ⊞，在"属性"选项板中选择"矩形竖梃 50×150mm"类型，单击"全部网格线"按钮，选取上步绘制的网格线绘制竖梃，如图 6-102 所示。

7）将视图切换至 3F 楼层平面图。

8）单击"建筑"选项卡"构建"面板中的"墙"按钮 ⬛，在"属性"选项板中选择"幕墙"类型，设置"底部约束"为"3F"，"底部偏移"为"0"，"顶部约束"为"直到标高：3F"，"顶部偏移"为"1950"，其他采用默认设置，如图 6-103 所示。

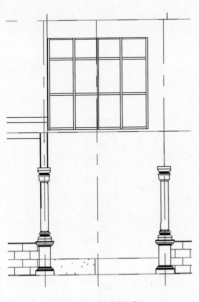

图 6-102　绘制竖梃　　　　　　　　　　图 6-103　设置参数

9）在图 6-104 所示的位置绘制幕墙，并修改临时尺寸。

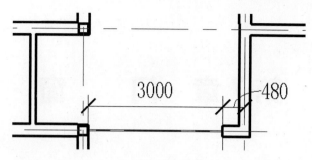

图 6-104　绘制幕墙

10）将视图切换到南立面图，单击"建筑"选项卡"构建"面板中的"幕墙网格"按钮，在幕墙上绘制网格线，如图 6-105 所示。

11）单击"建筑"选项卡"构建"面板中的"竖梃"按钮，在"属性"选项板中选择"矩形竖梃 50×150mm"类型，单击"全部网格线"按钮，选取上步绘制的网格线绘制竖梃，如图 6-106 所示。

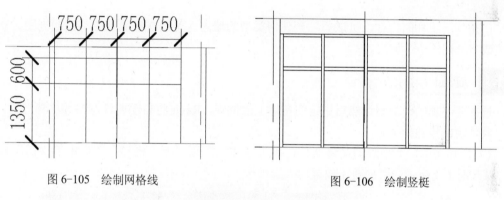

图 6-105　绘制网格线　　　　　　图 6-106　绘制竖梃

12）将视图切换到三维视图，观察图形，如图 6-107 所示。

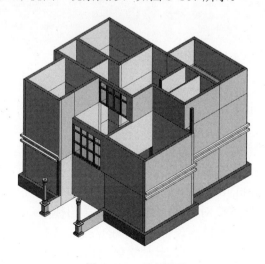

图 6-107　观察图形

第7章 门 窗

知识导引

门窗按其所处的位置不同分为围护构件或分隔构件，是建筑物围护结构系统中重要的组成部分。

门窗是基于墙体放置的，删除墙体，门窗也随之被删除。在 Revit 中门窗是可载入族，可以自己创建门窗族载入也可以直接载入系统自带的门窗族。

7.1 门

门是基于主体的构件，可以添加到任何类型的墙内。可以在平面视图、剖面视图、立面视图或三维视图中添加门。

7.1.1 放置门

选择要添加的门类型，然后指定门在墙上的位置。Revit 将自动剪切洞口并放置门。

具体绘制步骤如下。

1）打开 6.1.1 节绘制的墙体文件，单击"建筑"选项卡"构建"面板中的"门"按钮，打开图 7-1 所示的"修改|放置门"选项卡。

图 7-1 "修改|放置门"选项卡

2）在"属性"选项板中选择门类型，系统默认的只有"单扇-与墙齐"类型，如图 7-2 所示。

➤ 底高度：设置相对于放置比例的标高的底高度。

➤ 框架类型：门框类型。

➤ 框架材质：框架使用的材质。

➤ 完成：应用于框架和门的面层。

➤ 图像：打开"管理图像"对话框，添加图像作为门标记。

➤ 注释：显示输入或从下拉列表框中选择的注释，输入注释后，便可以为同一类别中图元的其他实例选择该注释，无需考虑类型或族。

➤ 标记：用于添加自定义标示的数据。

图 7-2 "属性"选项板

> ➢ 创建的阶段：指定创建实例时的阶段。
> ➢ 拆除的阶段：指定拆除实例时的阶段。
> ➢ 顶高度：指定相对于放置此实例标高的实例顶高度。修改此值不会修改实例尺寸。
> ➢ 防火等级：设定当前门的防火等级。

3）需要在入口处添加子母门。单击"模式"面板中的"载入族"按钮，打开"载入族"对话框，选择"China"→"建筑"→"门"→普通门→"字母门"文件夹中的"子母门.rfa"，如图 7-3 所示。

图 7-3　"载入族"对话框（1）

4）将光标移到墙上以显示门的预览图像，在平面视图中放置门时，按空格键可将开门方向从左开翻转为右开。默认情况下，临时尺寸标注指示从门中心线到最近垂直墙的中心线的距离，如图 7-4 所示。

5）单击放置门，Revit 将自动剪切洞口并放置门，如图 7-5 所示。

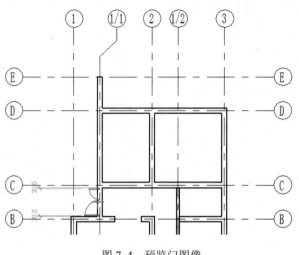

图 7-4　预览门图像

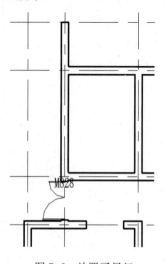

图 7-5　放置子母门

6）单击"模式"面板中的"载入族"按钮，打开"载入族"对话框，选择"China" →"建筑"→"门"→普通门"→"推拉门"文件夹中的"双扇推拉门 2.rfa"，如图 7-6 所示。

图 7-6 "载入族"对话框（2）

7）将光标移到阳台的墙上放置到适当位置，如图 7-7 所示。

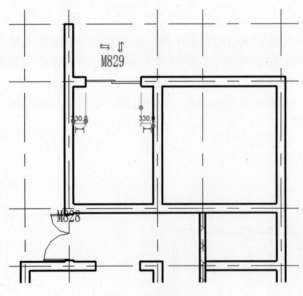

图 7-7 放置推拉门

8）在"属性"选项板中选择"单扇-与墙齐 750×2000"类型，在厨房、书房、卧室放置门，如图 7-8 所示。

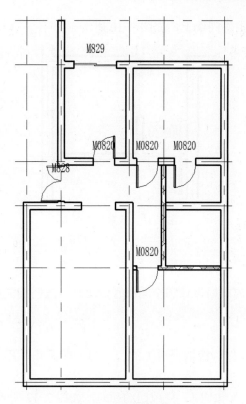

图 7-8　放置单扇门

9）单击"模式"面板中的"载入族"按钮，打开"载入族"对话框，选择"China"
→"建筑"→"门"→普通门"→"折叠门"文件夹中的"折叠门-2块嵌板.rfa"，如图 7-9
所示。

图 7-9　"载入族"对话框（3）

10）将折叠门放置到卫生间墙上，如图 7-10 所示。

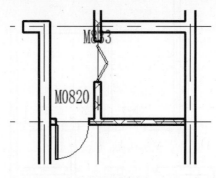

图 7-10　放置折叠门

7.1.2　修改门

放置门以后，根据室内布局设计和空间布置情况来修改门的类型，开门方向、门打开位置等。

具体操作步骤如下。

1）打开上节绘制的文件，选取书房上的门，门被激活并打开"修改 | 门"选项卡，如图 7-11 所示。

2）单击"翻转实例面"按钮，更改门的朝向，如图 7-12 所示。

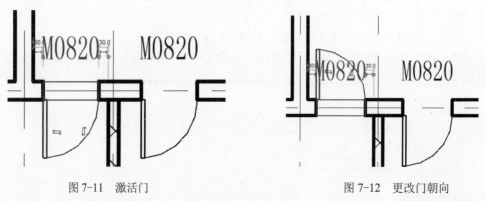

图 7-11　激活门　　　　　　　　　　　　　图 7-12　更改门朝向

3）单击"翻转实例开门方向"按钮，更改门的开门方向，如图 7-13 所示。

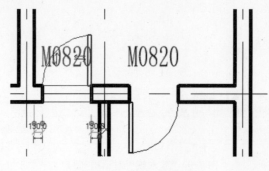

图 7-13　更改开门方向

4）双击尺寸值，然后输入新的尺寸更改门靠墙的位置，如图 7-14 所示。一般情况下门到墙的距离是一块砖的间距，为 120mm，如图 7-15 所示。

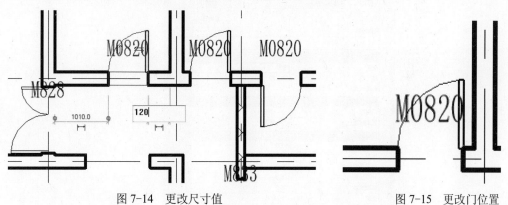

图 7-14 更改尺寸值   图 7-15 更改门位置

5）选择门，然后单击"主体"面板中的"拾取新主体"按钮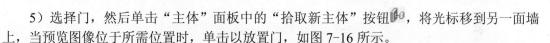，将光标移到另一面墙上，当预览图像位于所需位置时，单击以放置门，如图 7-16 所示。

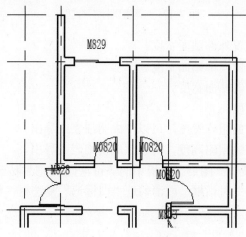

图 7-16 更换门的位置

6）单击"属性"选项板"编辑类型"按钮 ⊞，打开图 7-17 所示的"类型属性"对话框，更改其构造类型、功能、材质、尺寸标注和其他属性。

- ➢ 功能：指示门是内部的（默认值）还是外部的。功能可用在计划中并创建过滤器，以便在导出模型时对模型进行简化。
- ➢ 墙闭合：门周围的层包络，包括按主体、两者都不、内部、外部和两者。
- ➢ 构造类型：门的构造类型。
- ➢ 门材质：显示门-嵌板的材质，如金属或木质。可以单击按钮 回，打开"材质浏览器"对话框，设置门-嵌板的材质。
- ➢ 框架材质：显示门-框架的材质，可以单击按钮 回，打开"材质浏览器"对话框，设置门-框架的材质。
- ➢ 厚度：设置门的厚度。
- ➢ 高度：设置门的高度。

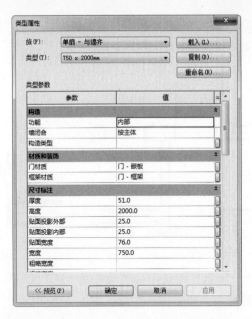

图 7-17 "类型属性"对话框

- ➤ 贴面投影外部：设置外部贴面宽度。
- ➤ 贴面投影内部：设置内部贴面宽度。
- ➤ 贴面宽度：设置门的贴面宽度。
- ➤ 宽度：设置门的宽度。
- ➤ 粗略宽度：设置门的粗略宽度，可以生成明细表或导出。
- ➤ 粗略高度：设置门的粗略高度，可以生成明细表或导出。

7）单击"视图"选项卡"图形"面板中的"可见性/图形"按钮，打开"楼层平面：标高 1 的可见性/图形替换"对话框，取消勾选"门标记"复选框，如图 7-18 所示。

图 7-18 "楼层平面：标高 1 的可见性/图形替换"对话框

8）单击"确定"按钮，取消门标记的显示，如图7-19所示。

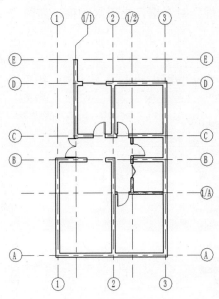

图7-19 取消门标记

7.1.3 实例——创建别墅门

接 6.3.4 实例继续创建别墅。

1）将视图切换至 1F 楼层平面，单击"建筑"选项卡"构建"面板中的"门"按钮 ，打开"修改｜放置门"选项卡。

2）单击"模式"面板中的"载入族"按钮 ，打开"载入族"对话框，选择"China"→"建筑"→"门"→普通门"→"平开门"→"双扇"文件夹中的"双面嵌板木门4.rfa"，如图7-20所示。单击"打开"按钮，载入"双面嵌板木门4"族。

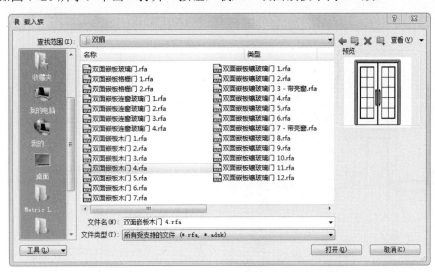

图7-20 "载入族"对话框（1）

3）在"属性"选项板中选择"双面嵌板木门 4 1400×2100mm"类型，单击"编辑类型"按钮 ，打开"类型属性"对话框，更改尺寸值，如图 7-21 所示。其他采用默认设置，单击"确定"按钮。

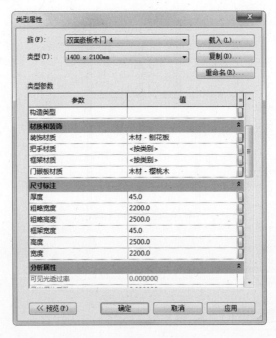

图 7-21　设置门尺寸参数（1）

4）在一层入口处放置双面嵌板木门，并修改临时尺寸如图 7-22 所示。

5）在"属性"选项板中选择"单扇-与墙齐 750×2000mm"类型，在图 7-23 所示的位置放置门，并修改临时尺寸，门离墙的距离为 100mm。

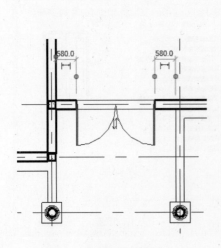

图 7-22　放置双面嵌板木门

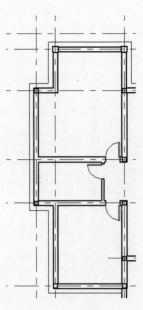

图 7-23　放置单扇门

6）单击"模式"面板中的"载入族"按钮，打开"载入族"对话框，选择"China" →"建筑"→"门"→普通门→"推拉门"文件夹中的"双扇推拉门 1.rfa"，如图 7-24 所示。单击"打开"按钮，载入"双扇推拉门 1"族。

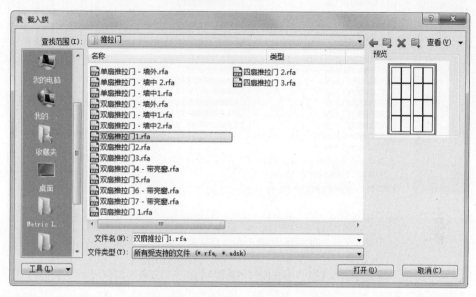

图 7-24 "载入族"对话框（2）

7）在"属性"选项板中选择"双扇推拉门 1 1500×2100mm"类型，将其放置在图 7-25 所示的位置，并修改临时尺寸。

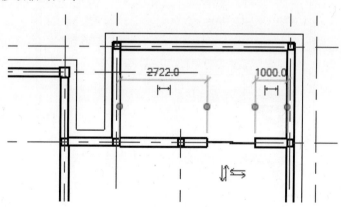

图 7-25 放置双扇推拉门

8）将视图切换到 2F 楼层。

9）单击"建筑"选项卡"构建"面板中的"门"按钮，打开"修改 | 放置门"选项卡。

10）单击"模式"面板中的"载入族"按钮，打开"载入族"对话框，选择 "China"→"建筑"→"门"→普通门→"平开门"→"双扇"文件夹中的"双面嵌板镶玻璃门 5.rfa"，如图 7-26 所示。单击"打开"按钮，载入"双面嵌板镶玻璃门 5"族。

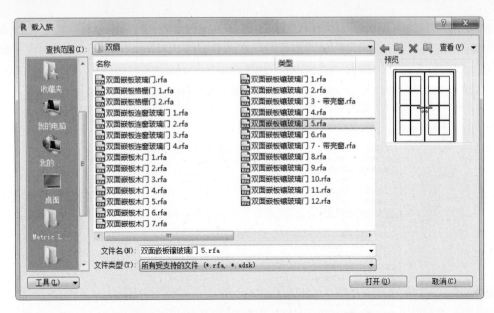

图 7-26 "载入族"对话框（3）

11）在"属性"选项板中选择"双面嵌板镶玻璃门 5 1200×2100mm"类型，单击"编辑类型"按钮，打开"类型属性"对话框，更改尺寸值，如图 7-27 所示。其他采用默认设置，单击"确定"按钮。

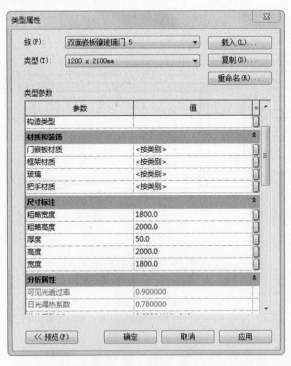

图 7-27 设置门尺寸参数（2）

12）在幕墙上放置双面嵌板镶玻璃门，并修改临时尺寸，如图 7-28 所示。

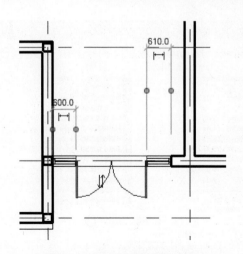

图 7-28 放置双面嵌板镶玻璃门

> **提示：**
> 如果在三维视图中不显示门把手，则将控制栏中的详细程度更改为精细。

13）在"属性"选项板中选择"单扇-与墙齐 750×2000mm"类型，在图 7-29 所示的位置放置门，并修改临时尺寸，门离墙的距离为 100mm。

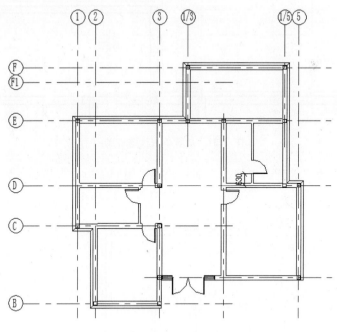

图 7-29 放置单扇门（1）

14）单击"模式"面板中的"载入族"按钮 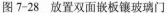，打开"载入族"对话框，选择"China"→"建筑"→"门"→普通门"→"平开门"→"单扇"文件夹中的"单嵌板镶玻璃门 13.rfa"，如图 7-30 所示。单击"打开"按钮，载入"单嵌板镶玻璃门 13"族。

图 7-30 "载入族"对话框（4）

15）在"属性"选项板中选择"单嵌板镶玻璃门 13 700×2100mm"类型，在图 7-31 所示的位置放置单嵌板镶玻璃门。

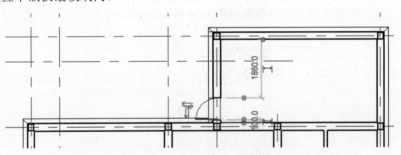

图 7-31 放置单嵌板镶玻璃门

16）单击"修改"选项卡"修改"面板中的"用间隙拆分"按钮，拆分墙体，然后删除拆分的墙体，创建宽度为 700mm 的洞口，如图 7-32 所示。

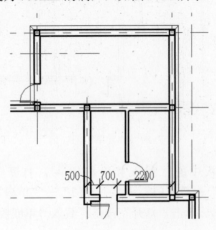

图 7-32 创建洞口（1）

17）将视图切换到 3F 楼层。

18）单击"建筑"选项卡"构建"面板中的"门"按钮，打开"修改|放置门"选项卡。

19）单击"模式"面板中的"载入族"按钮，打开"载入族"对话框，选择"China"→"建筑"→"门"→普通门"→"平开门"→"单扇"文件夹中的"单嵌板镶玻璃门10.rfa"，如图 7-33 所示。单击"打开"按钮，载入"单嵌板镶玻璃门 10"族。

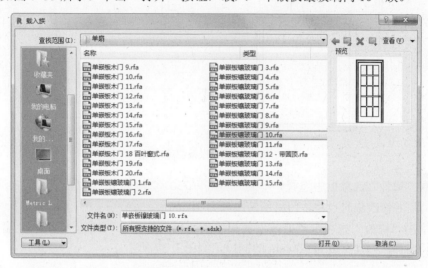

图 7-33 "载入族"对话框（5）

20）在"属性"选项板中单击"编辑类型"按钮，打开"类型属性"对话框，更改"粗略宽度"为"800"，"粗略高度"为"1900"，其他采用默认设置，如图 7-34 所示。单击"确定"按钮。

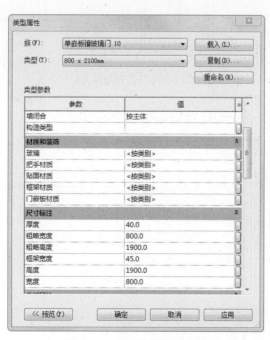

图 7-34 "类型属性"对话框

21）在图 7-35 所示的位置放置单嵌板镶玻璃门。

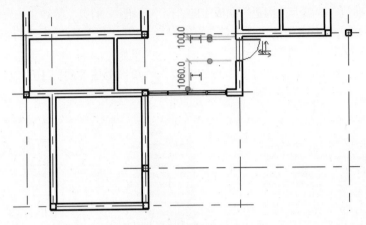

图 7-35　放置单嵌板镶玻璃门

22）在"属性"选项板中选择"单扇-与墙齐 750×2000mm"类型，在图 7-36 所示的位置放置门，并修改临时尺寸，门离墙的距离为 100mm。

23）单击"修改"选项卡"修改"面板中的"用间隙拆分"按钮 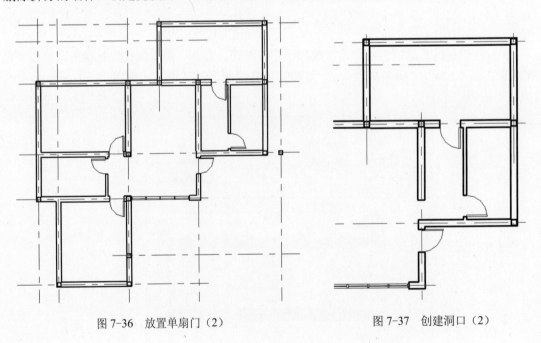，拆分墙体，然后删除拆分的墙体，创建宽度为 700mm 的洞口，如图 7-37 所示。

图 7-36　放置单扇门（2）　　　　　图 7-37　创建洞口（2）

7.2　窗

窗是基于主体的构件，可以添加到任何类型的墙内（对于天窗，可以添加到内建屋顶）。

7.2.1 放置窗

选择要添加的窗类型，然后指定窗在墙上的位置。Revit 将自动剪切洞口并放置窗。
具体绘制步骤如下。

1）打开 7.1.2 节绘制的文件，单击"建筑"选项卡"构建"面板中的"窗"按钮，打
开图 7-38 所示的"修改 | 放置 窗"选项卡和选项栏。

图 7-38 "修改 | 放置 窗"选项卡和选项栏

2）在"属性"选项板中选择窗类型，系统默认的只有固定类
型，如图 7-39 所示。

> 底高度：设置相对于放置比例的标高的底高度。
> 图像：打开"管理图像"对话框，添加图像作为窗标记。
> 注释：显示输入或从下拉列表框中选择的注释，输入注释
  后，便可以为同一类别中图元的其他实例选择该注释，无
  需考虑类型或族。
> 标记：用于添加自定义标示的数据。
> 顶高度：指定相对于放置此实例的标高的实例顶高度。修
  改此值不会修改实例尺寸。
> 防火等级：设定当前窗的防火等级。

图 7-39 "属性"选项板

3）单击"模式"面板中的"载入族"按钮，打开"载入族"对话框，选择"China"
→"建筑"→"窗"→普通窗"→"组合窗"文件夹中的"组合窗-双层单列（四扇推拉）-
上部双扇.rfa"，如图 7-40 所示。

图 7-40 "载入族"对话框（1）

4）单击"打开"按钮，在"属性"选项板中输入底高度为"900"。

5）将光标移到墙上以显示窗的预览图像，默认情况下，临时尺寸标注指示从窗中心线到最近垂直墙的中心线的距离，如图 7-41 所示。

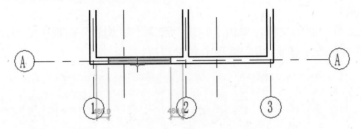

图 7-41　预览窗图像

6）单击放置窗，Revit 将自动剪切洞口并放置窗，如图 7-42 所示。

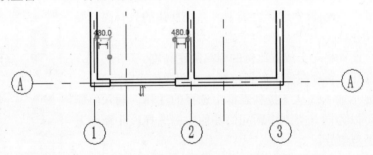

图 7-42　放置推拉窗

7）单击"模式"面板中的"载入族"按钮，打开"载入族"对话框，选择"China"→"建筑"→"窗"→普通窗"→"平开窗"文件夹中的"双扇平开-带贴面.rfa"，如图 7-43 所示。

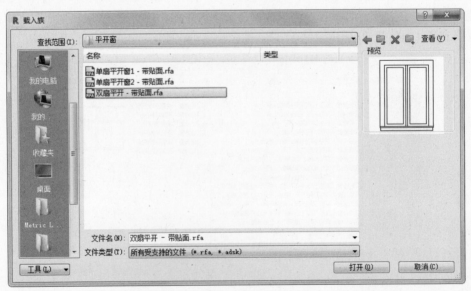

图 7-43　载入族"对话框（2）

8）在"属性"选项板中选择"双扇平开-带贴面 1800×900"类型，将光标移到卧室的墙上，在适当位置单击放置，如图 7-44 所示。

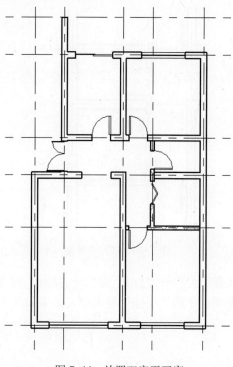

图 7-44 放置双扇平开窗

9）单击"模式"面板中的"载入族"按钮 ，打开"载入族"对话框，选择"China"→"建筑"→"窗"→普通窗"→"百叶风口"文件夹中的"百叶风口 4-角度可变.rfa"，如图 7-45 所示。

图 7-45 "载入族"对话框（3）

10）在选项卡中单击"在放置时进行标记"按钮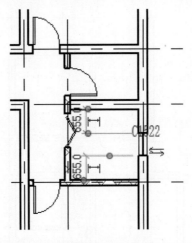，将光标移到卫生间的墙上，在适当位置单击放置，并显示窗标记，如图 7-46 所示。

图 7-46　放置百叶窗

11）在浏览器单击"注释符号"→"标记_窗"→"标记_窗"，如图 7-47 所示，将其拖动到窗户上，并取消勾选选项栏中的"引线"复选框，结果如图 7-48 所示。

图 7-47　标记窗

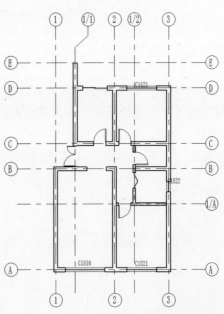

图 7-48　添加窗标记

7.2.2　修改窗

放置窗以后，可以修改窗扇的开启方向等。

具体操作步骤如下。

1）打开上节绘制的文件，在平面视图中选取窗，窗被激活并打开"修改 | 窗"选项

卡,如图 7-49 所示。

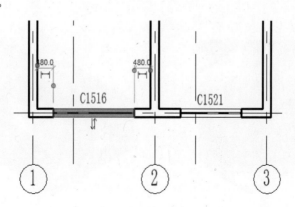

图 7-49 激活窗

2)单击"翻转实例面"按钮 ⇕,更改窗的朝向。

3)双击尺寸值,然后输入新的尺寸更改窗的位置,也可以直接拖到调整窗的位置。一般窗户放在墙中间位置。

4)单击"属性"选项板中的"编辑类型"按钮 ,打开"类型属性"对话框,更改"高度"为"1800",如图 7-50 所示。

图 7-50 "类型属性"对话框

5)将视图切换到三维视图。选中窗,激活窗显示窗在墙体上的定位尺寸,双击窗的底高度值,修改尺寸值为 900mm,如图 7-51 所示。采用相同的方法,修改所有的窗底高度,结果如图 7-52 所示。

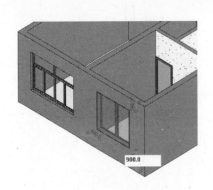

图 7-51　修改窗底高度

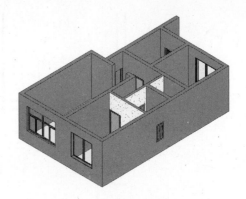

图 7-52　修改窗底高度

6）选择窗，然后单击"主体"面板中的"拾取新主体"按钮，将光标移到另一面墙上，当预览图像位于所需位置时，单击以放置窗，如图 7-53 所示。

7）修改窗的定位尺寸，结果如图 7-54 所示。

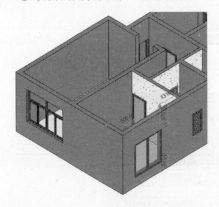

图 7-53　更换窗的位置

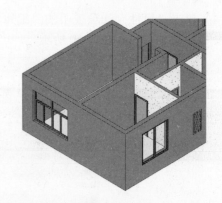

图 7-54　更改尺寸

常规的编辑命令同样适用于门窗的编辑。可在平面、立面、剖面、三维等视图中移动、复制、阵列、镜像和对齐门窗。

7.2.3　实例——创建别墅窗

接 7.1.3 实例继续创建别墅。

1. 创建第一层窗

1）将视图切换至 1F 楼层平面。单击"建筑"选项卡"构建"面板中的"窗"按钮，打开"修改 | 放置窗"选项卡。单击"模式"面板中的"载入族"按钮，打开"载入族"对话框，选择"China"→"建筑"→"窗"→普通窗"→"组合窗"文件夹中的"组合窗-三层四列（两侧平开）.rfa"，如图 7-55 所示。单击"打开"按钮，载入"组合窗-三层四列（两侧平开）"族。

图 7-55 "载入族"对话框（1）

2）在"属性"选项板中单击"编辑类型"按钮，打开"类型属性"对话框，设置"高度"为"2620"，"粗略宽度"为"3000"，如图 7-56 所示，其他采用默认设置，单击"确定"按钮。

3）在"属性"选项板中设置"底高度"为"470"，其他采用默认设置，如图 7-57 所示。

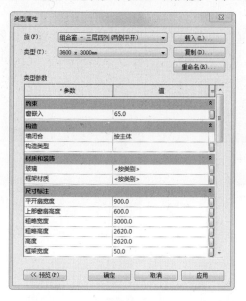

图 7-56 "类型属性"对话框（1）

图 7-57 "属性"选项板（1）

4）将窗户放置到图 7-58 所示的位置。

5）单击"模式"面板中的"载入族"按钮，打开"载入族"对话框，选择"China"→"建筑"→"窗"→装饰窗"→"西式"文件夹中的"欧式窗套窗 1.rfa"，如图 7-59 所示。单击"打开"按钮，载入"欧式窗套窗 1"族。

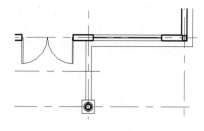

图 7-58 放置组合窗-三层四列（两侧平开）窗

图 7-59 "载入族"对话框（2）

6）在"属性"选项板中单击"编辑类型"按钮 ，打开"类型属性"对话框，设置"粗略高度"为"1700"，"粗略宽度"为"1600"，如图 7-60 所示，其他采用默认设置，单击"确定"按钮。

7）在"属性"选项板中设置"底高度"为"900"，其他采用默认设置，如图 7-61 所示。

图 7-60 "类型属性"对话框（2）

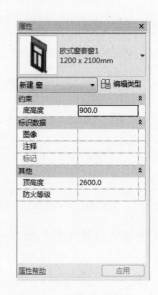

图 7-61 "属性"选项板（2）

8）将窗户放置到图 7-62 所示的位置，并修改临时尺寸值。

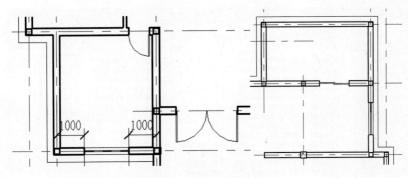

图 7-62　放置欧式窗套窗（1）

9）在"属性"选项板中单击"编辑类型"按钮 ，打开"类型属性"对话框，新建"1200×2100mm 2"类型，设置"粗略高度"为"1700"，"粗略宽度"为"1400"，如图 7-63 所示，其他采用默认设置，单击"确定"按钮。

10）在"属性"选项板中设置"底高度"为"900"，其他采用默认设置。

11）将窗户放置到图 7-64 所示的位置。

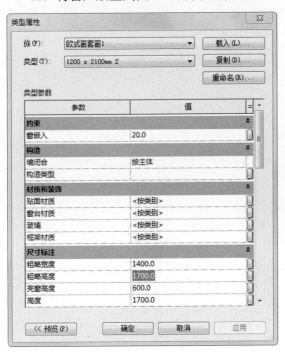

图 7-63　"类型属性"对话框（3）

图 7-64　放置欧式窗套窗（2）

12）单击"模式"面板中的"载入族"按钮 ，打开"载入族"对话框，选择"China"→"建筑"→"窗"→普通窗"→"组合窗"文件夹中的"组合窗-双层单列（固定+推拉）.rfa"，如图 7-65 所示。单击"打开"按钮，载入"组合窗-双层单列（固定+推拉）"族。

图 7-65 "载入族"对话框（3）

13）在"属性"选项板中单击"编辑类型"按钮，打开"类型属性"对话框，设置"粗略高度"为"1700"，"粗略宽度"为"1600"，如图 7-66 所示，其他采用默认设置，单击"确定"按钮。

14）在"属性"选项板中设置"底高度"为"900"，其他采用默认设置。

15）将窗户放置到图 7-67 所示的位置。

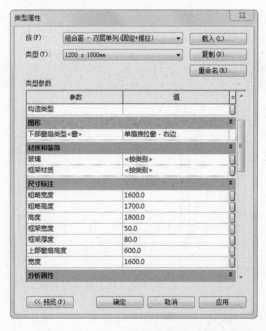

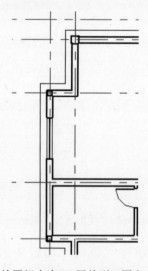

图 7-66 "类型属性"对话框（4）　　　图 7-67 放置组合窗-双层单列（固定+推拉）（1）

16）在"属性"选项板中单击"编辑类型"按钮，打开"类型属性"对话框，新建"1200×1800mm 2"类型，设置"粗略高度"为"1700"，"粗略宽度"为"1200"，如图 7-68 所示，其他采用默认设置，单击"确定"按钮。

17）在"属性"选项板中设置"底高度"为"900"，其他采用默认设置。

18）将窗户放置到图7-69所示的位置。

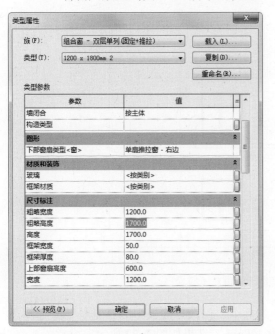

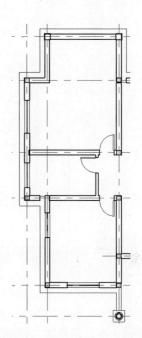

图7-68　"类型属性"对话框（5）　　　　图7-69　放置组合窗-双层单列（固定+推拉）（2）

2．创建第二、三层窗

1）将视图切换至西立面图。

2）单击"修改"选项卡"修改"面板中的"复制"按钮 ，按住〈Ctrl〉键选取一层上的三扇窗户，然后按空格键。

3）在选项栏中勾选"多个"复选框，然后指定起点，向二层和三层复制窗户，然后修改二层窗户离二层标高线的距离为 900mm，三层窗户离三层标高线的距离为 300mm，结果如图7-70所示。

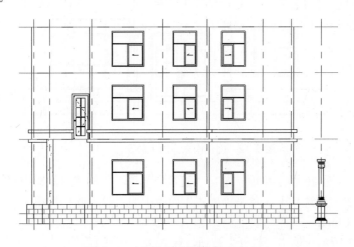

图7-70　创建西立面图上的窗户（1）

4）将视图切换至东立面图。单击"修改"选项卡"修改"面板中的"复制"按钮，将窗户复制到二层，窗户离二层标高线的距离为 900mm，结果如图 7-71 所示。

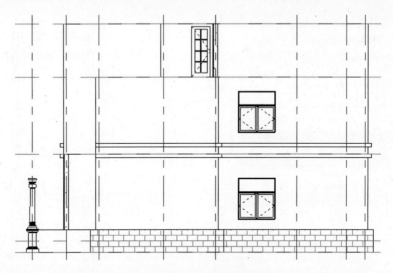

图 7-71　创建西立面图上的窗户（2）

5）将视图切换至南立面图。单击"修改"选项卡"修改"面板中的"复制"按钮，将窗户复制到二层，窗户离二层标高线的距离为 300mm，结果如图 7-72 所示。

图 7-72　创建南立面图上的窗户（3）

6）将视图切换至 2F 楼层平面。单击"建筑"选项卡"构建"面板中的"窗"按钮，打开"修改 | 放置窗"选项卡。单击"模式"面板中的"载入族"按钮，打开"载入族"对话框，选择"China"→"建筑"→"窗"→装饰窗"→"西式"文件夹中的"弧顶窗 1.rfa"，如图 7-73 所示。单击"打开"按钮，载入"弧顶窗 1"族。

图 7-73 "载入族"对话框（4）

7）在"属性"选项板中单击"编辑类型"按钮，打开"类型属性"对话框，设置"粗略高度"为"4700"，"粗略宽度"为"1600"，如图 7-74 所示，其他采用默认设置，单击"确定"按钮。

图 7-74 "类型属性"对话框（6）

8）在"属性"选项板中设置"底高度"为"900"，其他采用默认设置。

9）将窗户放置到图 7-75 所示的位置。

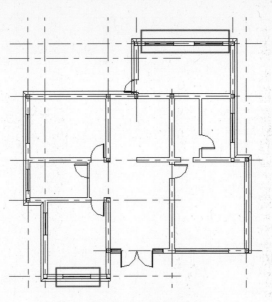

图 7-75　放置弧顶窗

10）在"属性"选项板中选择"组合窗-双层单列（固定+推拉）1200×1800mm"类型，单击"编辑类型"按钮，打开"类型属性"对话框，新建"1200×1800mm 3"类型，设置"粗略高度"为"1700"，"粗略宽度"为"1200"，如图 7-76 所示，其他采用默认设置，单击"确定"按钮。

图 7-76　"类型属性"对话框（7）

11）在"属性"选项板中设置"底高度"为"900"，其他采用默认设置。

12）将窗户放置到图 7-77 所示的位置。

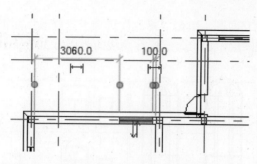

图 7-77　放置组合窗-双层单列（固定+推拉）（3）

13）单击"建筑"选项卡"构建"面板中的"窗"按钮▦，打开"修改｜放置窗"选项卡。单击"模式"面板中的"载入族"按钮📥，打开"载入族"对话框，选择"China"→"建筑"→"窗"→"普通窗"→"固定窗"文件夹中的"固定窗.rfa"，如图 7-78 所示。单击"打开"按钮，载入"固定窗"族。

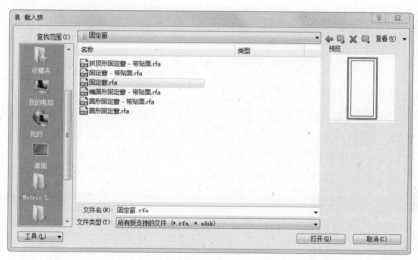

图 7-78　"载入族"对话框（5）

14）在"属性"选项板中选择"固定窗 600×1200mm"类型，设置"底高度"为"900"，其他采用默认设置。

15）将窗户放置到图 7-79 所示的位置。

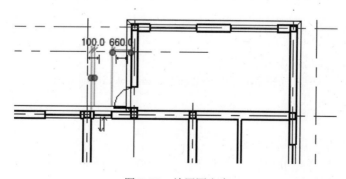

图 7-79　放置固定窗

16）将视图切换至北立面图。单击"修改"选项卡"修改"面板中的"复制"按钮 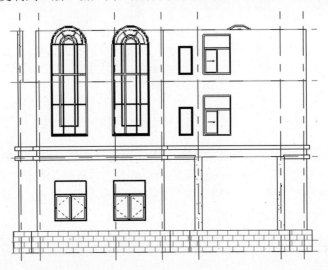，将推拉窗和固定窗复制到三层，窗户离三层标高线的距离为300mm，结果如图7-80所示。

图7-80 创建北立面图上的窗户（4）

17）将视图切换到3F楼层平面图。

18）单击"建筑"选项卡"构建"面板中的"窗"按钮，打开"修改 | 放置窗"选项卡。单击"模式"面板中的"载入族"按钮，打开"载入族"对话框，选择"China"→"建筑"→"窗"→"普通窗"→"推拉窗"文件夹中的"上下拉窗 1.rfa"，如图 7-81 所示。单击"打开"按钮，载入"上下拉窗 1"族。

图7-81 "载入族"对话框（6）

19）在"属性"选项板中选择"上下拉窗 600×1200mm"类型，设置"底高度"为"600"，其他采用默认设置。

20）将窗户放置到图 7-82 所示的位置。

21）至此窗户创建完毕，将视图切换至三维视图，观察模型，如图 7-83 所示。

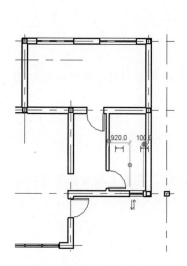

图 7-82　放置上下拉窗

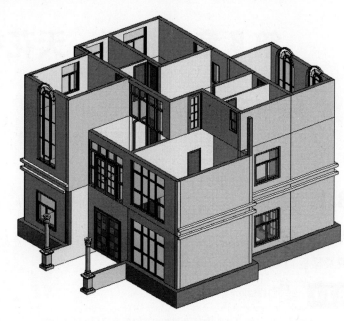

图 7-83　三维模型

第8章 楼板、天花板和屋顶

 知识导引

楼板、天花板、屋顶以及房檐是建筑的普遍构成要素，本章将介绍利用这几种要素创建工具的方法。

8.1 楼板

楼板是一种分隔承重构件，它将房屋在垂直方向分隔为若干层，并把人和家具等竖向荷载及楼板自重通过墙体、梁或柱传给基础。

8.1.1 结构楼板

选择支撑框架、墙或绘制楼板范围来创建结构楼板。

具体绘制步骤如下。

1）打开 7.2.2 节绘制的文件。单击"建筑"选项卡"构建"面板"楼板" 下拉列表框中的"楼板：结构"按钮 ，打开"修改 | 创建楼层边界"选项卡和选项栏，如图 8-1 所示。

图 8-1 "修改 | 创建楼层边界"选项卡和选项栏

➢ 偏移：指定相对于楼板边缘的偏移值。

➢ 延伸到墙中（至核心层）：测量到墙核心层之间的偏移。

2）在"属性"选项板中选择"楼板现场浇注混凝土 225mm"类型，如图 8-2 所示。

➢ 标高：将楼板约束到的标高。

➢ 自标高的高度偏移：指定楼板顶部相对于标高参数的高程。

➢ 房间边界：指定楼板是否作为房间边界图元。

➢ 与体量相关：指定此图元是否从体量图元创建。

➢ 结构：勾选该复选框，指定此图元有一个分析模型。

➢ 启用分析模型：勾选该复选框，显示分析模型，并将它包含在分析计算中。默认情况下处于选中状态。

➢ 钢筋保护层-顶面：指定与楼板顶面之间的钢筋保护层距离。

图 8-2 属性选项板

➢ 钢筋保护层-底面：指定与楼板底面之间的钢筋保护层距离。

➢ 钢筋保护层-其他面：指从楼板到邻近图元面之间的钢筋保护层距离。

➢ 坡度：将坡度定义线修改为指定值，而无需编辑草图。如果有一条坡度定义线，则此参数最初会显示一个值。如果没有坡度定义线，则此参数为空并被禁用。

➢ 周长：设置楼板的周长。

3）单击"绘制"面板中的"边界线"按钮和"拾取墙"按钮（默认状态下，系统会激活这两个按钮），选择边界墙，如图 8-3 所示。

4）根据所选边界墙生成图 8-4 所示的边界线，单击"翻转"按钮，边界线的位置，如图 8-5 所示。

5）采用相同的方法，提取其他边界线，结果如图 8-6 所示。

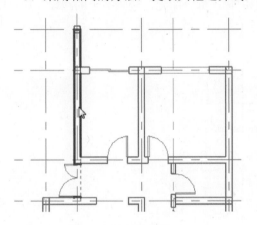

图 8-3　选择边界墙

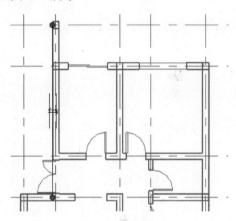

图 8-4　边界线

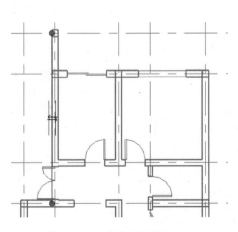

图 8-5　更改边界线位置

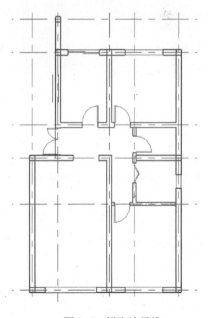

图 8-6　提取边界线

6）单击"绘制"面板中的"线"按钮 ，绘制阳台的边界线，如图 8-7 所示。

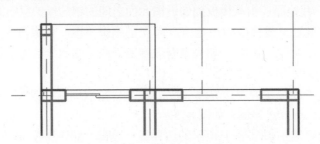

图 8-7　绘制阳台边界线

7）单击"修改"面板中的"拆分图元"按钮 ，拆分图元，删除多余的线段，使草图或边界形成闭合环，如图 8-8 所示。

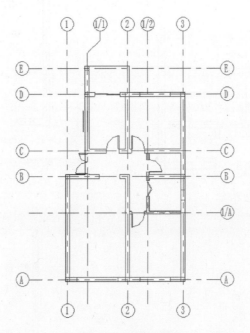

图 8-8　闭合边界

8）单击"模式"面板中的"完成编辑模式"按钮 ，弹出图 8-9 所示的提示对话框，单击"否"按钮，完成楼板的添加。

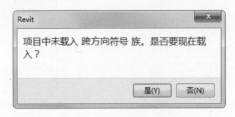

图 8-9　提示对话框

9）将视图切换到三维视图，观察楼板，如图 8-10 所示。

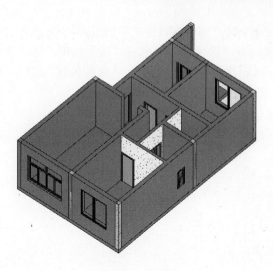

图 8-10　结构楼板

8.1.2　实例——创建别墅楼板

接 7.2.3 实例继续创建别墅。

1）将视图切换到 2F 楼层平面图。

2）单击"建筑"选项卡"构建"面板"楼板" 下拉列表框中的"楼板：结构"按钮，打开"修改｜创建楼层边界"选项卡和选项栏。

3）在"属性"选项板中选择"楼板 常规 150mm-实心"类型，设置"自标高的高度偏移"为"-40"其他采用默认设置，如图 8-11 所示。

4）单击"绘制"面板中的"边界线"按钮、"拾取墙"按钮和"线"按钮，创建边界线，如图 8-12 所示。

图 8-11　"属性"选项板（1）

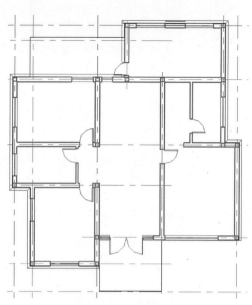

图 8-12　绘制第二层边界线

5）单击"模式"面板中的"完成编辑模式"按钮，完成第二层结构楼板的创建。

6）单击"建筑"选项卡"构建"面板中的"墙"按钮，在"属性"选项板中设置"定位线"为"墙中心线"，"底部约束"为"2F"，"底部偏移"为"-1000"，"顶部约束"为"直到标高：2F"，其他采用默认设置，如图 8-13 所示。

7）在露台的中心线位置绘制墙体，如图 8-14 所示。

图 8-13 "属性"选项板（2）

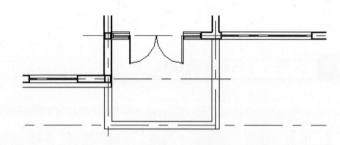

图 8-14 绘制墙体

8）将视图切换到 3F 楼层平面图。重复步骤 1）～4），绘制图 8-15 所示的第三层楼板边界线，然后创建结构楼板。

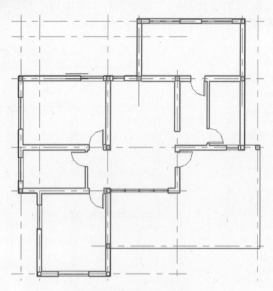

图 8-15 绘制三层楼板边界

9）单击"模式"面板中的"完成编辑模式"按钮，完成第三层结构楼板的创建。

8.1.3 建筑楼板

建筑楼板是楼地面层中的面层，是室内装修中的地面装饰层，其构建方法与结构楼板相同，只是楼板的构造不同。

可通过拾取墙或使用绘制工具定义楼板的边界来创建楼板。通常，在平面视图中绘制楼板，不过当三维视图的工作平面设置为平面视图的工作平面时，也可以使用该三维视图绘制楼板。楼板会沿绘制时所处的标高向下偏移。

具体绘制过程如下。

1. 创建卧室地板

1）打开上节绘制的文件。单击"建筑"选项卡"构建"面板"楼板"⬚下拉列表框中的"楼板：结构"按钮〰，打开"修改 | 创建楼层边界"选项卡和选项栏，如图 8-16 所示。

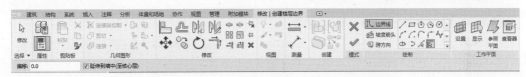

图 8-16 "修改 | 创建楼层边界"选项卡和选项栏

2）在"属性"选项板中选择"楼板常规-150mm"类型，输入标高为"120"，如图 8-17 所示。

➤ 体积：指定楼板的体积。

➤ 顶部高程：指示用于对楼板顶部进行标记的高程。这是一个只读参数，它报告倾斜平面的变化。

3）单击"编辑类型"按钮🔠，打开图 8-18 所示的"类型属性"对话框，单击"复制"按钮，打开"名称"对话框，输入名称为"卧室地板-100mm"，如图 8-19 所示。单击"确定"按钮。

➤ 结构：创建复合楼板合成。

➤ 默认的厚度：指示楼板类型的厚度，通过累加楼板层的厚度得出。

➤ 功能：指示楼板是内部的还是外部的。

➤ 粗略比例填充样式：指定粗略比例视图中楼板的填充样式。

➤ 粗略比例填充颜色：为粗略比例视图中的楼板填充图案应用颜色。

图 8-17 "属性"选项板

➤ 结构材质：为图元结构指定材质。 此信息可包含于明细表中。

➤ 传热系数（U）：用于计算热传导，通常通过流体和实体之间的对流和阶段变化。

➤ 热阻（R）：用于测量对象或材质抵抗热流量（每单位时间的热量或热阻）的温度差。

➤ 热质量：对建筑图元蓄热能力进行测量的一个单位，是每个材质层质量和指定热容量的乘积。

➤ 吸收率：对建筑图元吸收辐射能力进行测量的一个单位，是吸收的辐射与事件总辐射的比率。

➤ 粗糙度：表示表面粗糙度的一个指标，其值从 1 到 6（其中 1 表示粗糙，6 表示平滑，3 则是大多数建筑材质的典型粗糙度），用于确定许多常用热计算和模拟分析工具中的气垫阻力值。

图 8-18 "类型属性"对话框

图 8-19 "名称"对话框

4）返回到"类型属性"对话框，单击"编辑"按钮 ，打开"编辑部件"对话框，如图 8-20 所示。单击"插入"按钮，插入新的层并更改功能为"面层1[4]"，单击材质中的"浏览"按钮，打开"材质浏览器"对话框，选择木地板材质并添加到文档中，勾选"使用渲染外观"复选框，单击"图案填充"区域，打开"填充样式"对话框，选择"分区13"，如图 8-21 所示。单击"确定"按钮。

图 8-20 "编辑部件"对话框

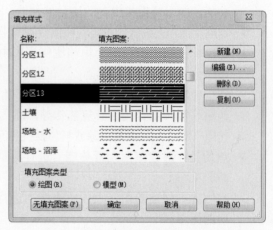

图 8-21 "填充样式"对话框

5）返回到"材质浏览器-木地板"对话框，其他采用默认设置，如图 8-22 所示。单击"确定"按钮。

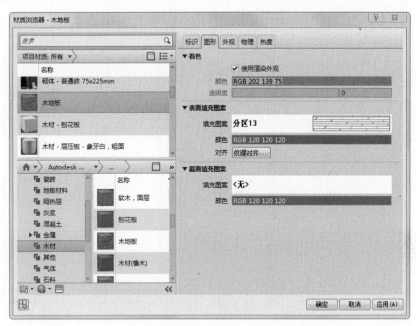

图 8-22　"材质浏览器-木地板"对话框

6）返回到"编辑部件"对话框，设置"结构[1]"层的材质为"混凝土，现场"，"面层 1[4]"厚度为"20"，如图 8-23 所示。连续单击"确定"按钮。

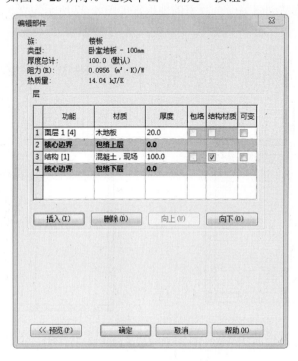

图 8-23　"编辑部件"对话框

7）单击"绘制"面板中的"边界线"按钮 和"拾取墙"按钮（默认状态下，系统会激活这两个按钮），选择边界墙，提取边界线，如图 8-24 所示，并利用"拆分图元"按钮，拆分边界线，并删除多余的线段，结构如图 8-25 所示。

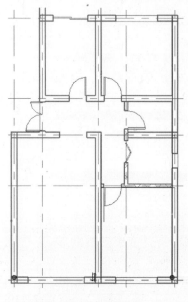

图 8-24　提取边界线

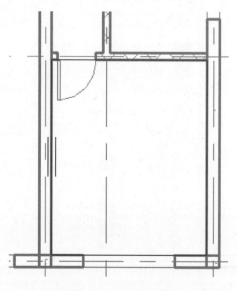

图 8-25　删除多余线段

8）单击"模式"面板中的"完成编辑模式"按钮，完成卧室地板的创建，如图 8-26 所示。

9）采用相同的方法创建另一个卧室的地板，如图 8-27 所示。

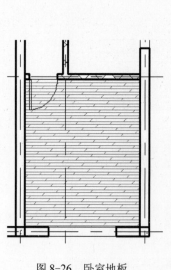

图 8-26　卧室地板

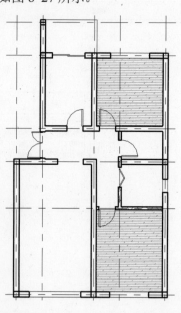

图 8-27　另一个卧室的地板

2．创建卫生间地板

1）单击"建筑"选项卡"构建"面板"楼板" 下拉列表中的"楼板：建筑"按钮 ，打开"修改 | 创建楼层边界"选项卡和选项栏。

2）在"属性"选项板中选择"楼板常规-150mm"类型，输入自标高的高度为"120"。

3）单击"编辑类型"按钮 ，打开"类型属性"对话框，新建"卫生间地板-100mm"。单击"确定"按钮。

4）返回到"类型属性"对话框，单击"编辑"按钮 编辑... ，打开"编辑部件"对话框，单击"插入"按钮 插入(I) ，插入新的层并更改功能为"面层 1[4]"，单击材质中的"浏览"按钮，打开"材质浏览器"对话框，选择"瓷砖，瓷器，4英寸"材质并添加到文档中，勾选"使用渲染外观"复选框，单击"图案填充"区域，打开"填充样式"对话框，选择"对角线交叉填充1"，连续单击"确定"按钮。

5）返回到"材质浏览器"对话框，其他采用默认设置，如图8-28所示。单击"确定"按钮。

图8-28 "材质浏览器"对话框

6）返回到"编辑部件"对话框，设置结构层的材质为"混凝土，现场"，"面层 1[4]"厚度为"20"，如图8-29所示。连续单击"确定"按钮。

7）单击"绘制"面板中的"边界线"按钮 和"矩形"按钮 绘制边界线并将其与墙体锁定，如图8-30所示。

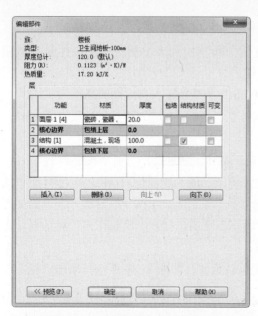

图 8-29 "编辑部件"对话框

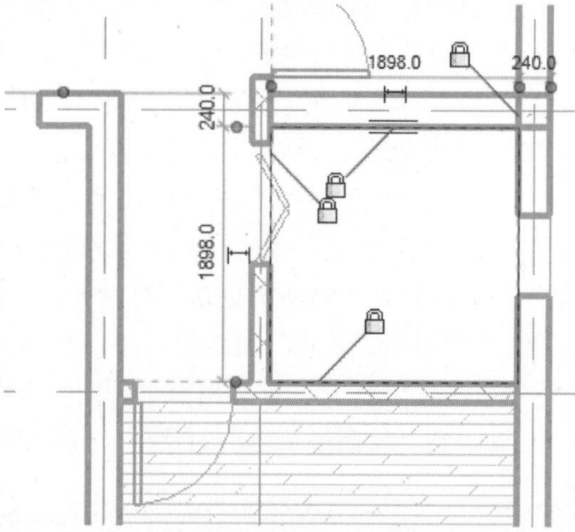

图 8-30 绘制边界线

8）单击"模式"面板中的"完成编辑模式"按钮 ✓，完成卫生间地板的创建，如图 8-31 所示。

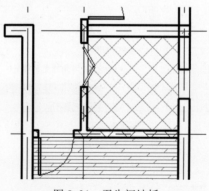

图 8-31 卫生间地板

> **提示：**
> 卫生间地板中间部分要比周围低有利于排水，因需要对卫生间地板进行编辑。

9）选取卫生间地板，打开"修改|楼板"选项卡，如图 8-32 所示。

图 8-32 "修改|楼板"选项卡

10）单击"形状编辑"面板中的"添加点"按钮 ◿，在卫生间的中间位置添加点，如图 8-33 所示。单击鼠标右键，打开图 8-34 所示的快捷菜单，选择"取消"选项，然后输入高程值为"5"，如图 8-35 所示。按〈Enter〉键确认。

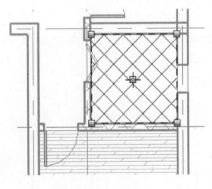

图 8-33 添加点　　　　　　图 8-34 快捷菜单

11）按〈Esc〉键退出修改，修改后的卫生间地板如图 8-36 所示。

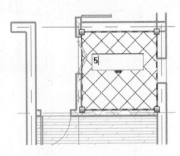

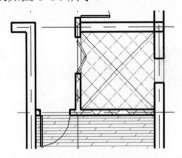

图 8-35 更改高程　　　　　　图 8-36 卫生间地板

3. 厨房地板

采用卫生间地板的方法，新建"厨房-100mm"地板类型，参数如图 8-37 所示。绘制厨房边界线创建地板，结果如图 8-38 所示。

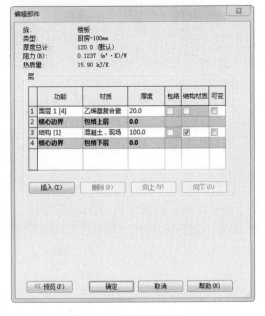

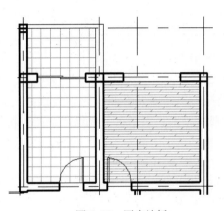

图 8-37 厨房地板参数　　　　　　图 8-38 厨房地板

4．客厅走廊地板

采用卫生间地板的方法，新建"客厅-100mm"地板类型，参数如图 8-39 所示。绘制客厅边界线创建地板，结果如图 8-40 所示。

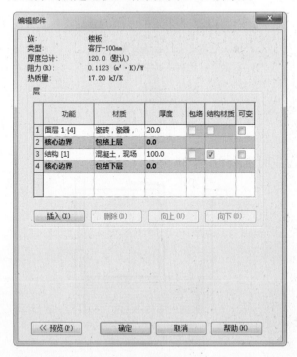

图 8-39　客厅地板参数

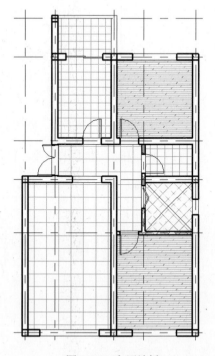

图 8-40　客厅地板

8.1.4　实例——创建别墅地板

接 8.1.2 实例继续创建别墅。

1．创建第一层地板

1）将视图切换至 1F 楼层平面。单击"建筑"选项卡"构建"面板"楼板"下拉列表框中的"楼板：建筑"按钮，打开"修改 | 创建楼层边界"选项卡和选项栏。

2）在"属性"选项板中选择"楼板常规-150mm-实心"类型，输入自标高的高度为"0"。

3）单击"编辑类型"按钮，打开"类型属性"对话框，新建"常规-150mm-带瓷砖"类型。

4）单击"编辑"按钮　编辑...，打开"编辑部件"对话框，单击"插入"按钮　插入(I)　，插入新的层并更改功能为"面层 1[4]"，单击材质中的"浏览"按钮，打开"材质浏览器"对话框，选择"瓷砖，机制"材质并添加到文档中，勾选"使用渲染外观"复选框，单击"图案填充"区域，打开"填充样式"对话框，选择"交叉线 5mm"，连续单击"确定"按钮。

5）返回到"材质浏览器"对话框，其他采用默认设置，如图 8-41 所示。单击"确定"按钮。

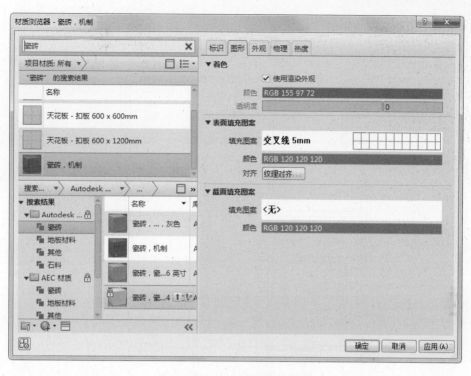

图 8-41 "材质浏览器"对话框

6）返回到"编辑部件"对话框，设置"面层 1[4]"厚度为"20"，如图 8-42 所示。连续单击"确定"按钮。

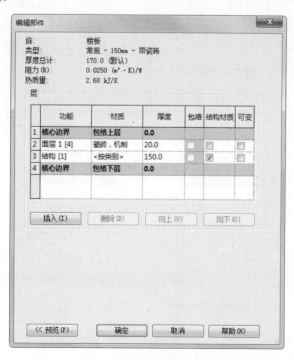

图 8-42 "编辑部件"对话框

7）单击"绘制"面板中的"边界线"按钮 和"线"按钮，绘制边界线并将其与墙体锁定，如图 8-43 所示。

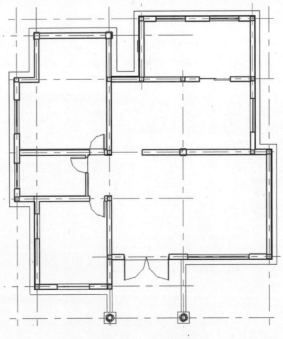

图 8-43　绘制边界线

8）单击"模式"面板中的"完成编辑模式"按钮 ，完成地板的创建，如图 8-44 所示。

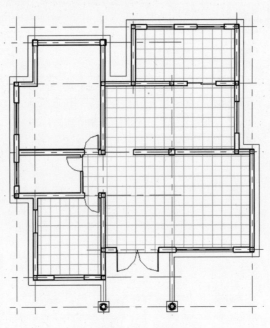

图 8-44　铺装瓷砖

2．创建卫生间地板

1）单击"建筑"选项卡"构建"面板"楼板" 下拉列表框中的"楼板：建筑"按钮，打开"修改 | 创建楼层边界"选项卡和选项栏。

2）在"属性"选项板中选择"楼板常规-150mm-实心"类型，输入自标高的高度为"0"。

3）单击"编辑类型"按钮 ，打开"类型属性"对话框，新建"卫生间地板"。单击"确定"按钮。

4）返回到"类型属性"对话框，单击"编辑"按钮 编辑... ，打开"编辑部件"对话框，单击"插入"按钮 插入(I) ，插入新的层并更改功能为"面层 1[4]"，单击材质中的"浏览"按钮，打开"材质浏览器"对话框，选择"瓷砖，瓷器，4 英寸"材质并添加到文档中，勾选"使用渲染外观"复选框，单击"表面填充图案"选项组的"图案填充"区域，打开"填充样式"对话框，选择"对角线交叉填充 1"，连续单击"确定"按钮。

5）返回到"材质浏览器"对话框，其他采用默认设置，如图 8-45 所示。单击"确定"按钮。

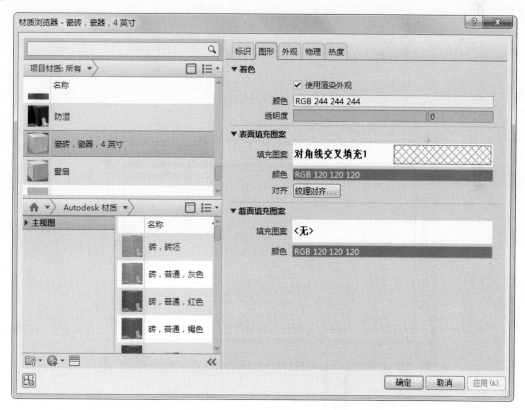

图 8-45　"材质浏览器"对话框

6）返回到"编辑部件"对话框，设置"面层 1[4]"厚度为"20"，如图 8-46 所示。连续单击"确定"按钮。

7）单击"绘制"面板中的"边界线"按钮 和"矩形"按钮 ，绘制边界线并将其与墙体锁定，如图 8-47 所示。

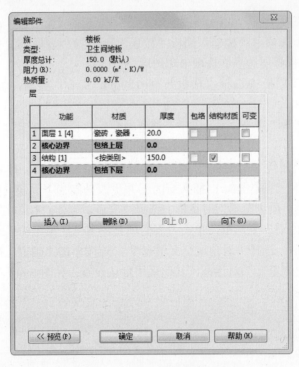

图 8-46 "编辑部件"对话框

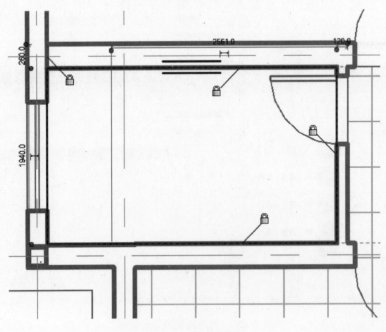

图 8-47 绘制边界线

8）单击"模式"面板中的"完成编辑模式"按钮 ✓，完成卫生间地板的创建，如图 8-48 所示。

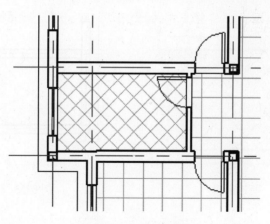

图 8-48　卫生间地板

提示：

卫生间地板中间部分要比周围低有利于排水，因需要对卫生间地板进行编辑。

9）选取卫生间地板，打开“修改 | 楼板”选项卡，如图 8-49 所示。

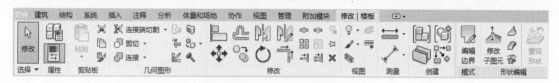

图 8-49　“修改 | 楼板”选项卡

10）单击“形状编辑”面板中的“添加点”按钮，在卫生间的中间位置添加点，如图 8-50 所示。单击鼠标右键，打开图 8-51 所示的快捷菜单，选择“取消”选项，然后输入高程值为“5”，如图 8-52 所示。按〈Enter〉键确认。

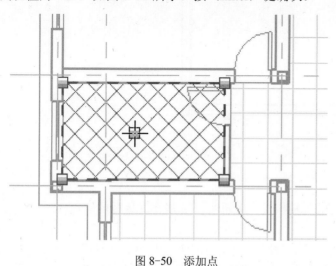

图 8-50　添加点

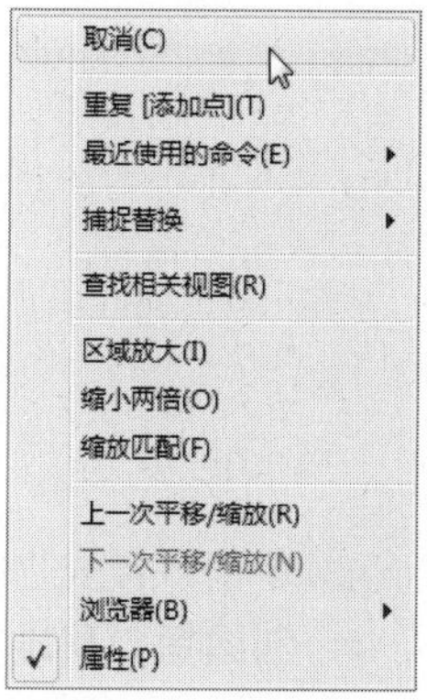

图 8-51　快捷菜单

11）按〈Esc〉键退出修改，修改后的卫生间地板如图 8-53 所示。

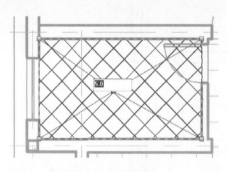

图 8-52　更改高程

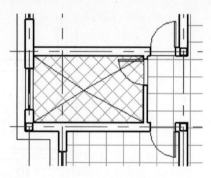

图 8-53　卫生间地板

3．创建车库地板

1）单击"建筑"选项卡"构建"面板"楼板" 下拉列表框中的"楼板：建筑"按钮 ，打开"修改 | 创建楼层边界"选项卡和选项栏。

2）在"属性"选项板中选择"楼板常规-150mm-实心"类型，输入自标高的高度为"-300"。

3）单击"绘制"面板中的"边界线"按钮 和"线"按钮 ，绘制图 8-54 所示的车库边界线。

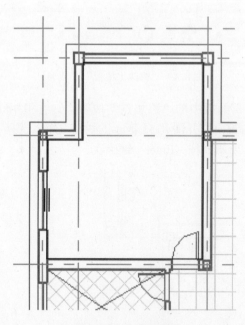

图 8-54　车库边界线

4）单击"模式"面板中的"完成编辑模式"按钮 ，完成车库地板的创建。

4．创建第二层地板

1）将视图切换至 2F 楼层平面。单击"建筑"选项卡"构建"面板"楼板" 下拉列表框中的"楼板：建筑"按钮 ，打开"修改 | 创建楼层边界"选项卡和选项栏。

2）在"属性"选项板中选择"楼板常规-150mm"类型，输入自标高的高度为"0"。新建"瓷砖地板"，具体参数如图 8-55 所示。

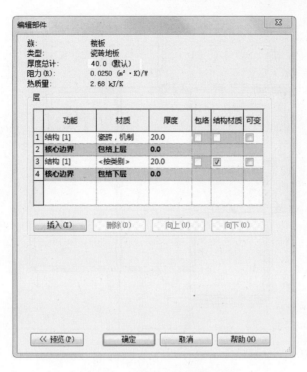

图 8-55　设置第二层地板参数

3）分别对房间进行地板铺设，结果如图 8-56 所示。

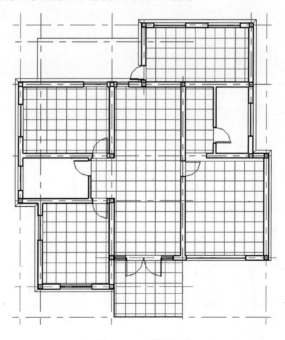

图 8-56　铺设瓷砖

4）按照一层卫生间的铺设方式，铺设二层两个卫生间的地板，结果如图 8-57 所示。

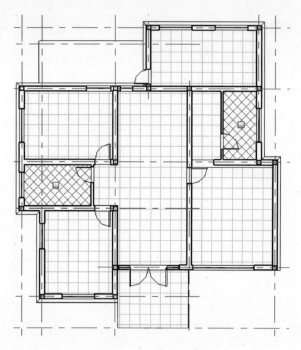

图 8-57 二层卫生间地板

5. 创建第三层地板

1）将视图切换至 3F 楼层平面。单击"建筑"选项卡"构建"面板"楼板" ⊟ 下拉列表框中的"楼板：建筑"按钮 ⊟，打开"修改 | 创建楼层边界"选项卡和选项栏。

2）在"属性"选项板中选择"瓷砖地板"类型，输入自标高的高度为"0"。

3）分别对房间进行地板铺设，结果如图 8-58 所示。

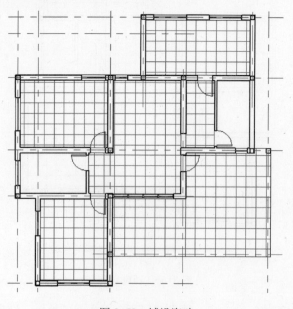

图 8-58 铺设瓷砖

4）按照一层卫生间的铺设方式，铺设三层两个卫生间的地板，结果如图 8-59 所示。

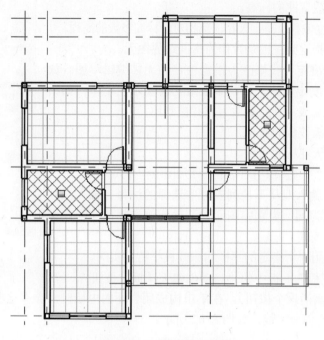

图 8-59　三层卫生间地板

8.2　天花板

在天花板所在的标高之上按指定的距离创建天花板。

天花板是基于标高的图元，创建天花板是在其所在标高以上指定距离处进行的。

可在模型中放置两种类型的天花板，即基础天花板和复合天花板。

8.2.1　基础天花板

基础天花板为没有厚度的平面图元。表面材料样式可应用于基础天花板平面。

具体操作步骤如下。

1）打开 8.1.3 节绘制的文件。将视图切换到楼层平面中的标高 2。

2）单击"建筑"选项卡"构建"面板中的"天花板"按钮 ，打开"修改 | 放置 天花板"选项卡，如图 8-60 所示。

图 8-60　"修改 | 放置 天花板"选项卡

3）在"属性"选项板中选择"基本天花板 常规"类型，输入自标高的高度偏移为

"-100"，如图 8-61 所示。

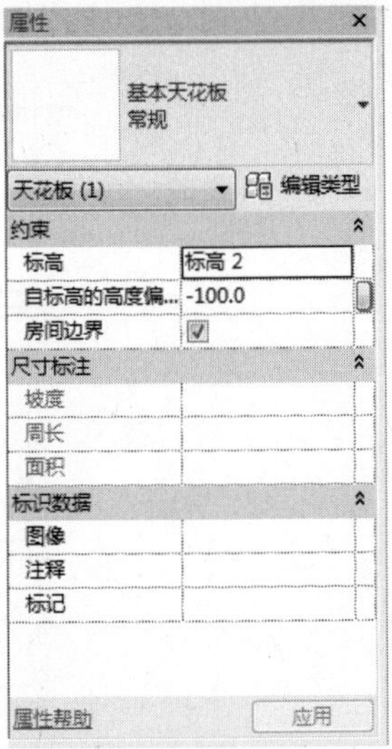

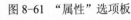

➢ 标高：指明放置此的标高。

➢ 自标高的高度偏移：指定天花顶部相对于标高参数的高程。

➢ 房间边界：指定天花板是否作为房间边界图元。

➢ 坡度：将坡度定义线修改为指定值，而无需编辑草图。如果有一条坡度定义线，则此参数最初会显示一个值；如果没有坡度定义线，则此参数为空并被禁用。

➢ 周长：设置天花板的周长。

➢ 面积：设置天花板的面积。

➢ 图像：打开"管理图像"对话框，添加图像作为天花板标记。

➢ 注释：显示输入或从下拉列表框中选择的注释。输入注释后，便可以为同一类别中图元的其他实例选择该注释，无需考虑类型或族。

➢ 标记：按照用户所指定的那样标识或枚举特定实例。

图 8-61 "属性"选项板

4）单击"天花板"面板中的"自动创建天花板"按钮 （默认状态下，系统会激活这个按钮），在单击构成闭合环的内墙时，会在这些边界内部放置一个天花板，而忽略房间分隔线，如图 8-62 所示。

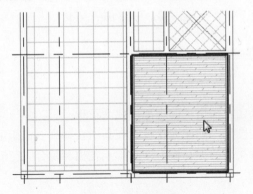

图 8-62 选择边界墙

5）单击鼠标，在选择的区域内创建天花板，如图 8-63 所示。

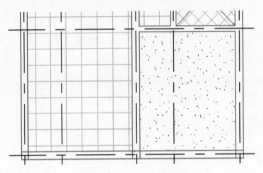

图 8-63 创建天花板

6）单击"天花板"面板中的"绘制天花板"按钮 ，打开"修改｜创建天花板边界"选项卡，单击"绘制"面板中的"边界线"按钮 和"拾取墙"按钮 （默认状态下，系统会激活这两个按钮），如图 8-64 所示。

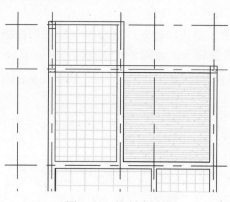

图 8-64　绘制边界线

7）单击"模式"面板中的"完成编辑模式"按钮 ，完成卧室天花板的创建，结果如图 8-65 所示。

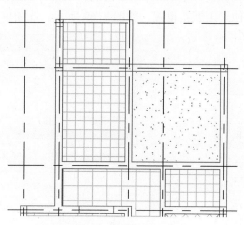

图 8-65　创建卧室天花板

8）采用相同的方式，创建储藏室和厨房的天花板，如图 8-66 所示。

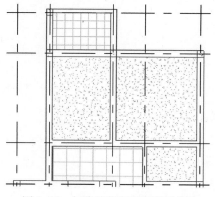

图 8-66　创建储藏室和厨房天花板

8.2.2 复合天花板

复合天花板由已定义各层材料厚度的图层构成。

具体操作步骤如下。

1) 打开上节绘制的文件。单击"建筑"选项卡"构建"面板中的"天花板"按钮，打开"修改|放置 天花板"选项卡，如图 8-67 所示。

图 8-67 "修改|放置 天花板"选项卡

2) 在"属性"选项板中选择"复合天花板 600×600 轴网"类型，输入自标高的高度偏移为"-100"，如图 8-68 所示。

3) 单击"编辑类型"按钮，打开"类型属性"对话框，新建"600×600mm 石膏板"类型，单击"编辑"按钮，打开"编辑部件"对话框，设置"面层 2[5]"的材质为"松散-石膏板"，分别输入厚度，其他采用默认设置，如图 8-69 所示。连续单击"确定"按钮。

图 8-68 属性选项板

图 8-69 "编辑部件"对话框

4) 单击"天花板"面板中的"绘制天花板"按钮，打开"修改|创建天花板边界"选项卡，单击"边界线"按钮和"矩形"按钮，绘制天花板边界，然后绘制天花板洞口，并修改洞口到天花板边界的距离都为 500mm，如图 8-70 所示。

5) 单击"模式"面板中的"完成编辑模式"按钮，完后客厅天花板造型的创建，如图 8-71 所示。

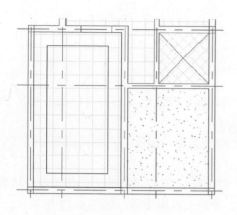

图 8-70 绘制天花板及洞口

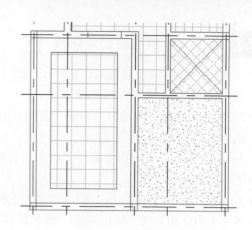

图 8-71 创建客厅天花板

6）采用相同的方法绘制图 8-72 所示的走廊天花板边界，然后采用复合天花板 600mm×600mm 石膏板创建走廊天花板，如图 8-73 所示。

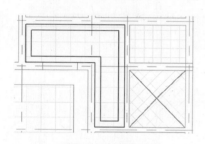

图 8-72 绘制边界

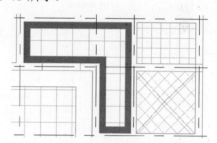

图 8-73 走廊天花板

7）继续采用复合天花板 600mm×600mm 石膏板创建卫生间天花板，如图 8-74 所示。

8）天花板创建完成，如图 8-75 所示。

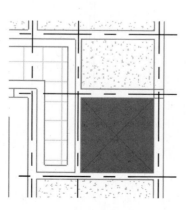

图 8-74 卫生间天花板

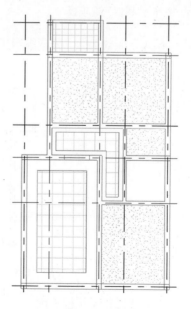

图 8-75 天花板

8.2.3 实例——创建别墅天花板

接 8.1.4 实例继续创建别墅。

1）将视图切换到 1F 天花板平面。

2）单击"建筑"选项卡"构建"面板中的"天花板"按钮，打开"修改｜放置 天花板"选项卡。

3）在"属性"选项板中选择"复合天花板光面"类型，输入"自标高的高度偏移"为"3000"，如图 8-76 所示。

4）单击"天花板"面板中的"绘制天花板"按钮，打开"修改｜创建天花板边界"选项卡，单击"边界线"按钮和"线"按钮，绘制天花板边界，如图 8-77 所示。

图 8-76 "属性"选项板

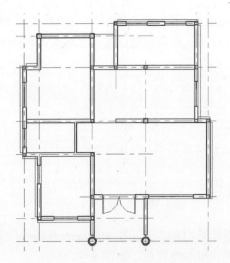

图 8-77 绘制天花板边界

5）单击"模式"面板中的"完成编辑模式"按钮，完成一层天花板的创建，如图 8-78 所示。

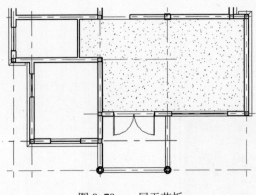

图 8-78 一层天花板

6）将视图切换到 2F 天花板平面。

7）单击"建筑"选项卡"构建"面板中的"天花板"按钮 ，打开"修改 | 放置 天花板"选项卡。

8）在"属性"选项板中选择"复合天花板光面"类型，输入"自标高的高度偏移"为"3000"。

9）单击"天花板"面板中的"自动创建天花板"按钮 ，创建图 8-79 所示的天花板。

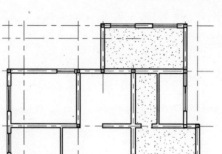

图 8-79　绘制二层天花板

8.3　屋顶

屋顶是指房屋或构筑物外部的顶盖，包括屋面以及在墙或其他支撑物以上用以支撑屋面的一切必要材料和内部露木屋顶。

Revit 软件提供了多种屋顶创建工具，如迹线屋顶、拉伸屋顶以及创建屋檐。

8.3.1　迹线屋顶

具体操作步骤如下。

1）打开 8.2.2 节绘制的文件，将视图切换到楼层平面"标高 2"。

2）单击"建筑"选项卡"构建"面板"屋顶" 下拉列表中的"迹线屋顶"按钮 ，打开"修改 | 创建屋顶迹线"选项卡和选项栏，如图 8-80 所示。

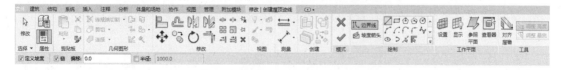

图 8-80　"修改 | 创建屋顶迹线"选项卡

➢ 定义坡度：取消勾选此复选框，创建不带坡度的屋顶。

➢ 偏移：定义屋顶迹线与所绘线之间的距离。

3）单击"绘制"面板中的"边界线"按钮 和"线"按钮 ，在选项栏中输入偏移值为"500"，绘制屋顶迹线，如图 8-81 所示。

4）在视图中选中任意屋顶迹线，打开图 8-82 所示的"属性"选项板，更改屋顶边界的属性来定义其坡度、悬挑、偏移和其他属性。

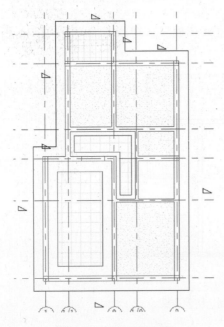

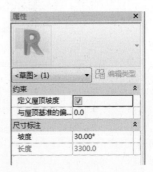

图 8-81　绘制屋顶迹线　　　　　　　　　　　图 8-82　"属性"选项板（1）

➢ 定义屋顶坡度：对于迹线屋顶，将屋顶线指定为坡度定义线。

➢ 与屋顶基准的偏移：指定距屋顶基准的坡度线偏移。

➢ 坡度：指定屋顶的斜度。此属性指定坡度定义线的坡度角。

➢ 长度：屋顶边界线的实际长度。

5）单击"模式"面板中的"完成编辑模式"按钮 ✔，完成屋顶迹线的绘制。

6）在"属性"选项板中选择"基本屋顶 常规-400mm"类型，设置椽截面为"垂直双截面"，输入"封檐板深度"为"600"，"坡度"为"35°"，如图 8-83 所示。

➢ 底部标高：设置迹线或拉伸屋顶的标高。

➢ 房间边界：勾选此复选框，则屋顶是房间边界的一部分。此属性在创建屋顶之前为只读。在绘制屋顶之后，可以选择屋顶，然后修改此属性。

➢ 与体量相关：指示此图元是从体量图元创建的。

➢ 自标高的底部偏移：设置高于或低于绘制时所处标高的屋顶高度。

➢ 截断标高：指定标高，在该标高上方所有迹线屋顶几何图形都不会显示。以该方式剪切的屋顶可与其他屋顶组合，构成"荷兰式四坡屋顶""双重斜坡屋顶"或其他屋顶样式。

图 8-83　"属性"选项板（2）

➢ 截断偏移：指定的标高以上或以下的截断高度。

➢ 椽截面：通过指定椽截面来更改屋檐的样式，包括垂直截面、垂直双截面或正方形双截面，如图 8-84 所示。

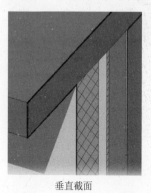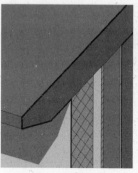

垂直截面　　　　　　　　　垂直双截面　　　　　　　　　正方形双截面

图 8-84　椽截面

➢ 封檐板深度：指定一个介于零和屋顶厚度之间的值。

➢ 最大屋脊高度：屋顶顶部位于建筑物底部标高以上的最大高度。可以使用"最大屋脊高度"工具设置最大允许屋脊高度。

➢ 坡度：将坡度定义线的值修改为指定值，而无需编辑草图。如果有一条坡度定义线，则此参数最初会显示一个值。

➢ 厚度：可以选择可变厚度参数来修改屋顶或结构楼板的层厚度，如图 8-85 所示。

如果没有可变厚度层，则整个屋顶或楼板将倾斜，并在平行的顶面和底面之间保持固定厚度。

如果有可变厚度层，则屋顶或楼板的顶面将倾斜，而底部保持为水平平面，形成可变厚度楼板。

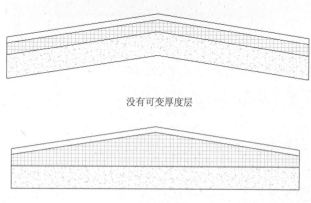

没有可变厚度层

有可变厚度层

图 8-85　厚度

7）在其他位置单击鼠标，退出屋顶绘制，将视图切换到三维视图，观察屋顶，如图 8-86 所示。

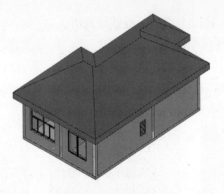

图 8-86 创建屋顶

8.3.2 拉伸屋顶

通过拉伸绘制的轮廓来创建屋顶。

具体操作步骤如下。

1）打开拉伸屋顶文件，将视图切换到楼层平面"南立面"。

2）单击"建筑"选项卡"构建"面板"屋顶" 下拉列表框中的"拉伸屋顶"按钮 ，打开"工作平面"对话框，选择"拾取一个平面"单选按钮，如图 8-87 所示。

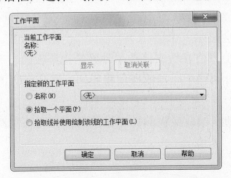

图 8-87 "工作平面"对话框

3）单击"确定"按钮，在视图中选择图 8-88 所示的墙面，打开"屋顶参照标高和偏移"对话框，设置标高和偏移量，如图 8-89 所示。

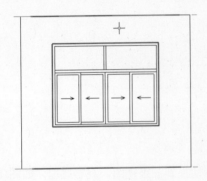

图 8-88 选取墙面

图 8-89 "屋顶参照标高和偏移"对话框

4）打开"修改 | 创建拉伸屋顶轮廓"选项卡和选项栏，如图 8-90 所示。

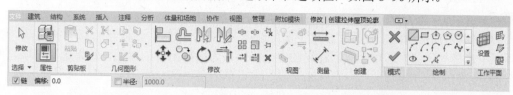

图 8-90 "修改 | 创建拉伸屋顶轮廓"选项卡和选项栏

5）单击"绘制"面板中的"线"按钮 ，绘制图 8-91 所示的拉伸截面。

6）单击"模式"面板中的"完成编辑模式"按钮 ，完成屋顶拉伸轮廓的绘制。

7）将视图切换到西立面图，观察图形，如图 8-92 所示。可以看出没有伸出墙外一段距离。在"属性"选项板中选择"架空隔热保温屋顶-混凝土"，输入拉伸起点为"500"，拉伸终点为"-7000"，其他采用默认设置，如图 8-93 所示。

图 8-91 绘制拉伸截面

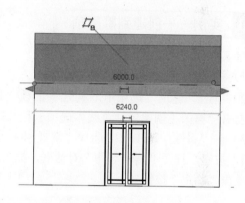

图 8-92 添加拉伸屋顶

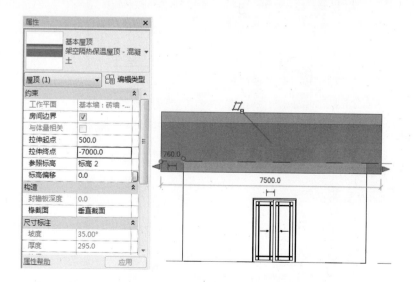

图 8-93 更改拉伸起点和终点

8）将视图切换到三维视图，如图 8-94 所示。从视图中可以看出东西两面墙没有延伸到屋顶。

9）选取东西两面墙，打开"修改|墙"选项卡，单击"附着到顶部/底部"按钮 ，在选项栏中选择"顶部"选项，然后在视图中选择屋顶为墙要附着的屋顶，结果选取的墙延伸至屋顶，如图 8-95 所示。

图 8-94　三维视图

图 8-95　墙延伸至屋顶

8.3.3　实例——创建别墅屋顶

接 8.2.3 实例继续创建别墅。

1）将视图切换到 4F 楼层平面。

2）单击"建筑"选项卡"构建"面板"屋顶" 下拉列表框中的"迹线屋顶"按钮 ，打开"修改|创建屋顶迹线"选项卡和选项栏。

3）在"属性"选项板中选择"常规-400mm"类型，新建"常规-100mm"类型，单击"编辑"按钮，打开"编辑部件"对话框，插入"面层 1[4]"层，并设置材质，如图 8-96 所示，单击"确定"按钮。

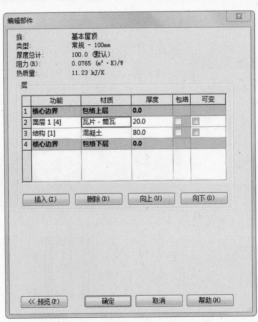

图 8-96　参数设置

4）单击"绘制"面板中的"边界线"按钮![]和"线"按钮![]，在选项栏中输入偏移值为"120"，绘制屋顶迹线，如图8-97所示。

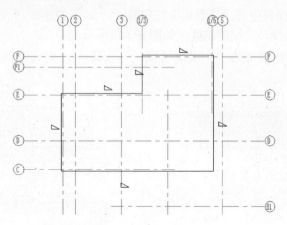

图8-97　绘制屋顶迹线

5）按住〈Ctrl〉键，选取 1 轴线和 F 轴线上的屋迹线，在"属性"选项板中取消勾选"定义屋顶坡度"复选框，如图8-98所示。取消这两条屋迹线的坡度，如图8-99所示。

图8-98　属性选项板

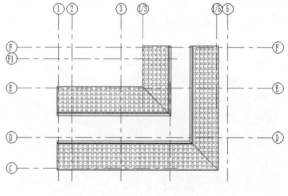

图8-99　取消坡度

6）单击"模式"面板中的"完成编辑模式"按钮![]，完成屋顶的创建，如图8-100所示。

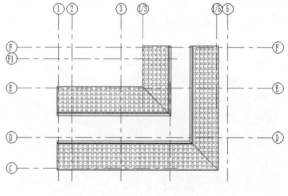

图8-100　创建屋顶

7）单击"建筑"选项卡"构建"面板"屋顶" 下拉列表框中的"迹线屋顶"按钮 ，打开"修改｜创建屋顶迹线"选项卡和选项栏，在"属性"选项板中选择"常规-100mm"类型。

8）单击"绘制"面板中的"边界线"按钮 和"线"按钮 ，在选项栏中输入偏移值为"120"，绘制屋顶迹线，并取消坡度，如图 8-101 所示。

9）单击"模式"面板中的"完成编辑模式"按钮 ，完成屋顶的创建，如图 8-102 所示。

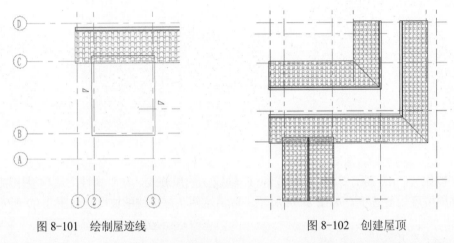

图 8-101　绘制屋迹线　　　　　　　　　图 8-102　创建屋顶

10）将视图切换至三维视图，可以看见两个屋顶没有连接在一起，如图 8-103 所示。

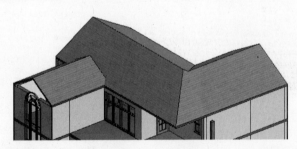

图 8-103　三维视图

11）选取第二个屋顶，打开"修改｜屋顶"上下文选项卡，单击"几何形状"面板中的"取消/连接屋顶"按钮 ，选取第二个屋顶上的里侧边线，然后选取第一个屋顶为要连接的面，结果两个屋顶连接在一起，如图 8-104 所示。

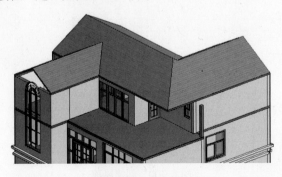

图 8-104　连接屋顶

12）选取墙体，打开"修改丨墙"选项卡，单击"修改墙"面板中的"附着顶部/底部"按钮 ，然后在选项栏中选择"顶部"选项，选取屋顶为要附着的屋顶，墙体自动延伸至屋顶，如图 8-105 所示。

13）采用相同的方法，延伸其他墙体至屋顶，如图 8-106 所示。

图 8-105 延伸墙体至屋顶

图 8-106 延伸其他墙体至屋顶

8.4 房檐

创建屋顶时，指定悬挑值来创建屋檐。完成屋顶的绘制后，可以对齐屋檐并修改其截面和高度，如图 8-107 所示。

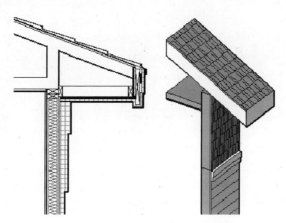

图 8-107 屋檐

8.4.1 屋檐底板

使用"屋檐底板"工具来建模建筑图元的底面。可以将檐底板与其他图元（例如墙和屋顶）关联。如果更改或移动了墙或屋顶，檐底板也将相应地进行调整。

具体绘制步骤如下。

1）打开 8.3.2 节绘制的文件，将视图切换到楼层平面"标高 2"。

2）单击"建筑"选项卡"构建"面板"屋顶" 下拉列表框中的"屋檐底板"按钮

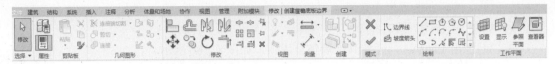

，打开"修改 | 创建屋檐底板边界"选项卡和选项栏，如图 8-108 所示。

图 8-108 "修改 | 创建屋檐底板边界"选项卡

3）单击"绘制"面板中的"边界线"按钮 和"矩形"按钮 ，绘制屋檐底板边界线，如图 8-109 所示。

4）单击"模式"面板中的"完成编辑模式"按钮 ，完成屋檐底板边界的绘制。

5）在"属性"选项板中选择"屋檐底板 常规-100mm"类型，单击"编辑类型"按钮 ，打开"类型属性"对话框，新建"常规-100"类型，并编辑结构厚度为"100"，如图 8-110 所示，连续单击"确定"按钮。

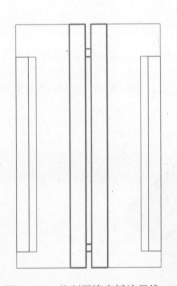

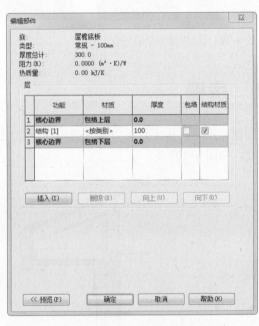

图 8-109 绘制屋檐底板边界线　　　　　　　　图 8-110 设置屋檐底板参数

6）在"属性"选项板中设置"自标高的高度偏移"为"-300"，其他采用默认设置，如图 8-111 所示。

➢ 标高：指定放置檐底板的标高。

➢ 自标高的高度偏移：设置高于或低于绘制时所处标高的檐底板高度。

➢ 房间边界：勾选此复选框，则屋檐底板是房间边界的一部分。

➢ 坡度：将坡度定义线的值修改为指定值，而无需编辑草图。如果有一条坡度定义线，则此参数最初会显示一个值。如果没有坡度定义线，则此参数为空并被禁用。

➢ 周长：指定檐底板的周长。

➢ 面积：檐底板的面积。

➢ 体积：屋檐底板的体积。

7）将视图切换到三维视图，屋檐底板如图8-112所示。

图8-111 "属性"选项板

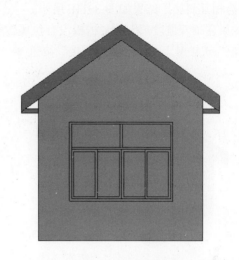

图8-112 屋檐底板

8.4.2 封檐板

使用"封檐板"工具将封檐带添加屋顶、檐底板、模型线和其他封檐板的边。

具体绘制步骤如下。

1）打开上节绘制的文件，单击"建筑"选项卡"构建"面板"屋顶" ▨ 下拉列表框中的"封檐板"按钮 ，打开"修改│放置封檐板"选项卡和选项栏，如图8-113所示。

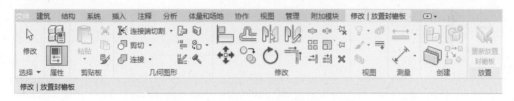

图8-113 "修改│放置封檐板"选项卡

2）单击屋顶边、檐底板、封檐板、或模型线进行添加，如图 8-114 所示。生成封檐板，如图 8-115 所示。单击按钮 ，使用水平轴翻转轮廓；单击按钮 ，使用垂直轴翻转轮廓。

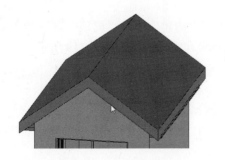

图8-114 选择屋顶边

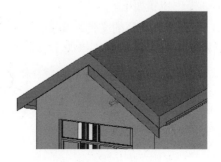

图8-115 封檐板

3）继续选择边缘时，Revit 会将其作为一个连续的封檐板。如果封檐带的线段在角部相遇，它们会相互斜接，结果如图 8-116 所示。

4）如果屋顶双坡段部上的封檐板没有包裹转角，则会斜接端部。选取封檐板，打开"修改 | 封檐板"选项卡，单击"修改斜接"按钮 ，打开"斜接"面板，如图 8-117 所示。

图 8-116　绘制屋檐底板边界线

图 8-117　斜接面板

5）选择斜接类型，单击封檐板的端面修改斜接方式，如图 8-118 所示。按〈Esc〉键退出。

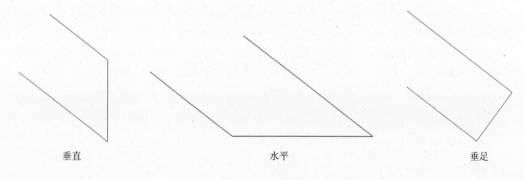

图 8-118　斜接类型

8.4.3　檐槽

使用"檐槽"工具将檐沟添加到屋顶、檐底板、模型线和封檐带。

具体操作步骤如下。

1）打开上节绘制的文件，单击"建筑"选项卡"构建"面板"屋顶" 下拉列表框中的"檐槽"按钮 ，打开"修改 | 放置檐沟"选项卡和选项栏，如图 8-119 所示。

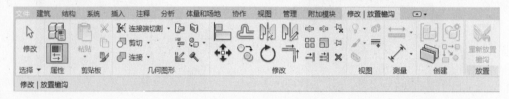

图 8-119　"修改 | 放置檐沟"选项卡

2）单击屋顶、层檐底板、封檐带或模型线的水平边缘进行添加，如图 8-120 所示。生成檐沟，如图 8-121 所示。单击按钮▓，使用水平轴翻转轮廓；单击按钮▓，使用垂直轴翻转轮廓。

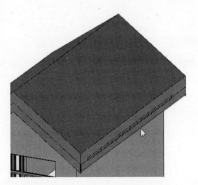

图 8-120　选择水平边缘

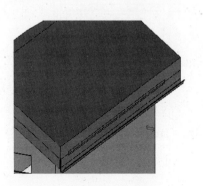

图 8-121　檐沟

3）继续另一侧的封檐板水平边缘创建檐沟，结果如图 8-122 所示。

图 8-122　绘制另一侧檐沟

8.4.4 实例——创建别墅屋檐

接 8.3.3 实例继续创建别墅。

1. 创建屋檐底板

1）单击"建筑"选项卡"构建"面板"屋顶"▓下拉列表框中的"屋檐底板"按钮▓，打开图 8-123 所示的"最低标高提示"对话框，在列表中选择"4F"，单击"是"按钮。打开"修改｜创建屋檐底板边界"选项卡和选项栏。

2）单击"绘制"面板中的"边界线"按钮▓和"矩形"按钮▓，绘制屋檐底板边界线，如图 8-124 所示。

3）在"属性"选项板中选择"屋檐底板 常规-300mm"类型，单击"编辑类型"按钮▓，打开"类型属性"对话框，新建"常规-20mm"类型，并编辑"结构[1]"厚度为"20"，如图 8-125 所示。连续单击"确定"按钮。

图 8-123　"最低标高提示"对话框

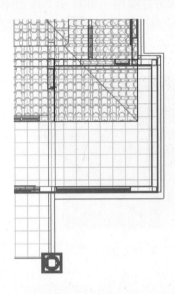

图 8-124　绘制边界

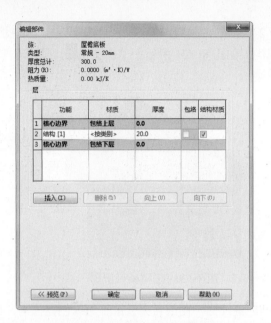

图 8-125　设置屋檐底板参数

4）单击"模式"面板中的"完成编辑模式"按钮✅，完成屋檐底板的绘制。

2．创建封檐板

1）单击"建筑"选项卡"构建"面板"屋顶" 下拉列表框中的"封檐板"按钮，打开"修改｜放置封檐板"选项卡和选项栏。

2）在"属性"选项板中单击"编辑类型"按钮，打开"类型属性"对话框，单击材质栏中的按钮，打开"材质浏览器"对话框，选择"面层-内墙"材质，其他采用默认设置，如图 8-126 所示。单击"确定"按钮。

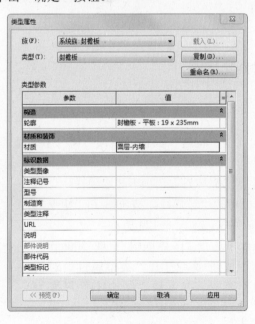

图 8-126　"类型属性"对话框

3）在视图中选取人字形屋顶的边线，创建封檐板，如图 8-127 所示。

图 8-127 创建封檐板

3. 创建檐槽

1）单击"插入"选项卡"从库中载入"面板"载入族"按钮，打开"插入族"对话框，选择"China"→"轮廓"→"专项轮廓"→檐沟"文件夹中的"檐沟-拱.rfa"，如图 8-128 所示。单击"打开"按钮，载入"檐沟-拱"族。

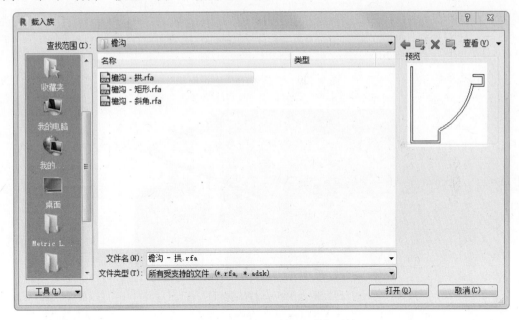

图 8-128 "载入族"对话框

2）单击"建筑"选项卡"构建"面板"屋顶" 下拉列表中的"檐槽"按钮，打开"修改 | 放置檐沟"选项卡和选项栏。

3）在"属性"选项板中单击"编辑类型"按钮，打开"类型属性"对话框，在轮廓下拉列表中选择"檐沟-拱：150×150mm"类型，如图 8-129 所示。其他采用默认设置，单击"确定"按钮。

4）在视图中选取屋顶的边线放置屋檐沟，如图 8-130 所示。

5）选取上步创建长屋檐沟，拖动到图 8-131 所示的位置。

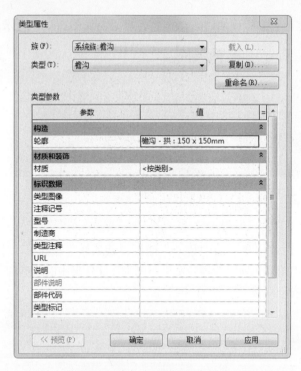

图 8-129 "类型属性"对话框

图 8-130 放置屋檐沟

图 8-131 调整屋檐沟的长度

6）采用相同的方法，对屋顶边线添加屋檐沟，结果如图 8-132 所示。

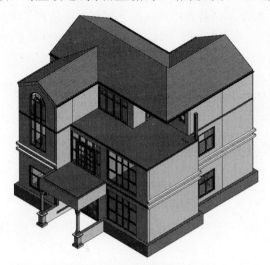

图 8-132　添加屋檐沟

4. 创建烟囱

1）将视图切换到 1F 楼层平面图。

2）单击"建筑"选项卡"构建"面板中的"墙"按钮，在"属性"选项板中选择"基本墙 120 内墙"类型。

3）在图 8-133 所示的位置绘制墙体，并修改临时尺寸值。

4）在"属性"选项板中设置"底部约束"为"1F"，"底部偏移"为"-470"，"顶部约束"为"直到标高：3F"，"顶部偏移"为"0"，如图 8-134 所示，其他采用默认设置。

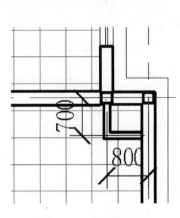

图 8-133　绘制墙体

图 8-134　"属性"选项板

5）将视图切换到 3F 楼层平面图。

6）单击"建筑"选项卡"构建"面板中"构件"下拉列表框中的"放置构件"按钮

，打开"修改 | 放置 构件"上下文选项卡。

7）单击"载入族"按钮，打开"载入族"对话框，选择"China"→"建筑"→"场地"→"附属设施"→"烟囱"文件夹中的"烟囱2.rfa"，如图 8-135 所示。

图 8-135 "载入族"对话框

8）单击"打开"按钮，将其放置到图中适当位置，并单击"修改"选项卡"修改"面板中的"对齐"按钮，将烟囱与外墙对齐，如图 8-136 所示。

9）选取烟囱，在"属性"选项板中单击"编辑类型"按钮，打开"类型属性"对话框，更改"叠层宽度"为"900"，"叠层长度"为"800"，"高度"为"4100"，如图 8-137所示，其他采用默认设置，单击"确定"按钮。

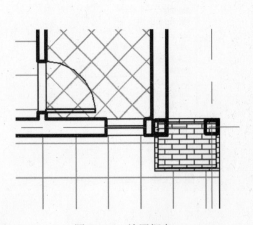

图 8-136 放置烟囱

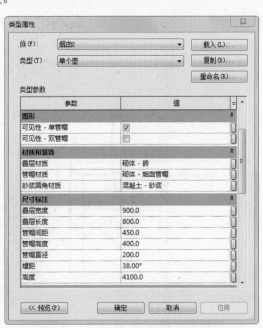

图 8-137 "类型属性"对话框

10）烟囱创建完毕，将视图切换到三维视图，观察烟囱，如图 8-138 所示。

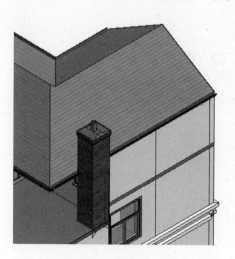

图 8-138 创建完成的烟囱

第9章 楼梯坡道

知识导引

楼梯是房屋各楼层间的垂直交通联系部分，是楼层人流疏散必经的通路，楼梯设计应根据使用要求，选择合适的形式，布置恰当的位置，根据使用性质、人流通行情况和防火规范综合确定楼梯的宽度和数量，并根据使用对象和使用场合选择最合适的坡度。其中扶手是楼梯的组成部分之一。

本章主要介绍楼梯、扶手、洞口以及坡道的创建方法。

9.1 栏杆扶手

可以添加独立式栏杆扶手或是附加到楼梯、坡道和其他主体的栏杆扶手，如图9-1所示。
使用栏杆扶手工具，可以进行以下操作。

➢ 将栏杆扶手作为独立构件添加到楼层中。
➢ 将栏杆扶手附着到主体（如楼板、坡道或楼梯）。
➢ 在创建楼梯时自动创建栏杆扶手。
➢ 在现有楼梯或坡道上放置栏杆扶手。
➢ 绘制自定义栏杆扶手路径并将栏杆扶手附着到楼板、屋顶板、楼板边、墙顶、屋顶或地形。

创建栏杆扶手时，扶栏和栏杆将自动按相等间隔放置在栏杆扶手上。

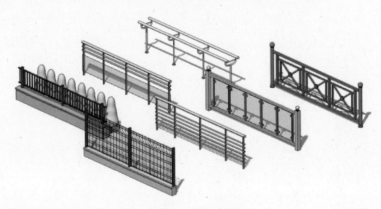

图9-1 栏杆扶手

9.1.1 绘制路径创建栏杆

通过绘制栏杆扶手路径来创建栏杆扶手，然后选择一个图元（例如楼板或屋顶）作为栏杆扶手主体。

具体绘制步骤如下。

1）打开 8.1.3 节绘制的文件，单击"建筑"选项卡"构建"面板"栏杆扶手" 下拉列表框中的"绘制路径"按钮，打开"修改 | 创建栏杆扶手路径"选项卡和选项栏，如图 9-2 所示。

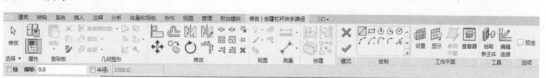

图 9-2 "修改 | 创建栏杆扶手路径"选项卡和选项栏

2）将视图方向切换到上视图。

3）单击"绘制"面板中的"线"按钮（默认状态下，系统会激活此按钮），绘制栏杆路径，如图 9-3 所示。单击"模式"面板中的"完成编辑模式"按钮，完成栏杆路径的绘制。

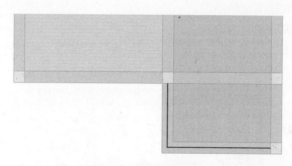

图 9-3 绘制栏杆路径

4）单击"插入"选项卡"从库中载入"面板中的"载入族"按钮，打开"载入族"对话框，选择"China"→"建筑"→"栏杆扶手"→栏杆"→"常规栏杆"→"普通栏杆"文件夹中的"立筋龙骨 3.rfa"，如图 9-4 所示，单击"打开"按钮，载入"立筋龙骨 3"栏杆。

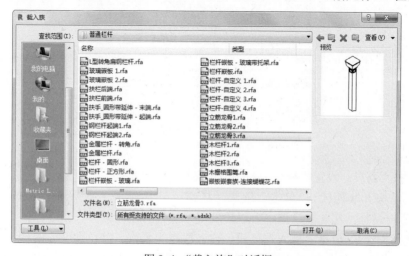

图 9-4 "载入族"对话框

5) 在 "属性" 选项板中选择 "栏杆扶手-900mm" 类型，如图 9-5 所示。

图 9-5 "属性" 选项板

➤ 底部标高：指定栏杆扶手系统不位于楼梯或坡道上时的底部标高。如果在创建楼梯时自动放置了栏杆扶手，则此值由楼梯的底部标高决定。

➤ 底部偏移：如果栏杆扶手系统不位于楼梯或坡道上，则此值是楼板或标高到栏杆扶手系统底部的距离。

➤ 从路径偏移：指定相对于其他主体上踏板、梯边梁或路径的栏杆扶手偏移。如果在创建楼梯时自动放置了栏杆扶手，可以选择将栏杆扶手放置在踏板或梯边梁上。

➤ 长度：栏杆扶手的实际长度。

➤ 图像：打开 "管理图像" 对话框，添加图像作为栏杆扶手标记。

➤ 注释：有关图元的注释。

➤ 标记：应用于图元的标记，如显示在图元多类别标记中的标签。

➤ 创建的阶段：创建图元的阶段。

➤ 拆除的阶段：拆除图元的阶段。

6) 单击 "编辑类型" 按钮，打开 "类型属性" 对话框，新建 "阳台栏杆" 类型，如图 9-6 所示。

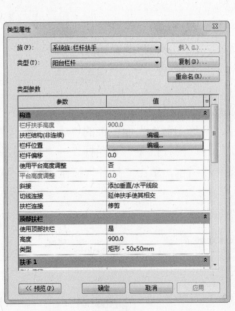

图 9-6 "类型属性" 对话框

➤ 栏杆扶手高度：设置栏杆扶手系统中最高扶栏的高度。

➤ 扶栏结构（非连续）：单击 "编辑" 按钮，打开图 9-7 所示的 "编辑扶手（非连续）" 对话框，在此对话框中可以设置每个扶栏的扶栏编号、高度、偏移、材质和轮廓族（形状）。单击 "插入" 按钮，输入扶栏的名称，以及高度、偏移、轮廓和材质属性。单击 "向上" 或 "向下" 按钮以调整栏杆扶手位置。

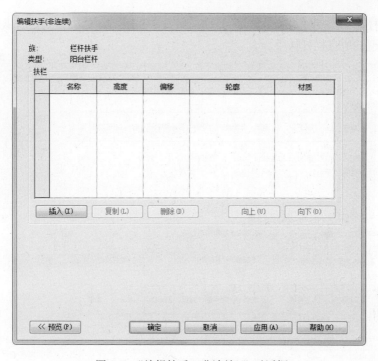

图9-7 "编辑扶手（非连续）"对话框

➤ 栏杆位置：单击"编辑"按钮，打开"编辑栏杆位置"对话框，定义栏杆样式。

➤ 栏杆偏移：距扶栏绘制线的栏杆偏移。通过设置此属性和扶栏偏移的值，可以创建扶栏和栏杆的不同组合。

➤ 使用平台高度调整：控制平台栏杆扶手的高度。选择"否"，则栏杆扶手和平台像在楼梯梯段上一样使用相同的高度。选择"是"，则栏杆扶手高度会根据"平台高度调整"设置值进行向上或向下调整。

➤ 平台高度调整：基于中间平台或顶部平台"栏杆扶手高度"参数的指示值提高或降低栏杆扶手高度。

➤ 斜接：如果两段栏杆扶手在水平面内相交成一定角度，但没有垂直连接，则可以选择添加垂直/水平或不添加连接件来确定连接方法。

➤ 切线连接：如果两段相切栏杆扶手在平面中共线或相切，但没有垂直连接，则可以选择添加垂直/水平、不添加连接件或延伸扶栏使其相交来连接。

➤ 扶栏连接：如果系统无法在栏杆扶手段之间进行连接时创建斜接连接，则可以通过修剪或焊接来进行连接。

　● 修剪：使用垂直平面剪切分段。

　● 焊接：以尽可能接近斜接的方式连接分段。接合连接最适合于圆形扶栏轮廓。

➤ 高度：设置栏杆扶手系统中顶部栏杆的高度。

➤ 类型：指定顶部扶栏的类型。

➤ 侧偏移：显示栏杆的偏移值。

➤ 扶手-高度：扶手类型属性中指定的扶手高度。

7）单击栏杆位置栏中的"编辑"按钮，打开"编辑栏杆位置"对话框，分别设置起点支柱、转角支柱和终点支柱为"立筋龙骨 3"，如图 9-8 所示。对类型属性所做的修改会影响项目中同一类型的所有栏杆扶手。

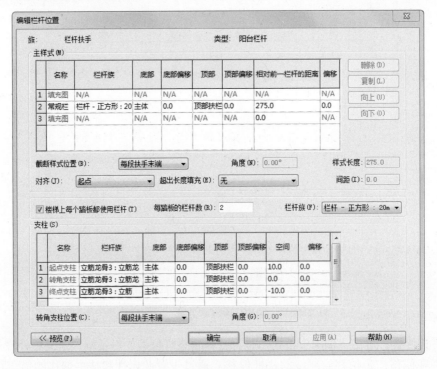

图 9-8 "编辑栏杆位置"对话框

"主样式"栏：自定义栏杆扶手的栏杆。

➢ 名称：样式内特定栏杆的名称。

➢ 栏杆族：指定栏杆或支柱族的样式。如果选择"无"，则此样式的相应部分将不显示栏杆或支柱。

➢ 底部：指定栏杆底端的位置，包括扶栏顶端、扶栏底端或主体顶端。主体可以是楼层、楼板、楼梯或坡道。

➢ 底部偏移：指栏杆底端与基面之间的垂直距离，可以是负值或正值。

➢ 顶部：指定栏杆顶端的位置（常为扶栏）。

➢ 顶部偏移：栏杆顶端与顶之间的垂直距离，可以为负值或正值。

➢ 相对前一栏杆的距离：控制样式中栏杆的间距。对于第一个栏杆（主样式表的第 2 行），该属性指定栏杆扶手段起点或样式重复点与第一个栏杆放置位置之间的间距；对于每个后续行，该属性指定新栏杆与上一栏杆的间距。

➢ 偏移：相对栏杆扶手路径内侧或外侧的距离。

➢ 截断样式位置：栏杆扶手段上的栏杆样式中断点，包括每段护手末端、角度大于和从不。

➢ 角度：指定某个样式的中断角度。选择"角度大于"截断样式位置时，此选项可用。

➢ 样式长度："相对前一栏杆的距离"列出的所有值的和。

➢ 对齐：各个栏杆沿栏杆扶手段长度方向进行对齐。包括起点、终点、中心和展开样式以匹配。Revit 如何确定起点和终点取决于栏杆扶手的绘制方式，即从右至左，还是从左至右。

- "起点"表示样式始自栏杆扶手段的始端。如果样式长度不是恰为栏杆扶手长度的倍数，则最后一个样式实例和栏杆扶手段末端之间则会出现多余间隙。
- "终点"表示样式始自栏杆扶手段的末端。如果样式长度不是恰为栏杆扶手长度的倍数，则最后一个样式实例和栏杆扶手段始端之间则会出现多余间隙。
- "中心"表示第一个栏杆样式位于栏杆扶手段中心，所有多余间隙均匀分布于栏杆扶手段的始端和末端。
- "展开样式以匹配"表示沿栏杆扶手段长度方向均匀扩展样式。不会出现多余间隙，且样式的实际位置值不同于"样式长度"中指示的值。

➢ 超出长度填充：如果栏杆扶手段上出现多余间隙，但无法使用样式对其进行填充，可以指定间隙的填充方式。

➢ 间距：填充栏杆扶手段上任何多余长度的各个栏杆之间的距离。

"支柱"栏：自定义栏杆扶手的支柱。

➢ 名称：样式内特定栏杆的名称。

➢ 栏杆族：指定支柱族的样式。

➢ 底部：指定支柱底端的位置，包括扶栏顶端、扶栏底端或主体顶端。主体可以是楼层、楼板、楼梯或坡道。

➢ 底部偏移：是指支柱底端与基面之间的垂直距离，可以是负值或正值。

➢ 顶部：指定支柱顶端的位置（常为扶栏）。

➢ 顶部偏移：支柱顶端与顶之间的垂直距离，可以是负值或正值。

➢ 空间：设置相对于指定位置向左或向右移动支柱的距离。

➢ 偏移：相对栏杆扶手路径内侧或外侧的距离。

➢ 转角支柱位置：指定栏杆扶手段上转角支柱的位置。

➢ 角度：指定添加支柱的角度。

8）连续单击"确定"按钮，完成栏杆的创建，如图 9-9 所示。可以看出栏杆支柱不符合要求，下面对栏杆进行修改。

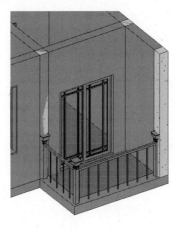

图 9-9 创建栏杆

9）双击栏杆，修改栏杆路径，使其距离两端墙的距离为 100mm，如图 9-10 所示。单击"模式"面板中的"完成编辑模式"按钮 ✓，完成栏杆的修改，结果如图 9-11 所示。

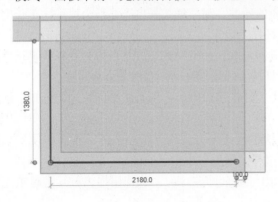

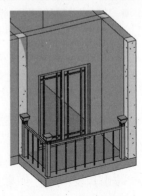

图 9-10　修改路径　　　　　　　　　　　　　　　　图 9-11　修改栏杆

9.1.2　将栏杆放置在楼梯或坡道上

以选择栏杆扶手类型，对于楼梯，可以指定将栏杆扶手放置在踏板还是梯边梁上。

具体操作步骤如下。

1）打开楼梯加栏杆文件，单击"建筑"选项卡"构建"面板"栏杆扶手" 下拉列表中的"放置在楼梯/坡道上"按钮 ，打开"修改 | 在楼梯/坡道上放置栏杆扶手"选项卡，如图 9-12 所示。

图 9-12　"修改 | 在楼梯/坡道上放置栏杆扶手"选项卡

2）默认栏杆扶手位置在踏板上。

3）在类型选项板中选择栏杆扶手的类型为"栏杆扶手-1100mm"。

4）在将光标放置在无栏杆扶手的楼梯或坡道时，它们将高亮显示。当设置多层楼梯作为栏杆扶手主体时，栏杆扶手会按组进行放置，以匹配多层楼梯的组，如图 9-13 所示。

5）将视图切换到标高 1 平面图，选择栏杆扶手，单击按钮 ，调整栏杆扶手位置。

6）双击栏杆扶手，打开"修改 | 路径"选项卡，对栏杆扶手的路径进行编辑，单击"圆角弧"按钮 ，将拐角处改成圆角，如图 9-14 所示。

7）单击"模式"面板中的"完成编辑模式"按钮 ✓，完成栏杆的修改，结果如图 9-15 所示。

图 9-13　添加扶手

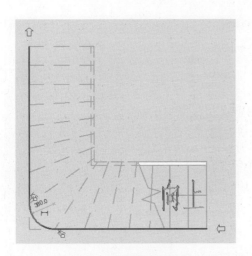

图 9-14　编辑扶手路径

图 9-15　修改后的栏杆扶手

9.1.3 实例——创建别墅栏杆

接 8.4.4 实例继续创建别墅。

1）单击"插入"选项卡"从库中载入"面板中的"载入族"按钮，打开"载入族"对话框，选择"China"→"建筑"→"栏杆扶手"→栏杆"→"欧式栏杆"→"葫芦瓶系列"文件夹中的"HFB7014.rfa"，如图 9-16 所示，单击"打开"按钮，载入"葫芦瓶栏杆"。

图 9-16　"载入族"对话框（1）

2）单击"插入"选项卡"从库中载入"面板中的"载入族"按钮，打开"载入族"对话框，选择"China"→"轮廓"→"专项轮廓"→栏杆扶手"文件夹中的"FPA T10×W14×L150.rfa"，如图 9-17 所示，单击"打开"按钮，载入欧式石材栏杆扶手。

图 9-17 "载入族"对话框（2）

3）将视图切换至 3F 楼层平面。

4）单击"建筑"选项卡"构建"面板"栏杆扶手" 下拉列表框中的"绘制路径"按钮 ，打开"修改丨创建栏杆扶手路径"选项卡和选项栏。

5）在"属性"选项板中选择"栏杆扶手 900mm"类型，单击"编辑类型"按钮 ，打开"类型属性"对话框。新建"欧式栏杆"类型，设置"使用顶部扶栏"为"否"，如图 9-18 所示。

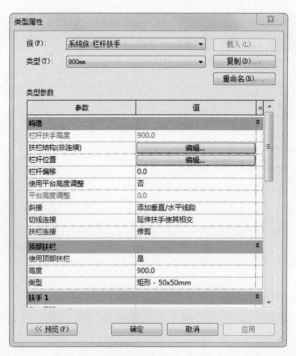

图 9-18 "类型属性"对话框

6）单击扶栏结构栏中的"编辑"按钮，打开"编辑扶手（非连续）"对话框，单击"插入"按钮，输入名称为"扶手栏杆 1"，在"轮廓"下拉列表框中选择"FPA T10×W14×L150"，继续单击"插入"按钮，创建相同参数的扶手栏杆，"高度"为"900"，如图 9-19 所示。单击"确定"按钮，返回到"类型属性"对话框。

图 9-19 "编辑扶手（非连续）"对话框

7）单击栏杆位置栏中的"编辑"按钮，打开"编辑栏杆位置"对话框，在常规栏的"栏杆族"中选择"HFB7014"，设置"相对前一栏杆的距离"为"300"，在支柱中设置"起点支柱"和"终点支柱"为"无"，"转角支柱"为"HFB7014"，如图 9-20 所示。连续单击"确定"按钮，返回到绘图区。

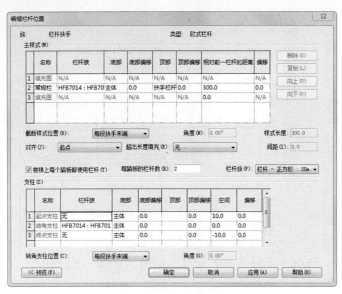

图 9-20 "编辑栏杆位置"对话框

8）单击"绘制"面板中的"线"按钮 ![线], 绘制栏杆路径, 如图 9-21 所示。单击"模式"面板中的"完成编辑模式"按钮 ![完成], 完成栏杆路径的绘制。

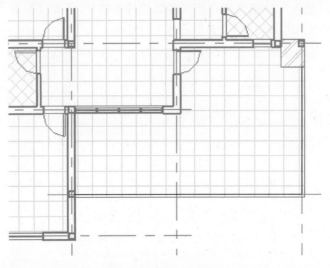

图 9-21　绘制栏杆路径

9）在"属性"选项板中设置"底部偏移"为"100", 其他采用默认设置, 如图 9-22 所示。

10）将视图切换至三维视图, 观察栏杆如图 9-23 所示。

图 9-22　"属性"选项板（1）

图 9-23　绘制三层栏杆

11）将视图切换至 2F 楼层平面。

12）单击"建筑"选项卡"构建"面板"栏杆扶手" ![图标] 下拉列表框中的"绘制路径"按钮 ![图标], 在"属性"选项板中选择"欧式栏杆"类型, 设置"底部标高"为"2F", "底部偏移"为"100", 如图 9-24 所示。其他采用默认设置。

13）单击"绘制"面板中的"线"按钮 ![线], 绘制栏杆路径, 如图 9-25 所示。单击"模式"面板中的"完成编辑模式"按钮 ✅ ，完成栏杆路径的绘制。

图 9-24 "属性"选项板（2）

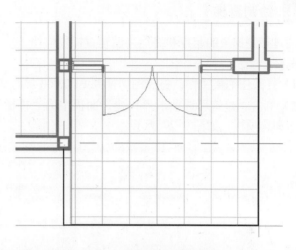

图 9-25 绘制路径

14）将视图切换至三维视图，观察栏杆，如图 9-26 所示。

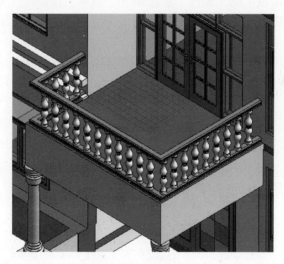

图 9-26 二层栏杆

9.2 楼梯

在楼梯零件编辑模式下，可以直接在平面视图或三维视图中装配构件。

楼梯可以包括以下内容。

➢ 梯段：直梯、螺旋梯段、U 形梯段、L 形梯段、自定义绘制的梯段。

➢ 平台：在梯段之间自动创建，通过拾取两个梯段，或通过创建自定义绘制的平台
实现。

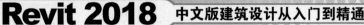
➤ 支撑（侧边和中心）：随梯段自动创建，或通过拾取梯段或平台边缘创建。

➤ 栏杆扶手：在创建期间自动生成，或稍后放置。

9.2.1 绘制直梯

通过指定梯段的起点和终点来创建直梯段构件。

具体绘制步骤如下。

1）打开住宅楼文件，将视图切换到 F1 0.000 层。

2）单击"建筑"选项卡"构建"面板中的"楼梯"按钮，打开"修改 | 创建楼梯"选项卡和选项栏，如图 9-27 所示。

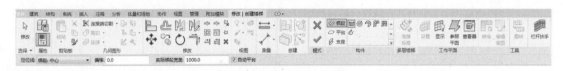

图 9-27 "修改 | 创建楼梯"选项卡和选项栏

3）在选项栏中设置定位线为"楼梯：中心"，"偏移"为"0"，"实际梯段宽度"为 1150，并勾选"自动平台"复选框。

4）单击"构件"面板中的"梯段"按钮和"直梯"按钮（默认状态下，系统会激活这两个按钮），绘制楼梯路径，如图 9-28 所示。默认情况下，在创建梯段时会自动创建栏杆扶手。

5）在"属性"选项板中选择"现场浇注楼梯-整体式楼梯"类型，设置"底部标高"为"F1 0.000"，"底部偏移"为"-30"，"顶部标高"为"F2 3000"，"顶部偏移"为"-30"，"所需踢面数"为"18"，"实际踏板深度"为"260"，其他采用默认设置，如图 9-29 所示。

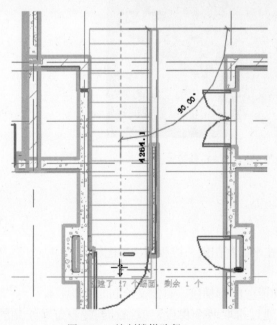

图 9-28 绘制楼梯路径

图 9-29 "属性"选项板

> 底部标高：设置楼梯的基面。
> 底部偏移：设置楼梯相对于底部标高的高度。
> 顶部标高：设置楼梯的顶部。
> 顶部偏移：设置楼梯相对于顶部标高的偏移量。
> 所需踢面数：踢面数是基于标高间的高度计算得出的。
> 实际踢面数：通常，此值与所需踢面数相同，但如果未向给定梯段完整添加正确的踢面数，则这两个值也可能不同。
> 实际踢面高度：显示实际踢面高度。
> 实际踏板深度：设置此值以修改踏板深度，而不必创建新的楼梯类型。

6）修改楼梯尺寸值，如图 9-30 所示。单击"模式"面板中的"完成编辑模式"按钮，将视图切换到三维视图，完成楼梯创建如图 9-31 所示。

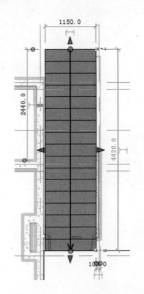

图 9-30　更改尺寸

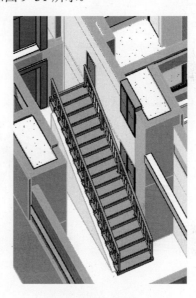

图 9-31　创建楼梯

7）将视图切换到 F1 0.000 层。

8）单击"建筑"选项卡"构建"面板中的"楼梯"按钮，打开"修改 | 创建楼梯"选项卡和选项栏，单击"构件"面板中的"平台"按钮 和"创建草图"按钮，打开"修改 | 创建楼梯>绘制平台"选项卡和选项栏，如图 9-32 所示。

图 9-32　"修改 | 创建楼梯>绘制平台"选项卡和选项栏

9）单击"绘制"面板中的"边界"按钮 和"矩形"按钮 ，绘制平台边界，如图 9-33 所示。单击"模式"面板中的"完成编辑模式"按钮，完成平台的创建，如

图 9-34 所示。

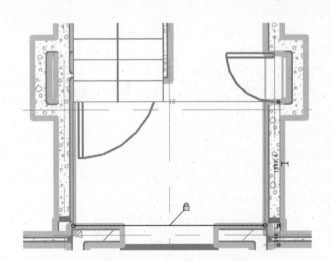

图 9-33　绘制边界　　　　　　　　　　　　　　图 9-34　绘制平台

10）选取沿墙的栏杆扶手直接删除，结果如图 9-35 所示。

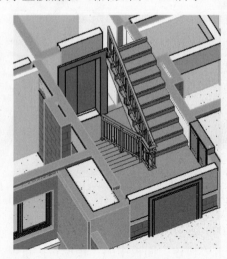

图 9-35　编辑栏杆

9.2.2　绘制全踏步螺旋梯

通过指定起点和半径创建螺旋梯段构件。可以使用"全台阶螺旋"梯段工具来创建大于 360°的螺旋梯段。

默认情况下，按逆时针方向创建螺旋梯段。

具体绘制步骤如下。

1）新建一项目文件。

2）单击"建筑"选项卡"构建"面板中的"楼梯"按钮 🖑，打开"修改 | 创建楼梯"选项卡和选项栏，在选项栏中设置定位线为"楼梯：中心"，"偏移"为"0"，"实际梯段宽

度"为"1500",并勾选"自动平台"复选框。

3）单击"构件"面板中的"梯段"按钮 和"全踏步螺旋"按钮 ，在绘图区域中指定螺旋梯段的中心点，移动光标以指定梯段的半径，如图 9-36 所示。在绘制时，将指示梯段边界和达到目标标高所需的完整台阶数。默认情况下，按逆时针方向创建梯段。

4）在"属性"选项板中选择"组合楼梯 190mm 最大踢面 250mm 梯段"类型，设置"底部标高"为"标高 1"，"底部偏移"为"0.0"，"顶部标高"为"标高 2"，"顶部偏移"为"0.0"，"所需踢面数"为"22"，"实际踏板深度"为"250"，结果如图 9-37 所示。

图 9-36 指定中心和半径

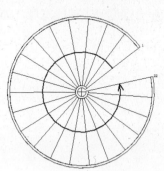

图 9-37 螺旋楼梯

5）单击"模式"面板中的"完成编辑模式"按钮 ，将视图切换到三维视图，结果如图 9-38 所示。

6）双击楼梯，激活"修改 | 创建楼梯"选项卡，单击"工具"面板中的"翻转"按钮 ，将楼梯的旋转方向从逆时针更改为顺时针，单击"模式"面板中的"完成编辑模式"按钮 ，结果如图 9-39 所示。

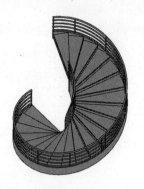

图 9-38 逆时针旋转楼梯

图 9-39 顺时针旋转楼梯

9.2.3 绘制圆心端点螺旋梯

通过指定梯段的中心点、起点和终点来创建螺旋楼梯梯段构件。使用"圆心-端点螺旋"梯段工具创建小于 360° 的螺旋梯段。

具体操作步骤如下。

1）打开楼梯文件，单击"建筑"选项卡"构建"面板"楼梯"按钮 ，打开"修

改|创建楼梯"选项卡和选项栏。

2）单击"构件"面板中的"梯段"按钮⑤和"圆心-端点螺旋"按钮⑦，在选项栏中设置定位线为"楼梯：中心"，"偏移"为"0"，"实际梯段宽度"为"1000"，并勾选"自动平台"复选框和"改变半径时保持同心"复选框。

3）在绘图区域中指定螺旋梯段的中心点，移动光标以指定梯段的半径，如图 9-40 所示。

4）单击确定第一个梯段终点，继续移动光标单击指定第二个梯段起点，此时系统自动创建平台，默认平台深度等于梯段宽度，如图 9-41 所示。

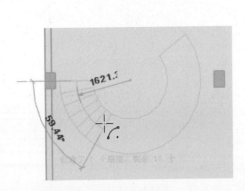

图 9-40　指定中心和半径

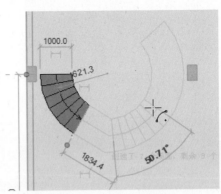

图 9-41　确定第一梯段终点

5）继续移动光标，单击以指定终点，结果如图 9-42 所示。

6）在"属性"选项板中选择"现场浇注楼梯 整体浇筑楼梯"类型，设置"底部标高"为"标高 1"，"底部偏移"为"0.0"，"顶部标高"为"标高 2"，"顶部偏移"为"0.0"，"所需踢面数"为"22"，"实际踏板深度"为"280"，如图 9-43 所示。

7）单击"模式"面板中的"完成编辑模式"按钮✓，将视图切换到三维视图，如图 9-44 所示。

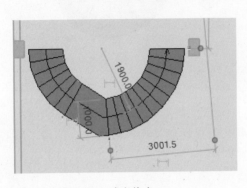

图 9-42　确定终点

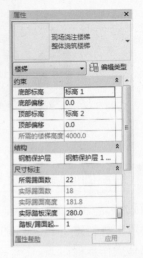

图 9-43　"属性"选项板

8）双击楼梯，打开"修改|创建楼梯"选项卡，对楼梯进行编辑，选取平台上的造型操纵柄，调整平台形状，并移动楼梯的位置，结果如图9-45所示。

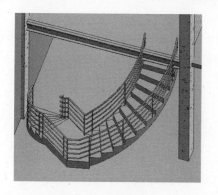

图9-44 绘制楼梯

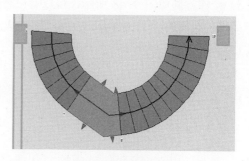

图9-45 编辑楼梯

9）单击"模式"面板中的"完成编辑模式"按钮 ✓，将视图切换到三维视图，如图9-46所示。

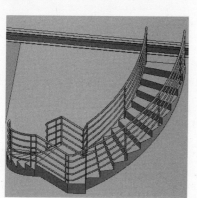

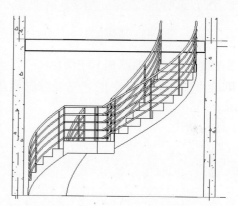

图9-46 螺旋楼梯

9.2.4 绘制 L 形转角梯

通过指定梯段的较低端点创建 L 形斜踏步梯段构件。斜踏步梯段将自动连接底部和顶部立面。

具体操作步骤如下。

1）打开楼梯文件，将视图切换标高1平面图。

2）单击"建筑"选项卡"构建"面板"楼梯"按钮 ✍，打开"修改|创建楼梯"选项卡和选项栏。

3）在"属性"选项板中选择"现场浇注楼梯 整体浇筑楼梯"类型，设置"底部标高"为"标高 1"，"底部偏移"为"0.0"，"顶部标高"为"标高 2"，"顶部偏移"为"0.0"，"所需踢面数"为"15"，"实际踏板深度"为"280"，如图 9-47 所示。

图9-47 "属性"选项板

4）单击"构件"面板中的"梯段"按钮 和"L 形转角"按钮 ，在选项栏中设置定位线为"楼梯：中心"，"偏移"为"0"，"实际梯段宽度"为"1000"，并勾选"自动平台"复选框。

5）楼梯方向如图 9-48 所示，可以看出楼梯方向不符合要求。按空格键可旋转斜踏步梯段的形状，以便梯段朝向所需的方向，如图 9-49 所示。

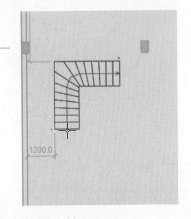

图 9-48　楼梯方向

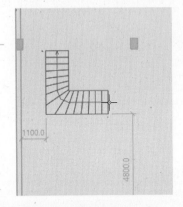

图 9-49　更改楼梯方向

6）单击放置楼梯，如图 9-50 所示。

7）单击"模式"面板中的"完成编辑模式"按钮 ，将视图切换到三维视图，如图 9-51 所示。

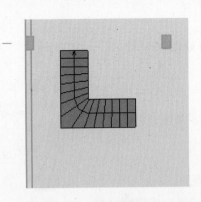

图 9-50　放置楼梯

图 9-51　L 形转角楼梯

提示：

　　如果相对于墙或其他图元定位梯段，将光标靠近墙，斜踏步楼梯会捕捉到相对于墙的位置。

8）单击"修改"选项卡"修改"面板中的"对齐"按钮 ，先选择楼板的端面，然后选择楼梯最后一个台阶的端面，如图 9-52 所示，使楼梯和楼板对齐，如图 9-53 所示。

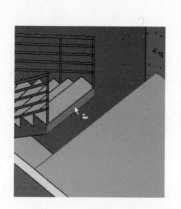

图 9-52 选择对齐面

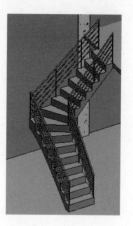

图 9-53 对齐楼梯

9.2.5 绘制 U 形转角梯

通过指定梯段的较低端点创建 U 形斜踏步梯段。斜踏步梯段将自动连接底部和顶部立面。

具体操作步骤如下。

1）打开楼梯文件，将视图切换标高 1 平面图。

2）单击"建筑"选项卡"构建"面板中的"楼梯"按钮，打开"修改 | 创建楼梯"选项卡和选项栏。

3）在"属性"选项板中选择"现场浇注楼梯 整体浇筑楼梯"类型，设置"底部标高"为"标高 1"，"底部偏移"为"0.0"，"顶部标高"为"标高 2"，"顶部偏移"为"0.0"，"所需踢面数"为"22"，"实际踏板深度"为"280"，如图 9-54 所示。

4）单击"构件"面板中的"梯段"按钮和"U 形转角"按钮，在选项栏中设置定位线为"楼梯：中心"，"偏移"为"0"，"实际梯段宽度"为"1000"，并勾选"自动平台"复选框。

图 9-54 "属性"选项板

5）楼梯方向如图 9-55 所示，可以看出楼梯方向不符合要求。按空格键可旋转斜踏步梯段的形状，以便梯段朝向所需的方向，如图 9-56 所示。

6）移动鼠标将楼梯放置到适当位置，单击放置楼梯，如图 9-57 所示。

7）单击"模式"面板中的"完成编辑模式"按钮，将视图切换到三维视图，如图 9-58 所示。

提示：

如果相对于墙或其他图元定位梯段，将光标靠近墙，斜踏步楼梯会捕捉到相对于墙的位置。

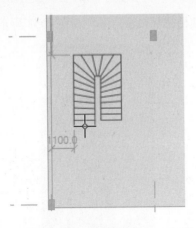

图 9-55　楼梯方向

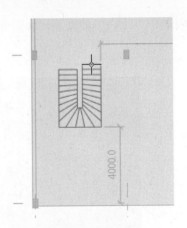

图 9-56　更改楼梯方向

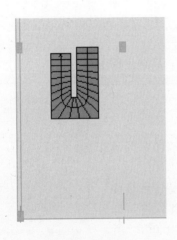

图 9-57　放置楼梯

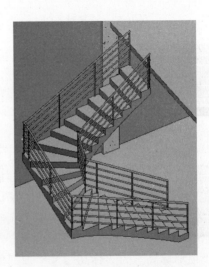

图 9-58　U 形转角楼梯

8）单击"修改"选项卡"修改"面板中的"对齐"按钮 ，先选择楼板的端面，然后选择楼梯最后一个台阶的端面（图 9-59）并锁定，使楼梯和楼板对齐，如图 9-60 所示。

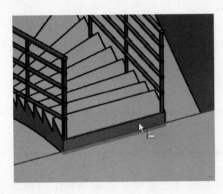

图 9-59　选择对齐面

图 9-60　对齐楼梯

9.2.6 绘制自定义楼梯

在创建楼梯构件时,通过绘制边界和踢面来创建自定义形状的梯段构件。可以通过绘制边界和踢面来定义自定义梯段,而不是让 Revit 自动计算楼梯梯段。

> **注意:**
>
> 通过绘制创建构件时,构件之间不会像使用常用的构件工具创建楼梯构件时那样自动彼此相关。例如,如果绘制梯段和平台构件,然后更改梯段的宽度,则平台形状不会自动更改。绘制的构件必须手动更新。

具体绘制步骤如下。

1)打开楼梯文件,将视图切换为"标高1"平面图。

2)单击"建筑"选项卡"构建"面板中的"楼梯"按钮🗒️,打开"修改|创建楼梯"选项卡和选项栏。单击"工具"面板中的"栏杆扶手"按钮🗒️,打开"栏杆扶手"对话框,选择"踏板"为栏杆的放置位置,如图 9-61 所示。单击"确定"按钮,为楼梯梯段创建的栏杆扶手的类型。

图 9-61 "栏杆扶手"对话框

3)单击"构件"面板中的"梯段"按钮🗒️和"创建草图"按钮✍️,打开"修改|创建楼梯>绘制梯段"选项卡,如图 9-62 所示。

图 9-62 "修改|创建楼梯>绘制梯段"选项卡

4)单击"绘制"面板中的"边界"按钮🗒️和"线"按钮✏️,绘制左右边界。

> **提示:**
>
> 请勿将左右边界线相互连接。可以将其绘制为单条线或多段线(例如,多段直线和弧线连接在一起)。
>
> 连接左、右边界之间的踢面线。
>
> 如果踢面线延伸到边界之外,创建梯段时会对踢面线进行修剪。
>
> 绘制的楼梯路径必须始于第一条踢面线,而结束于最后一条踢面线。不能延伸到第一条

或最后一条踢面线之外。

9.2.7 实例——创建别墅楼梯

接 9.1.3 实例继续创建别墅。

1）将视图切换到 1F 楼层平面图。

2）单击"建筑"选项卡"构建"面板"楼板" 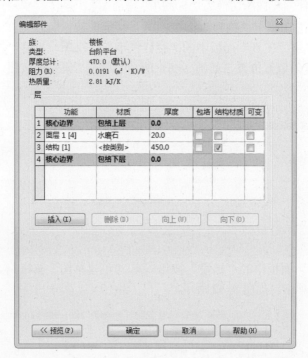 下拉列表框中的"楼板：结构"按钮，打开"修改 | 创建楼层边界"选项卡和选项栏。

3）在"属性"选项板中选择"楼板 常规 300mm"类型，单击"编辑类型"按钮，打开"类型属性"对话框，新建"台阶平台"类型，单击"结构"栏中的"编辑"按钮，打开"编辑部件"对话框，设置图 9-63 所示的参数，单击"确定"按钮。

图 9-63　参数设置（1）

4）单击"绘制"面板中的"边界线"按钮和"矩形"按钮，绘制图 9-64 所示的边界。

5）单击"模式"面板中的"完成编辑模式"按钮，完成平台的绘制。

6）单击"建筑"选项卡"构建"面板中的"楼梯"按钮，打开"修改 | 创建楼梯"选项卡和选项栏。

7）单击"工具"面板中的"栏杆扶手"按钮，打开"栏杆扶手"对话框，在类型下拉列表框中选择"无"，如图 9-65 所示，单击"确定"按钮。

8）在选项栏中设置定位线为"梯段：中心"，"偏移"为"0"，"实际梯段宽度"为"3360"，并勾选"自动平台"复选框。

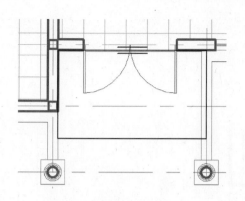

图 9-64 绘制平台边界

图 9-65 "栏杆扶手"对话框（1）

9）在"属性"选项板中选择"现场浇注楼梯 整体浇筑楼梯"类型，单击"编辑类型"按钮，打开"类型属性"对话框，新建"整体浇筑楼梯 2"类型，设置"最大踢面高度"为"166"，"最小踏板深度"为"280"，"最小梯段宽度"为"1070"，其他采用默认设置，如图 9-66 所示。单击"确定"按钮。

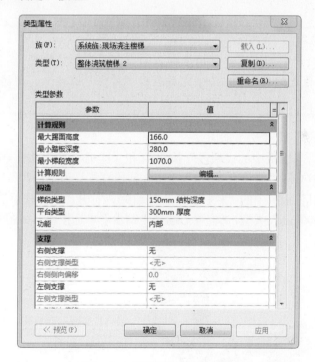

图 9-66 "类型属性"对话框

10）在"属性"选项板中设置"底部标高"为"1F"，"底部偏移"为"-470"，"顶部标高"为"2F"，"所需踢面数"为"26"，其他采用默认设置，如图 9-67 所示。

11）单击"构件"面板中的"梯段"按钮和"直梯"按钮（默认状态下，系统会激活这两个按钮），绘制楼梯路径，如图 9-68 所示。

12）单击"模式"面板中的"完成编辑模式"按钮，完成楼梯绘制，将视图切换至三维视图，如图 9-69 所示。

<table>
<tr><td colspan="2">属性 ✕</td></tr>
<tr><td colspan="2">现场浇注楼梯
整体浇筑楼梯 2</td></tr>
<tr><td colspan="2">楼梯 ▾   📇 编辑类型</td></tr>
<tr><td colspan="2">约束 ✕</td></tr>
<tr><td>底部标高</td><td>1F</td></tr>
<tr><td>底部偏移</td><td>-470.0</td></tr>
<tr><td>顶部标高</td><td>2F</td></tr>
<tr><td>顶部偏移</td><td>0.0</td></tr>
<tr><td>所需的楼梯高度</td><td>4070.0</td></tr>
<tr><td colspan="2">结构</td></tr>
<tr><td>钢筋保护层</td><td>钢筋保护层 1…</td></tr>
<tr><td colspan="2">尺寸标注 ✕</td></tr>
<tr><td>所需踢面数</td><td>26</td></tr>
<tr><td>实际踢面数</td><td>1</td></tr>
<tr><td>实际踢面高度</td><td>156.5</td></tr>
<tr><td>实际踏板深度</td><td>280.0</td></tr>
<tr><td>踏板/踢面起…</td><td>1</td></tr>
<tr><td>属性帮助</td><td>应用</td></tr>
</table>

图 9-67 "属性"选项板

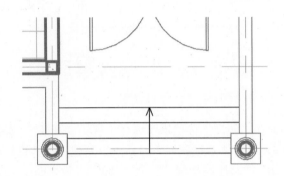

图 9-68 绘制楼梯路径

提示:

为了保证楼梯与平台相连可以捕捉平台上的点向下绘制楼梯路径,然后单击"翻转"工具🔁来调整楼梯的走向,也可以绘制完成后用"对齐"工具🔲,将楼梯端面与平台端面对齐。

---

13)将视图切换到 1F 楼层平面图。

14)单击"构件"面板中的"梯段"按钮🔘和"U 形转角"按钮🔛,在选项栏中设置定位线为"梯段:中心","偏移"为"0","实际梯段宽度"为"1070"。

15)单击"工具"面板中的"栏杆扶手"按钮🔲,打开"栏杆扶手"对话框,在类型下拉列表框中选择"900mm"类型,"位置"选择"踏步"单选按钮,如图 9-70 所示。

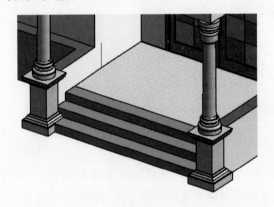

图 9-69 绘制楼梯

图 9-70 "栏杆扶手"对话框(2)

16)将楼梯放置到图中适当位置,移动调整位置。

17)在"属性"选项板中选择"现场浇注楼梯 整体浇筑楼梯 2"类型,设置"底部标高"为"1F","顶部标高"为"2F","所需踢面数"为"19","实际踏板深度"为"300",如图 9-71 所示。

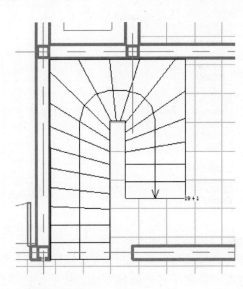

图 9-71 参数设置（2）

18）单击"模式"面板中的"完成编辑模式"按钮✔，完成楼梯绘制。

19）双击栏杆扶手，删除挨着墙的扶手栏杆路径，如图 9-72 所示。单击"模式"面板中的"完成编辑模式"按钮✔，完成栏杆扶手的编辑。

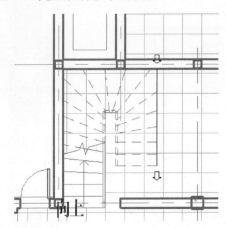

图 9-72 删除扶手栏杆路径（1）

20）将视图切换到 2F 楼层平面图。

21）单击"构件"面板中的"梯段"按钮和"U 形转角"按钮，将楼梯放置到图中适当位置，移动调整位置。

22）在"属性"选项板中选择"现场浇注楼梯 整体浇筑楼梯 2"类型，设置"底部标高"为"2F","顶部标高"为"3F","所需踢面数"为"18","实际踏板深度"为"315",如图 9-73 所示。

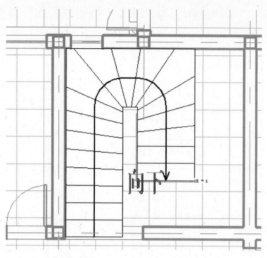

图 9-73　参数设置（3）

23）单击"模式"面板中的"完成编辑模式"按钮✔️，完成楼梯绘制。

24）双击栏杆扶手，删除挨着墙的扶手栏杆路径，如图 9-74 所示。单击"模式"面板中的"完成编辑模式"按钮✔️，完成栏杆扶手的编辑。

25）将视图切换至三维视图，在"属性"选项板中勾选"剖面框"复选框，调整剖面框的位置，观察楼梯，如图 9-75 所示。

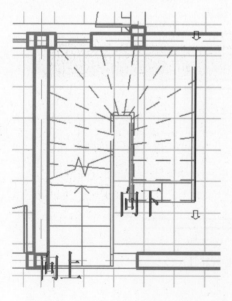

图 9-74　删除扶手栏杆路径（2）　　　　　图 9-75　楼梯

9.3　洞口

使用"洞口"工具可以在墙、楼板、天花板、屋顶、结构梁、支撑和结构柱上剪切洞口。

9.3.1 面洞口

使用"面洞口"工具在楼板、屋顶或天花板上剪切竖直洞口。

具体绘制步骤如下。

1）打开 8.3.1 节绘制的文件，单击"建筑"选项卡"洞口"面板中的"按面"按钮，在楼板、天花板或屋顶中选择一个面，如图 9-76 所示。

2）打开"修改 | 创建洞口边界"选项卡和选项栏，如图 9-77 所示。

图 9-76 选取屋顶面

图 9-77 "修改 | 创建洞口边界"选项卡和选项栏

3）单击"绘制"面板中的"圆形"按钮，在屋顶上绘制一个半径为 1400mm 的圆，如图 9-78 所示。也可以利用其他绘制工具绘制任意形状的洞口。

4）单击"模式"面板中的"完成编辑模式"按钮，完成面洞口的绘制，如图 9-79 所示。

图 9-78 绘制圆

图 9-79 面洞口

9.3.2 垂直洞口

使用"垂直洞口"工具在楼板、屋顶或天花板上剪切垂直洞口。

具体绘制步骤如下。

1）打开 8.3.1 节绘制的文件，单击"建筑"选项卡"洞口"面板中的"垂直洞口"按钮，选择屋顶，如图 9-80 所示。

2）打开"修改 | 创建洞口边界"选项卡和选项栏，如图 9-81 所示。

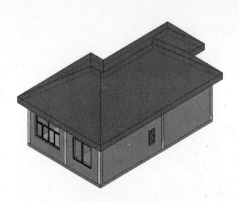

图 9-80　选取屋顶

图 9-81　"修改 | 创建洞口边界"选项卡和选项栏

3）单击"绘制"面板中的"圆形"按钮◯，在屋顶上绘制一个半径为 1400mm 的圆，如图 9-82 所示。也可以利用其他绘制工具绘制任意形状的洞口。

4）单击"模式"面板中的"完成编辑模式"按钮✓，完成垂直洞口的绘制，如图 9-83 所示。

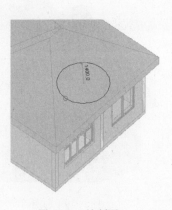

图 9-82　绘制圆

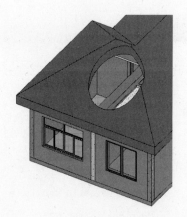

图 9-83　垂直洞口

> **注意：**
> "面洞口"和"垂直洞口"的绘制区别。

9.3.3　竖井洞口

使用"竖井"工具可以放置跨越整个建筑高度（或者跨越选定标高）的洞口，洞口同时贯穿屋顶、楼板或天花板的表面。

具体绘制步骤如下。

1）打开竖井洞口文件，如图9-84所示。

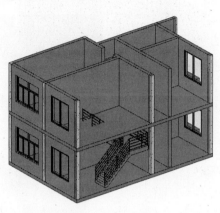

图9-84　源文件

2）单击"建筑"选项卡"洞口"面板中的"竖井"按钮，打开"修改|创建竖井洞口草图"选项卡和选项栏，如图9-85所示。

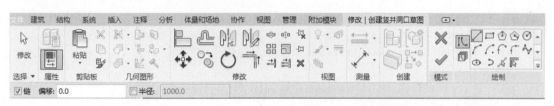

图9-85　"修改|创建竖井洞口草图"选项卡和选项栏

3）单击"绘制"面板中的"边界线"按钮和"矩形"按钮，将视图切换到上视图，绘制图9-86所示的边界线。

4）在"属性"选项板中设置底部约束为"标高1"，"底部偏移"为"0"，"顶部约束"为"直到标高：标高3"，"顶部偏移"为"0"，其他采用默认设置，如图9-87所示。

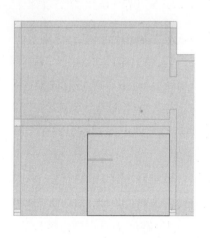

图9-86　绘制边界线

➤ 底部约束：洞口的底部标高。

➤ 底部偏移：洞口距洞底定位标高的高度。

➤ 顶部约束：用于约束洞口顶部的标高。如果未定义墙顶定位标高，则洞口高度会在"无连接高度"中指定的值。

➤ 顶部偏移：洞口距顶部标高的偏移。

➤ 无连接高度：如果未定义"顶部约束"，则会使用洞口的高度（从洞底向上测量）。

➤ 创建的阶段：指示主体图元的创建阶段。

➤ 拆除的阶段：指示主体图元的拆除阶段。

5）单击"模式"面板中的"完成编辑模式"按钮✔，完成竖井洞口的绘制，如图 9-88 所示。

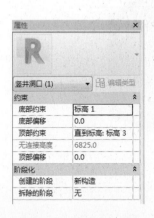

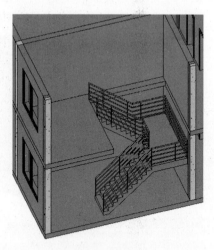

图 9-87 "属性"选项板   图 9-88 竖井洞口

9.3.4 墙洞口

使用"墙洞口"工具可以在直线墙或曲线墙上剪切矩形洞口。

具体操作步骤如下。

1）打开 8.3.1 节绘制的文件，将视图切换到东立面图，如图 9-89 所示。

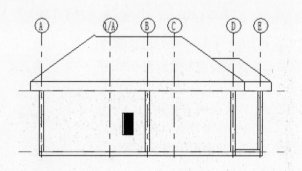

图 9-89 东立面图

2）单击"建筑"选项卡"洞口"面板中的"墙洞口"按钮，选择要创建洞口的墙，如图 9-90 所示。

3）在墙上单击确定矩形的起点，然后移动鼠标到适当位置单击确定矩形对角点，绘制一个矩形洞口，如图 9-91 所示。

4）将视图切换到三维视图，结果如图 9-92 所示。

5）双击洞口，可以使用拖曳控制柄修改洞口的尺寸和位置。也可以将洞口拖曳到同一面墙上的新位置，然后为洞口添加尺寸标注，如图 9-93 所示。

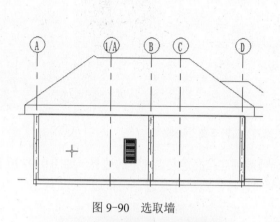

图 9-90　选取墙

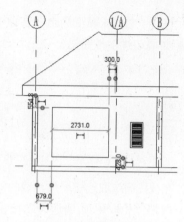

图 9-91　绘制矩形洞口

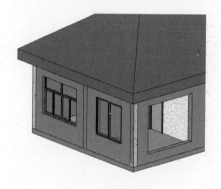

图 9-92　三维视图

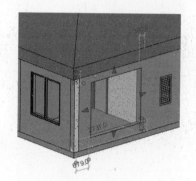

图 9-93　编辑洞口

9.3.5　老虎窗洞口

在添加老虎窗后，为其剪切一个穿过屋顶的洞口。

1）打开老虎窗文件，如图 9-94 所示。

2）单击"建筑"选项卡"洞口"面板中的"老虎窗洞口"按钮，在视图中选择大屋顶作为要被老虎窗剪切的屋顶，如图 9-95 所示。

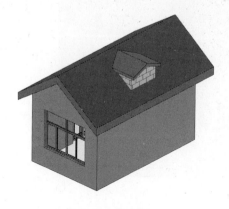

图 9-94　老虎窗

图 9-95　选取大屋顶

3）打开"修改 | 编辑草图"选项卡，如图 9-96 所示。系统默认单击"拾取"面板中的"拾取屋顶/墙边缘"按钮。

图 9-96 "修改 | 编辑草图"选项卡

4）在视图中选取连接屋顶、墙的侧面或屋顶连接面定义老虎窗的边界，如图 9-97 所示。

5）取消"拾取屋顶/墙边缘"按钮的选择，然后选取边界调整边界线的长度，使其成闭合区域，如图 9-98 所示。

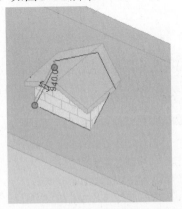
图 9-97 提取边界

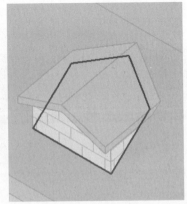
图 9-98 老虎窗边界

6）单击"模式"面板中的"完成编辑模式"按钮，完成老虎窗洞口的创建，如图 9-99 所示。

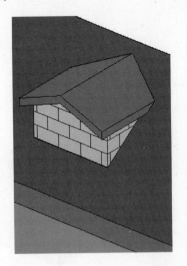

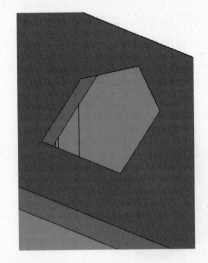

图 9-99 老虎窗洞口

9.3.6 实例——创建别墅楼梯洞口

接 9.2.7 实例继续创建别墅。

1）将视图切换至 1F 楼层平面。

2）单击"建筑"选项卡"洞口"面板中的"竖井"按钮 ⊞，打开"修改 | 创建竖井洞口草图"选项卡和选项栏。

3）单击"绘制"面板中的"边界线"按钮 和"线"按钮 ，绘制图 9-100 所示的边界线。单击"模式"面板中的"完成编辑模式"按钮 ，完成洞口边界的绘制。

4）在"属性"选项板中设置"底部约束"为"1F"，"顶部约束"为"直到标高：3F"，其他采用默认设置，如图 9-101 所示。

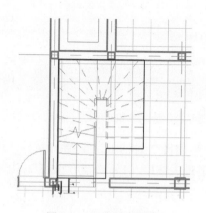

图 9-100 绘制边界线

图 9-101 设置参数

5）将视图切换至三维视图，观察图形，如图 9-102 所示。

6）将视图切换至北立面图。

7）单击"建筑"选项卡"洞口"面板中的"墙洞口"按钮 ，在车库位置绘制矩形作为洞口，取消绘制后，双击临时尺寸修改尺寸，如图 9-103 所示。

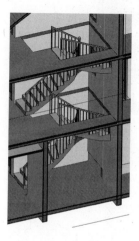

图 9-102 创建洞口

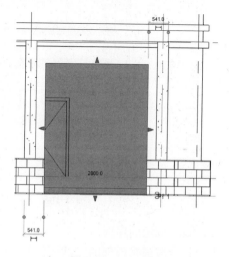

图 9-103 绘制洞口

9.4 坡道

可使用与绘制楼梯所用的相同工具和程序来绘制坡道。

9.4.1 创建坡道

在平面视图或三维视图绘制一段坡道或绘制边界线来创建坡道。

具体创建步骤如下。

1）打开坡道文件，将视图切换到"楼层平面：sate"。

2）单击"建筑"选项卡"构建"面板中的"坡道"按钮⌀，打开"修改 | 创建坡道草图"选项卡和选项栏，如图 9-104 所示。

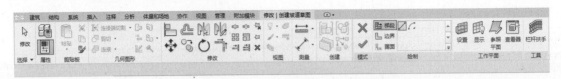

图 9-104 "修改 | 创建坡道草图"选项卡和选项栏

3）单击"编辑类型"按钮🔲，打开"类型属性"对话框，新建"室外"坡道，设置"造型"为"实体"，"功能"为"外部"，"坡道最大坡度（1/x）"为"15.5"，其他采用默认设置，如图 9-105 所示。

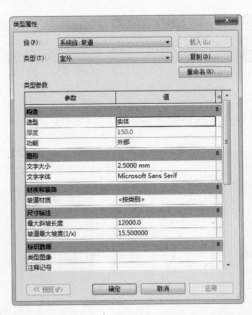

图 9-105 "类型属性"对话框

- ➤ 厚度：设置坡道的厚度。
- ➤ 功能：指示坡道是内部的（默认值）还是外部的。
- ➤ 文字大小：坡道向上文字和向下文字的字体大小。

➤ 文字字体：坡道向上文字和向下文字的字体。

➤ 坡道材质：为渲染而应用于坡道表面的材质。

➤ 最大斜坡长度：指定要求平台前坡道中连续踢面高度的最大数量。

4）单击"工具"面板中的"栏杆扶手"按钮，打开"栏杆扶手"对话框，选择"无"选项，如图9-106所示。

5）单击"绘制"面板中的"梯段"按钮和"线"按钮，绘制长度为5000mm的梯段，如图9-107所示。

图9-106　"栏杆扶手"对话框

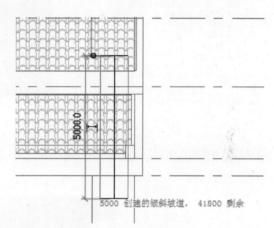

图9-107　绘制梯段

注意：

起始位置和终止位置。

6）在"属性"选项板中设置"底部标高"为"sate"，"底部偏移"为"40"，"顶部标高"为"GROUND FLOOR LEVEL"，"顶部偏移"为"0"，"宽度"为"1505"，单击"应用"按钮，如图9-108所示。

➤ 底部标高：设置坡道的基准。

➤ 底部偏移：设置距其底部标高的坡道高度。

➤ 顶部标高：设置坡道的顶。

➤ 顶部偏移：设置距顶部标高的坡道偏移。

➤ 多层顶部标高：设置多层建筑中的坡道顶部。

➤ 文字（向上）：指定向上文字。

➤ 文字（向下）：指定向下文字。

➤ 向上标签：指示是否显示向上文字。

➤ 向下标签：指示是否显示向下文字。

➤ 在所有视图中显示向上箭头：指示是否在所有视图中显示向上箭头。

➤ 宽度：坡道的宽度。

7）单击"修改"选项卡"修改"面板中的"对齐"按钮，先选择台阶端面，然后选择坡道端面，并锁定。采用相同的方法，使坡道侧面与台阶侧面对齐，结果如图9-109所示。

图 9-108 "属性"选项板

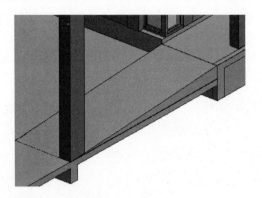

图 9-109 对齐坡道

8）采用相同的方法，创建另一侧的坡道，也可以利用"镜像"命令 来创建，如图 9-110 所示。

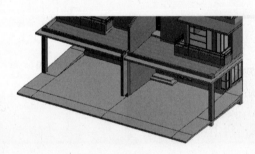

图 9-110 创建另一侧坡道

9.4.2 实例——创建别墅坡道

接 9.3.6 实例继续创建别墅。

1）将视图切换到 1F 楼层平面。

2）单击"建筑"选项卡"构建"面板中的"坡道"按钮 ，打开"修改 | 创建坡道草图"选项卡和选项栏。

3）单击"工具"面板中的"栏杆扶手"按钮 ，打开"栏杆扶手"对话框，在类型下拉列表框中选择"无"。

4）在"属性"选项板中设置"底部标高"为"1F"，"底部偏移"为"-470"，"顶部标高"为"1F"，"顶部偏移"为"0"，"宽度"为"2800"，单击"应用"按钮，如图 9-111 所示。

5）单击"编辑类型"按钮 ，打开"类型属性"对话框，设置"造型"为"实体"，"功能"为"外部"，"最大斜坡长度"为"3000"，"坡道最大坡度（1/x）"为"8"，其他采用默认设置，如图 9-112 所示，单击"确定"按钮。

图 9-111 "属性"选项板

图 9-112 "类型属性"对话框

6）单击"绘制"面板中的"梯段"按钮 ⊞ 和"线"按钮 ☑，绘制坡道草图并修改尺寸，如图 9-113 所示。单击"模式"面板中的"完成编辑模式"按钮 ✔，完成坡道绘制。

7）单击"修改"选项卡"修改"面板中的"对齐"按钮 ⊟，先选择台阶端面，然后选择坡道端面，并锁定，结果如图 9-114 所示。

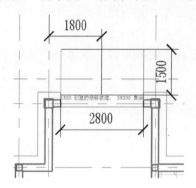

图 9-113 绘制坡道草图

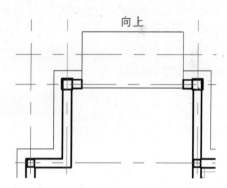

图 9-114 对齐坡道

第 10 章　场　　地

 知识导引

　　一般来说，场地设计是为满足一个建设项目的要求，在基地现状条件和相关的法规、规范的基础上，组织场地中各构成要素之间关系的活动。其根本目的是通过设计使场地中的各要素，尤其是建筑物与其他要素能形成一个有机整体，以发挥效用，并使基地的利用能够达到最佳状态，以充分发挥用地效益，节约土地，减少浪费。

10.1　场地设计

　　绘制一个地形表面，然后添加建筑红线、建筑地坪以及停车场和场地构件。

10.1.1　场地设置

　　可以定义等高线间隔、添加用户定义的等高线、选择剖面填充样式、基础土层高程和角度显示等项目全局场地设置。

　　单击"体量和场地"选项卡"场地建模"面板中的"场地设置"按钮 ↘，打开"场地设置"对话框，如图 10-1 所示。

图 10-1　"场地设置"对话框

1. 显示等高线

➢ 间隔：设置等高线间的间隔。

- 经过高程：等高线间隔是根据这个值来确定的。例如，如果将等高线间隔设置为10，则等高线将显示在-20、-10、0、10、20 的位置。如果将"经过高程"值设置为5，则等高线将显示在-25、-15、-5、5、15、25 的位置。
- "附加等高线"列表：
  - 开始：设置附加等高线开始显示的高程。
  - 停止：设置附加等高线不再显示的高程。
  - 增量：设置附加等高线的间隔。
  - 范围类型：选择"单一值"可以插入一条附加等高线。选择"多值"可以插入增量附加等高线。
  - 子类别：设置将显示的等高线类型。包括次等高线、三角形边缘、主等高线、隐藏线四种类型。
- 插入：单击此按钮，插入一条新的附加等高线。
- 删除：选中附加等高线，单击此按钮，删除选中的等高线。

2．剖面图形

- 剖面填充样式：设置在剖面视图中显示的材质。单击按钮，打开"材质浏览器"对话框，设置剖面填充样式。
- 基础土层高程：控制着土壤横断面的深度（例如-30ft 或-25m）。该值控制项目中全部地形图元的土层深度。

3．属性数据

- 角度显示：指定建筑红线标记上角度值的显示。
- 单位：指定在显示建筑红线表中的方向值时要使用的单位。

10.1.2 地形表面

"地形表面"工具使用点或导入的数据来定义地形表面。可以在三维视图或场地平面中创建地形表面。

1．通过放置点创建地形

在绘图区域中放置点来创建地形表面。

具体创建步骤如下。

1）新建一项目文件。

2）将视图切换到场地平面。

3）单击"体量和场地"选项卡"场地建模"面板中的"地形表面"按钮，打开"修改 | 编辑表面"选项卡和选项栏，如图 10-2 所示。

图 10-2 "修改 | 编辑表面"选项卡和选项栏

- 绝对高程：点显示在指定的高程处（从项目基点）。

> 相对于表面：通过该选项，可以将点放置在现有地形表面上的指定高程处，从而编辑现有地形表面。要使该选项的使用效果更明显，需要在着色的三维视图中工作。

4）系统默认激活"放置点"按钮 ，在选项栏中输入高程值。

5）在绘图区域中单击以放置点。如果需要，在放置其他点时可以修改选项栏上的高程，如图 10-3 所示。

6）单击"表面"面板中的"完成表面"按钮 ✔，完成地形的插件，将视图切换到三维视图，结果如图 10-4 所示。

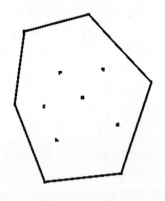

图 10-3　放置点　　　　　　　　　　　　　图 10-4　创建场地

2. 通过导入等高线创建地形

根据从 DWG、DXF 或 DGN 文件导入的三维等高线数据自动生成地形表面。Revit 会分析数据并沿等高线放置一系列高程点。

导入等高线数据时，须遵循以下要求。

> 导入的 CAD 文件必须包含三维信息。
> 在要导入的 CAD 文件中，必须将每条等高线放置在正确的"Z"值位置。
> 将 CAD 文件导入 Revit 时，请勿选择"定向到视图"选项。

具体绘制过程如下。

1）新建一项目文件。

2）将视图切换到场地平面。

3）单击"插入"选项卡"导入"面板中的"导入 CAD"按钮，打开"导入 CAD 格式"对话框，设置"导入单位"为"米"，取消勾选"定向到视图"复选框，其他采用默认设置，如图 10-5 所示。

4）单击"打开"按钮，导入的等高线如图 10-6 所示。

5）单击"体量和场地"选项卡"场地建模"面板中的"地形表面"按钮，打开"修改 | 编辑表面"选项卡和选项栏。

6）单击"工具"面板"通过导入创建"下拉列表框中的"选择导入实例"按钮，选择导入到等高线图，打开"从所选图层添加点"对话框，勾选有效的图层，如图 10-7 所示。

7）单击"确定"按钮，在图形上生成一系列的高程点，如图 10-8 所示。

8）单击"表面"面板中的"完成表面"按钮 ✔，将视图切换到三维视图，自动生成的地形表面，结果如图 10-9 所示。

图 10-5 "导入 CAD 格式"对话框

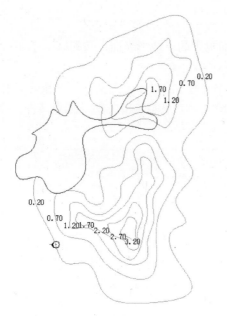

图 10-6 等高线

图 10-7 "从所选图层添加点"对话框

3．通过点文件创建地形

将点文件导入以在 Revit 模型中创建地形表面。点文件使用高程点的规则网格来提供等高线数据。

导入的点文件必须符合以下要求。

➢ 点文件必须使用逗号分隔的文件格式（可以是 CSV 或 TXT 文件）。

➢ 文件中必须包含 x、y 和 z 坐标值作为文件的第一个数值。

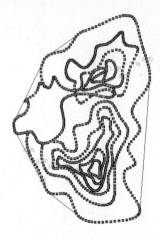

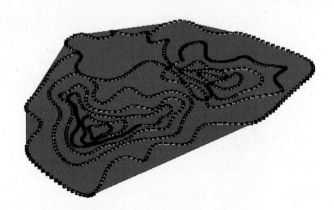

图 10-8　放置点　　　　　　　　　　　　　　图 10-9　创建场地

➢ 点的任何其他数值信息必须显示在 x、y 和 z 坐标值之后。

如果该文件中有两个点的 x 和 y 坐标值分别相等，Revit 会使用 z 坐标值最大的点。

具体绘制过程如下。

1）新建一项目文件。

2）将视图切换到场地平面。

3）单击"体量和场地"选项卡"场地建模"面板中的"地形表面"按钮，打开"修改 | 编辑表面"选项卡和选项栏。

4）单击"工具"面板"通过导入创建"下拉列表中的"指定点文件"按钮，打开"选择文件"对话框，选择 txt 文件类型，如图 10-10 所示，选取要导入的高程点文件"点文件"，单击"打开"按钮。

图 10-10　"选择文件"对话框

5）打开"格式"对话框，选择单位为"米"，如图 10-11 所示。

6）根据点文件生成图 10-12 所示的地形。

7）单击"表面"面板中的"完成表面"按钮，将视图切换到三维视图，自动生成地形表面，结果如图 10-13 所示。

图 10-11 放置点　　　　　　　　　　图 10-12 地形

图 10-13 创建地形表面

10.1.3 建筑地坪

通过在地形表面绘制闭合环，可以添加建筑地坪。在绘制地坪后，可以指定一个值来控制其距标高的高度偏移，还可以指定其他属性。可通过在建筑地坪的周长之内绘制闭合环来定义地坪中的洞口，还可以为该建筑地坪定义坡度。

具体绘制过程如下。

1）新建一项目文件，并将视图切换到场地平面，绘制一个场地地形，如图 10-14 所示；或者直接打开场地地形。

2）单击"体量和场地"选项卡"场地建模"面板中的"建筑地坪"按钮，打开"修改 | 创建建筑地坪边界"选项卡和选项栏，如图 10-15 所示。

3）单击"绘制"面板中的"边界线"按钮和"线"按钮（默认状态下，边界线按钮是启动状态），绘制闭合的建筑地坪边界线，如图 10-16 所示。

4）在"属性"选项板中设置"自标高的高度"为"-200"，其他采用默认设置，如图 10-17 所示。

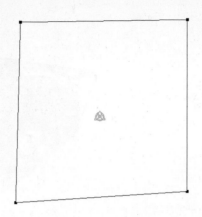

图 10-14　绘制场地地形

图 10-15　"修改|创建建筑地坪边界"选项卡和选项栏

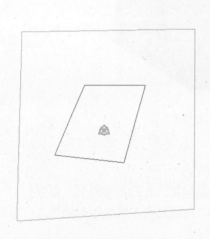

图 10-16　绘制地坪边界线

图 10-17　"属性"选项板

➤ 标高：设置建筑地坪的标高。

➤ 自标高的高度：指定建筑地坪偏移标高的正负距离。

➤ 房间边界：用于定义房间的范围。

5）还可以单击"编辑类型"按钮，打开图 10-18 所示的"类型属性"对话框，修改建筑地坪结构和指定图形设置。

➤ 结构：定义建筑地坪结构，单击"编辑"按钮，打开图 10-19 所示"编辑部件"对话框，通过将函数指定给部件中的每个层来修改建筑地坪的结构。

➤ 厚度：显示建筑地坪总厚度。

图 10-18 "类型属性"对话框　　　　　　图 10-19 "编辑部件"对话框

> 粗略比例填充样式：在粗略比例视图中设置建筑地坪的填充样式。
> 粗略比例填充颜色：在粗略比例视图中对建筑地坪的填充样式应用某种颜色。

6）单击"模式"面板中的"完成编辑模式"按钮 ✔，完成建筑地坪的创建，如图 10-20 所示。

7）将视图切换到三维视图，建筑地坪的最终效果如图 10-21 所示。

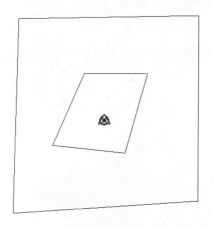

图 10-20 建筑地坪

图 10-21 三维建筑地坪

10.1.4 停车场构件

可以将停车位添加到地形表面中，并将地形表面定义为停车场构件的主体。

具体绘制步骤如下。

1）打开上节绘制的建筑地坪文件。

2）单击"体量和场地"选项卡"场地建模"面板中的"停车场构件"按钮，打开 "修改 | 停车场构件"选项卡和选项栏，如图 10-22 所示。

图 10-22 "修改 | 停车场构件"选项卡和选项栏

3）在"属性"选项板中选择"停车位 4800×2400mm-90 度"类型，其他采用默认设置，如图 10-23 所示。

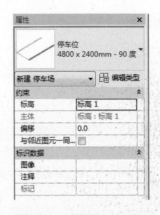

图 10-23 "属性"选项板

4）在地形表面上适当位置单击放置停车场构件，如图 10-24 所示。

5）将视图切换到三维视图，停车场构件最终效果图如图 10-25 所示。

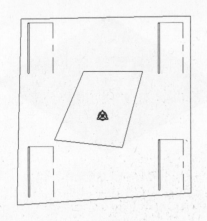

图 10-24 放置停车场构件

图 10-25 停车场构件最终效果

10.1.5 场地构件

可在场地平面中放置场地专用构件（如树、电线杆和消防栓）。

具体绘制过程如下。

1）打开上节绘制的建筑地坪文件。

2）单击"体量和场地"选项卡"场地建模"面板中的"场地构件"按钮，打开"修改|场地构件"选项卡和选项栏，如图 10-26 所示。

图 10-26 "修改|场地构件"选项卡和选项栏

3）在"属性"选项板中选择"RPC 树-落地树 杨叶桦-3.1 米"类型，其他采用默认设置，如图 10-27 所示。

4）在地形表面上适当位置单击放置场地构件，如图 10-28 所示。

5）在"属性"选项板中选择其他场地构件类型，将其放置到地形表面适当位置，如图 10-29 所示。

图 10-27 "属性"选项板

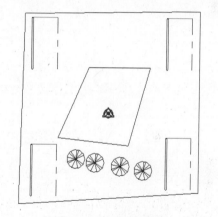

图 10-28 放置场地构件

6）将视图切换到三维视图，场地构件最终效果图如图 10-30 所示。

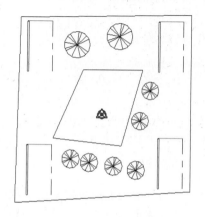

图 10-29 放置其他场地构件

图 10-30 场地构件最终效果

10.2 修改场地

在 Revit 中不仅可以对场地进行拆分和合并，还可以在场地上建立子面域和建筑红线。

10.2.1 拆分表面

可以将一个地形表面拆分为两个不同的表面，可以为这些表面指定不同的材质来表示公路、湖、广场或丘陵，也可以删除地形表面的一部分。

具体绘制步骤如下：

1）打开 10.1.2 节中创建的地形，如图 10-31 所示。

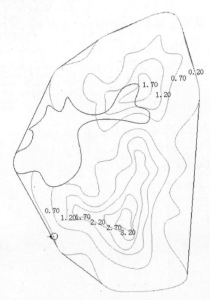

图 10-31 打开地形文件

2）单击"体量和场地"选项卡"修改场地"面板中的"拆分表面"按钮 ，在视图中选择要拆分的地形表面，系统进入草图模式。

3）打开"修改|拆分表面"选项卡和选项栏，如图 10-32 所示。

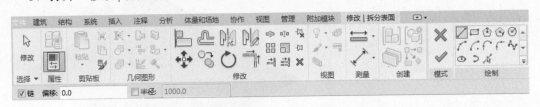

图 10-32 "修改|拆分表面"选项卡和选项栏

4）单击"绘制"面板中的"线"按钮 ，绘制一个不与任何表面边界接触的单独的闭合环，或绘制一个单独的开放环。开放环的两个端点都必须在表面边界上。开放环的任何部分都不能相交，也不能与表面边界重合，如图 10-33 所示。

5）单击"模式"面板中的"完成编辑模式"按钮✔，完成地形表面的拆分，如图 10-34 所示。

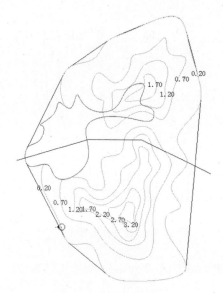

图 10-33　绘制拆分线

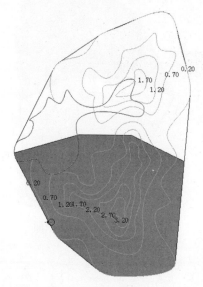

图 10-34　拆分地形

10.2.2　合并表面

可以将两个单独的地形表面合并为一个表面。此工具对于重新连接拆分表面非常有用。要合并的表面必须重叠或共享公共边。

具体绘制步骤如下。

1）打开上节绘制的拆分地形表面。

2）单击"体量和场地"选项卡"修改场地"面板中的"合并表面"按钮，在选项栏上取消勾选"删除公共边上的点"复选框。

删除公共边上的点：勾选此复选框，可删除表面被拆分后所被插入的多余点。默认状态下此选项处于选中状态。

3）选择一个要合并的地形表面，然后选择另一个地形表面，如图 10-35 所示。

4）系统自动将选择的两个地形表面合并成一个，如图 10-36 所示。

10.2.3　子面域

子面域定义可应用不同属性集（例如材质）的地形表面区域。例如，可以使用子面域在平整表面、道路或岛上绘制停车场。创建子面域不会生成单独的表面。

具体绘制过程如下。

1）打开 10.1.3 节绘制的建筑地坪文件。

2）单击"体量和场地"选项卡"修改场地"面板中的"子面域"按钮，打开"修改 | 创建子面域边界"选项卡和选项栏，如图 10-37 所示。

3）单击"绘制"面板中的"线"按钮，绘制建筑子面域边界线，如图 10-38 所示。

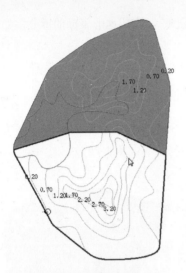

图 10-35　选取合并表面

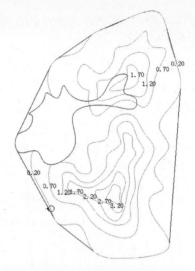

图 10-36　合并后的表面

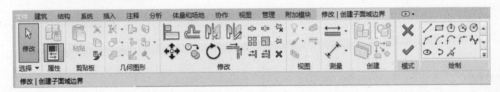

图 10-37　"修改 | 创建子面域边界"选项卡和选项栏

注意：

使用单个闭合环创建地形表面子面域。如果创建多个闭合环，则只有第一个环用于创建子面域；其余环将被忽略。

4）单击"模式"面板中的"完成编辑"按钮 ，完成子区域的创建，如图 10-39 所示。

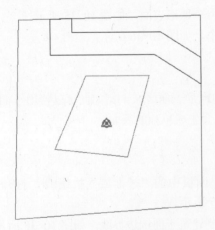

图 10-38　绘制子面域边界线

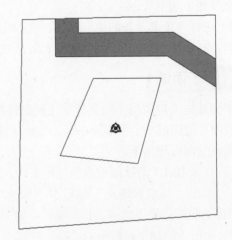

图 10-39　创建子面域

10.2.4 建筑红线

添加建筑红线的方法有：在场地平面中绘制或在项目中直接输入测量数据。

1. 直接绘制

具体绘制过程如下。

1）打开上节绘制的子面域文件。

2）单击"体量和场地"选项卡"修改场地"面板中的"建筑红线"按钮，弹出"创建建筑红线"询问对话框，如图10-40所示。

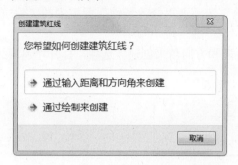

图 10-40 "创建建筑红线"询问对话框

3）单击"通过绘制来创建"选项，打开"修改 | 创建建筑红线草图"选项卡和选项栏，如图10-41所示。

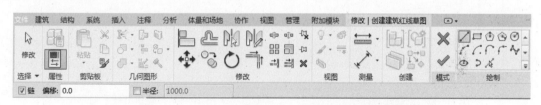

图 10-41 "修改 | 创建建筑红线草图"选项卡和选项栏

4）单击"绘制"面板中的"线"按钮，绘制建筑红线草图，如图10-42所示。

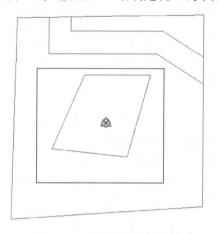

图 10-42 绘制建筑红线草图

> **注意：**
> 　　这些线应当形成一个闭合环。如果绘制一个开放环并单击"完成建筑红线"，Revit 会发出一条警告，说明无法计算面积。可以忽略该警告继续工作，或将环闭合。

　　5）单击"模式"面板中的"完成编辑"按钮✔️，完成建筑红线的创建，如图 10-43 所示。

2．通过角度和方向绘制

　　1）打开上节绘制的子面域文件。

　　2）单击"体量和场地"选项卡"修改场地"面板中的"建筑红线"按钮📐，打开"创建建筑红线"询问对话框。

　　3）单击"通过输入距离和方向角来创建"选项，打开"建筑红线"对话框，如图 10-44 所示。

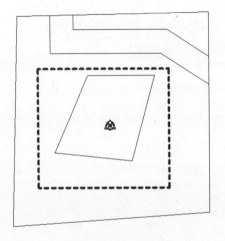

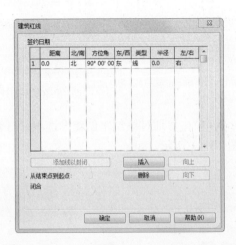

　　　　　　图 10-43　创建建筑红线　　　　　　　　　图 10-44　"建筑红线"对话框

　　4）单击"插入"按钮，从测量数据中添加距离和方向角。

　　5）也可以添加圆弧段为建筑红线，分别输入"距离"和"方向"的值，用于描绘弧上两点之间的线段，选取"弧"类型，并输入半径值，但是半径值必须大于线段长度的二分之一，半径越大，形成的圆越大，产生的弧也越平。

　　6）继续插入线段，可以单击"向上"或"向下"按钮，修改建筑红线的顺序。

　　7）将建筑红线放置到适当位置。

10.2.5　平整区域

　　平整地形表面区域、更改选定点处的高程，从而进一步制定场地设计。

　　若要创建平整区域，请选择一个地形表面，该地形表面应该为当前阶段中的一个现有表面。Revit 会将原始表面标记为已拆除并生成一个带有匹配边界的副本。Revit 会将此副本标记为在当前阶段新建的图元。

　　具体操作步骤如下。

　　1）打开前面绘制的地形表面文件。

2）单击"体量和场地"选项卡"修改场地"面板中的"平整区域"按钮 ，弹出"编辑平整区域"询问对话框，如图 10-45 所示。

3）这里选择"仅基于周界点新建地形表面"选项，打开"修改|编辑表面"选项卡，进入地形编辑环境。

4）选择地形表面，添加或删除点，修改点的高程或简化表面。

5）单击"表面"面板中的"完成表面"按钮 ✔，平整区域结果如图 10-46 所示。

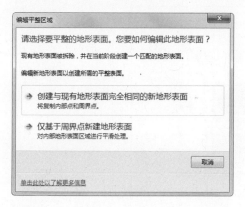

图 10-45　"编辑平整区域"询问对话框

图 10-46　平整区域

10.2.6　实例——创建别墅场地

接 9.4.2 实例继续创建别墅。

1）将视图切换至场地视图。

2）单击"建筑"选项卡"工作平面"面板中的"参照平面"按钮 📐，在别墅的四周绘制 4 个参照平面，平面距离外墙的距离 10m，如图 10-47 所示。

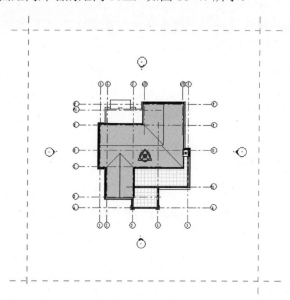

图 10-47　绘制参照面

3）单击"体量和场地"选项卡"场地建模"面板中的"地形表面"按钮，打开"修改 | 编辑表面"选项卡和选项栏。

4）在选项栏中选择"绝对高程"选项，输入高程为"-470"。

5）单击"放置点"按钮，在参考面的交点处放置点，结果如图 10-48 所示。单击"模式"面板中的"完成编辑模式"按钮，完成地形绘制。

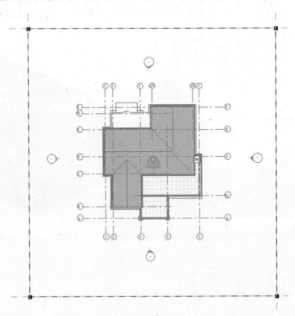

图 10-48　放置点

6）在"属性"选项板的材质栏中单击按钮，打开"材质浏览器"对话框，设置场地的材质为"草"。

7）单击"体量和场地"选项卡"修改场地"面板中的"子面域"按钮，打开"修改 | 创建子面域边界"选项卡和选项栏。

8）单击"绘制"面板中的"线"按钮和"样条曲线"按钮，绘制封闭的边界线，如图 10-49 所示。

9）在"属性"选项板的材质栏中单击按钮，打开"材质浏览器"对话框，设置道路的材质为"卵石"。

10）单击"模式"面板中的"完成编辑模式"按钮，完成小路的绘制。

11）单击"体量和场地"选项卡"修改场地"面板中的"子面域"按钮，打开"修改 | 创建子面域边界"选项卡和选项栏。

12）单击"绘制"面板中的"线"按钮和"圆角弧"按钮，绘制封闭的边界线，如图 10-50 所示。

13）在"属性"选项板的材质栏中单击按钮，打开"材质浏览器"对话框，设置道路的材质为"混凝土砂浆"。

14）单击"模式"面板中的"完成编辑模式"按钮，完成道路的绘制。

15）选取立面图标记，拖动将其移动到地形边界外，如图 10-51 所示。

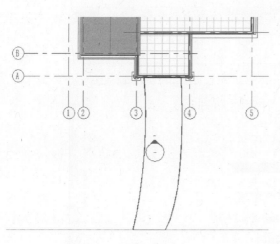

图 10-49 绘制边界线（1）

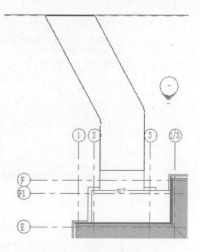

图 10-50 绘制边界线（2）

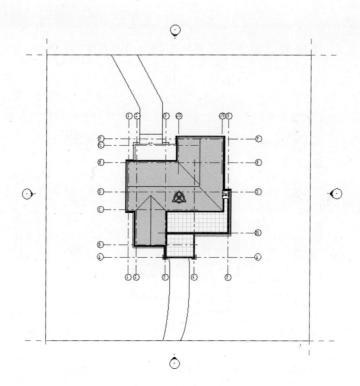

图 10-51 移动立面标记

16）单击"视图"选项卡"图形"面板中的"可见性/图形"按钮，打开"楼层平面：场地的可见性/图形替换"对话框，在"注释类别"选项卡中取消勾选"轴网"复选框，如图 10-52 所示，单击"确定"按钮，视图中的轴网隐藏。

17）单击"体量和场地"选项卡"场地建模"面板中的"场地构件"按钮，从"属性"选项板中选择"RPC 树-落叶树 日本樱桃树-4.5 米"，设置标高为室外地坪将其放置到场地上适当位置，如图 10-53 所示。

图 10-52 "楼层平面：场地的可见性/图形替换"对话框

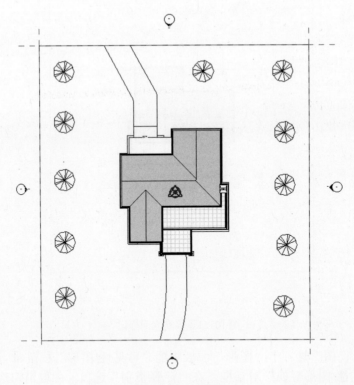

图 10-53 放置树

18）单击"体量和场地"选项卡"场地建模"面板中的"场地构件"按钮 🔔，在打开的选项卡中单击"模式"面板中的"载入族"按钮 ，打开"载入族"对话框，选择"建筑"→"植物"→"3D"→"草本"文件夹中的"草 4 3D.rfa"族文件，如图 10-54 所示。

图 10-54 "载入族"对话框

19）单击"打开"按钮，将草放置到场地中的适当位置，如图 10-55 所示。

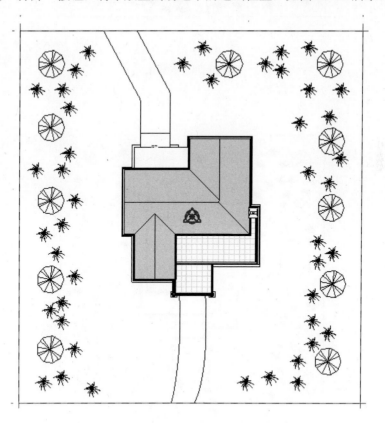

图 10-55 放置草

20）重复上述步骤，在场地上放置花，如图 10-56 所示。

21）重复上述步骤，在别墅前方放置喷水池，如图 10-57 所示。

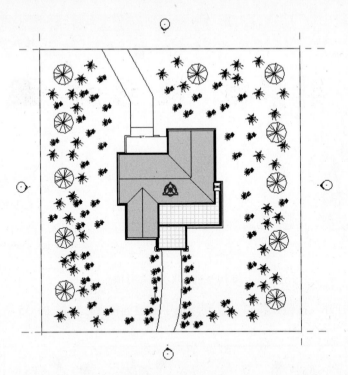

图 10-56　放置花

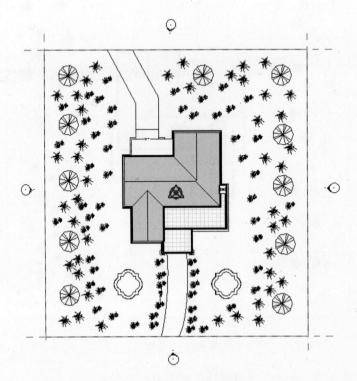

图 10-57　放置喷水池

第11章 概念体量

 知识导引

在初始设计中可以使用体量工具表达潜在设计意图，而无需使用通常项目中的详细程度。可以创建和修改组成建筑模型图元的几何造型，可以随时拾取体量面并创建建筑模型图元，例如墙、楼板、幕墙系统和屋顶。在创建了建筑图元后，可以将视图指定为显示体量图元、建筑图元还是同时显示这两种图元。体量图元和建筑图元不会自动链接。如果修改了体量面，则必须更新建筑面。

11.1 体量概述

体量可以在项目内部（内建体量）或项目外部（可载入体量族）创建。
常用术语如下。

➢ 体量：使用体量实例观察、研究和解析建筑形式的过程。
➢ 体量族：形状的族，属于体量类别。内建体量随项目一起保存；它不是单独的文件。
➢ 体量实例或体量：载入的体量族的实例或内建体量。
➢ 概念设计环境：一类族编辑器，可以使用内建和可载入族体量图元来创建概念设计。
➢ 体量形状：每个体量族和内建体量的整体形状。
➢ 体量研究：在一个或多个体量实例中对一个或多个建筑形式进行的研究。
➢ 体量面：体量实例上的表面，可用于创建建筑图元（如墙或屋顶）。
➢ 体量楼层：在已定义的标高处穿过体量的水平切面。体量楼层提供了有关切面上方体量直至下一个切面或体量顶部之间尺寸标注的几何图形信息。
➢ 建筑图元：可以从体量面创建的墙、屋顶、楼板和幕墙系统。
➢ 分区外围：建筑必须包含在其中的法定定义的体积。分区外围可以作为体量进行建模。

11.2 创建体量族

在族编辑器中创建体量族后，可以将族载入到项目中，并将体量族的实例放置在项目中。

1）在欢迎界面中单击"族"→"新建概念体量"按钮 ，打开"新概念体量-选择样板文件"对话框，选择"公制体量.rft"文件，如图11-1所示。

2）单击"打开"按钮，进入体量族创建环境，如图11-2所示。

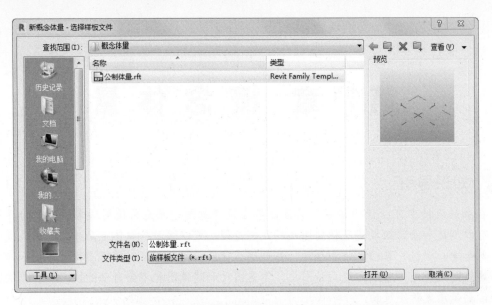

图 11-1 "新概念体量-选择样板文件"对话框

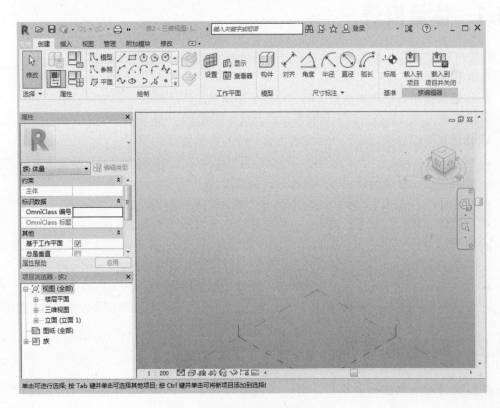

图 11-2 体量族环境

11.2.1 创建拉伸形状

先绘制截面轮廓，然后系统根据截面创建拉伸模型。

具体创建步骤如下。

1）新建一体量族文件。

2）单击"创建"选项卡"绘制"面板中的"线"按钮 ，打开图 11-3 所示的"修改 | 放置 线"选项卡和选项栏，绘制图 11-4 所示的封闭轮廓。

图 11-3 "修改 | 放置 线"选项卡和选项栏

3）单击"形状"面板"创建形状" 下拉列表框中的"实心形状"按钮 ，系统自动创建图 11-5 所示的拉伸模型。

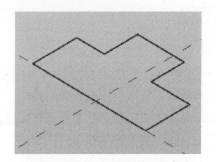

图 11-4 绘制封闭轮廓

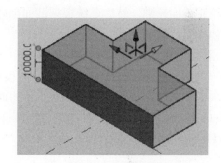

图 11-5 拉伸模型

4）单击尺寸修改拉伸深度，如图 11-6 所示。

5）拖动模型中操纵控件上的箭头，可以改变倾斜角度，如图 11-7 所示。

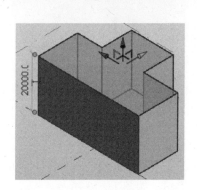

图 11-6 修改深度

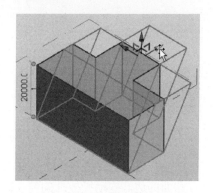

图 11-7 改变倾斜角度

6）选取模型上的边线，拖动操控件上的箭头，可以修改模型的局部形状，如图 11-8 所示。

7）选取模型的端点，可以拖动操控件改变该点在 3 个方向的形状，如图 11-9 所示。

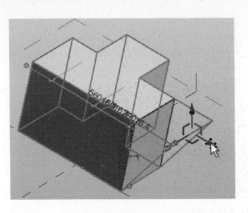

图 11-8　改变形状

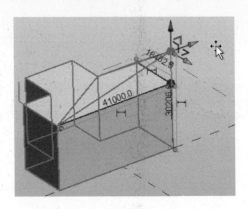

图 11-9　拖动端点

11.2.2　创建表面形状

先绘制截面轮廓，然后系统根据截面创建拉伸模型。

具体操作步骤如下。

1）新建一体量族文件。

2）单击"创建"选项卡"绘制"面板中的"样条曲线"按钮 ，打开"修改 | 放置线"选项卡和选项栏，绘制图 11-10 所示的曲线。也可以在选取模型线或参照线。

3）单击"形状"面板"创建形状" 下拉列表框中的"实心形状"按钮 ，系统自动创建图 11-11 所示的拉伸曲面。

图 11-10　绘制封闭轮廓

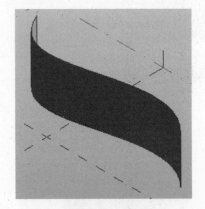

图 11-11　拉伸曲面

4）选中曲面，可以拖动操控件上的箭头使曲面沿各个方向移动，如图 11-12 所示。

5）选取曲面的边，拖动操控件的箭头改变曲面形状，如图 11-13 所示。

6）选取曲面的角点，拖动操控件改变曲面在 3 个方向的形状，也可以分别选择操控件上的方向箭头改变各个方向上的形状，如图 11-14 所示。

11.2.3　创建旋转形状

从线和共享工作平面的二维轮廓来创建旋转形状。

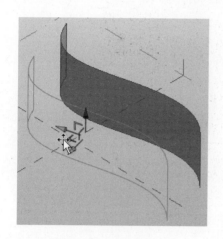

图 11-12　移动曲面

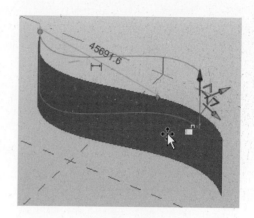

图 11-13　改变形状

具体操作步骤如下。

1）新建一体量族文件。

2）单击"创建"选项卡"绘制"面板中的"线"按钮，绘制一条直线段作为旋转轴。

3）单击"绘制"面板中的"圆"按钮，绘制旋转截面，如图 11-15 所示。

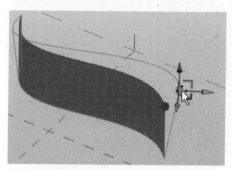

图 11-14　改变角点形状

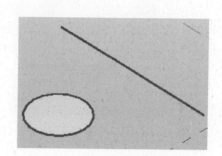

图 11-15　绘制截面

4）选取直线和圆，单击"形状"面板"创建形状"下拉列表框中的"实心形状"按钮，系统自动创建图 11-16 所示的旋转模型。

5）选取旋转模型上的面或边线，拖动操纵控件上的紫色箭头，可以改变模型大小，如图 11-17 所示。

6）拖动模型上的操纵控件上的红色箭头，可以移动模型，如图 11-18 所示。

7）选取旋转轮廓的外边缘，拖动操纵控件上的橙色箭头，更改旋转角度，如图 11-19 所示。也可以在"属性"选项板中更改起始角度和结束角度，如图 11-20 所示，单击"应用"按钮，更改模型的旋转角度，如图 11-21 所示。

11.2.4　创建放样形状

从线和垂直于线绘制的二维轮廓创建放样形状。放样中的线定义了放样二维轮廓来创建三维形态的路径。轮廓由线处理组成，线处理垂直于用于定义路径的一条或多条线而绘制。

图 11-16　拉伸模型

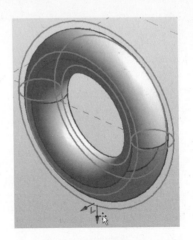

图 11-17　改变模型大小

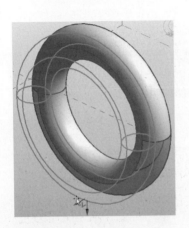

图 11-18　移动模型

图 11-19　更改角度

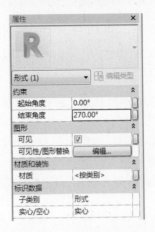

图 11-20　"属性"选项板

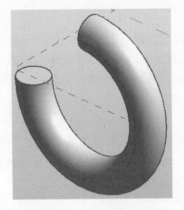

图 11-21　更改结束角度

　　如果轮廓是基于闭合环生成的，可以使用多分段的路径来创建放样；反之不能沿多分段路径进行放样。如果路径是一条线构成的段，则使用开放的轮廓创建扫描。

具体创建步骤如下。

1）新建一体量族文件。

2）单击"创建"选项卡"绘制"面板中的"样条曲线"按钮，绘制一条曲线作为放样路径，如图 11-22 所示。

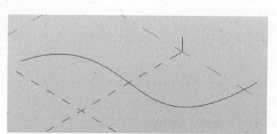

图 11-22　绘制路径

3）单击"创建"选项卡"绘制"面板中的"点图元"按钮，在路径上放置参照点，如图 11-23 所示。

4）选择参照点，放大图形，将工作平面显示出来，如图 11-24 所示。

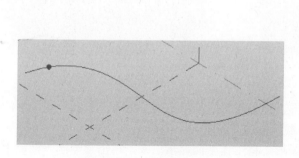

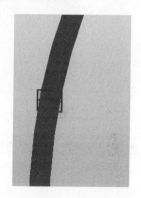

图 11-23　创建参照点　　　　　　　图 11-24　显示工作平面

5）单击"绘制"面板中的"椭圆"按钮，在选项栏中取消勾选"根据闭合的环生成表面"复选框，在工作平面上绘制截面轮廓，如图 11-25 所示。

6）选取路径和截面轮廓，单击"形状"面板"创建形状"下拉列表框中的"实心形状"按钮，系统自动创建图 11-26 所示的放样模型。

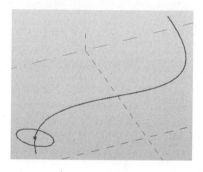

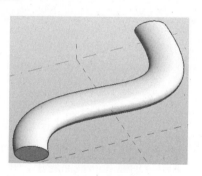

图 11-25　绘制截面轮廓　　　　　　　图 11-26　放样模型

11.2.5 创建放样融合形状

从线和垂直于线绘制的两个或三个轮廓创建放样融合形状。放样融合中的线定义了放样并融合二维轮廓来创建三维形状的路径。轮廓由线组成，并垂直于用于定义路径的一条或多条线而绘制。

与放样形状不同，放样融合无法沿着多段路径创建。但是，轮廓可以打开、闭合或是两者的组合。

具体创建步骤如下。

1）新建一体量族文件。

2）单击"创建"选项卡"绘制"面板中的"起点-终点-半径弧"按钮 ，绘制一条曲线作为路径，如图 11-27 所示。

3）单击"创建"选项卡"绘制"面板中的"点图元"按钮 ，沿路径放置放样融合轮廓的参照点，如图 11-28 所示。

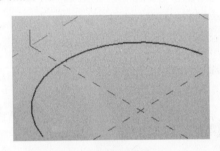

图 11-27　绘制路径

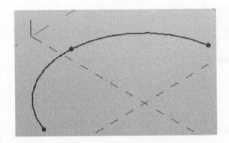

图 11-28　创建参照点

4）选择起点参照点，放大图形，将工作平面显示出来，单击"绘制"面板中的"圆"按钮 ，在工作平面上绘制第一个截面轮廓，如图 11-29 所示。

5）选择中间的参照点，放大图形，将工作平面显示出来，单击"绘制"面板中的"内接多边形"按钮 ，在工作平面上绘制第二个截面轮廓，如图 11-30 所示。

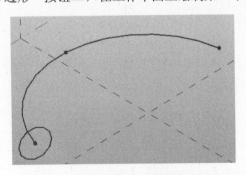

图 11-29　绘制第一个截面轮廓

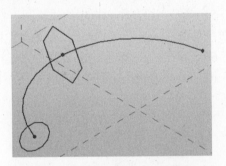

图 11-30　绘制第二个截面轮廓

6）选择终点的参照点，放大图形，将工作平面显示出来，单击"绘制"面板中的"矩形"按钮 ，在工作平面上绘制第三个截面轮廓，如图 11-31 所示。

7）选取所有的路径和截面轮廓，单击"形状"面板"创建形状" 下拉列表框中的

"实心形状"按钮，系统自动创建图 11-32 所示的放样融合模型。

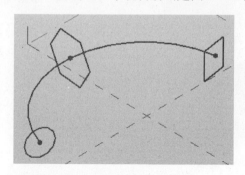

图 11-31　绘制第三个截面轮廓

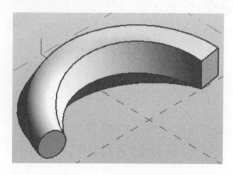

图 11-32　放样融合模型

11.2.6　创建空心形状

使用"创建空心形状"工具来创建负几何图形（空心）以剪切实心几何图形。

具体创建步骤如下。

1）新建一体量族文件。

2）单击"创建"选项卡"绘制"面板中的"矩形"按钮□，绘制图 11-33 所示的封闭轮廓。

3）单击"形状"面板"创建形状"下拉列表框中的"实心形状"按钮，系统自动创建图 11-34 所示的拉伸模型。

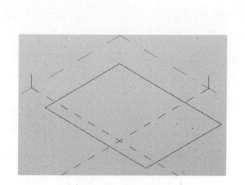

图 11-33　绘制封闭轮廓

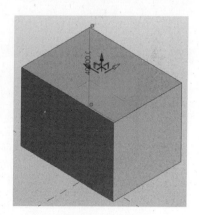

图 11-34　拉伸模型

4）单击"绘制"面板中的"圆"按钮，在拉伸模型的侧面绘制截面轮廓，如图 11-35 所示。

5）单击"形状"面板"创建形状"下拉列表框中的"空心形状"按钮，系统自动创建一个空心形状拉伸。默认孔底为图 11-36 所示的平底，也可以单击按钮，更改孔底为圆弧底，如图 11-37 所示

6）拖动操控件调整孔的深度，或直接修改尺寸，创建通孔，结果如图 11-38 所示。

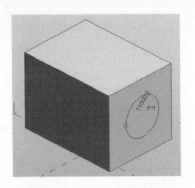

图 11-35　绘制截面

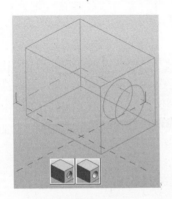

图 11-36　平底

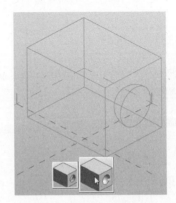

图 11-37　圆弧底

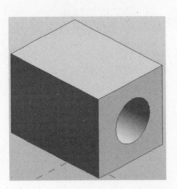

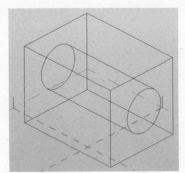

图 11-38　创建通孔

11.3　编辑体量

11.3.1　编辑形状轮廓

　　通过更改轮廓或路径来编辑形状。

　　具体编辑步骤如下。

1）在视图中选择侧面，打开"修改 | 形式"选项卡，单击"形状"面板中的"编辑轮廓"按钮。

2）打开"修改 | 形式>编辑轮廓"选项卡，并进入路径编辑模式，更改路径的形状和大小，如图 11-39 所示。

3）单击"模式"面板中的"完成编辑模式"按钮，完成路径的更改。

4）选取放样融合的端面，单击"形状"面板中的"编辑轮廓"按钮，进入路径编辑模式，对截面轮廓进行编辑，如图 11-40 所示。

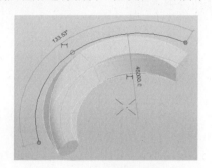

图 11-39　编辑路径

图 11-40　编辑端面轮廓

5）单击"模式"面板中的"完成编辑模式"按钮，结果如图 11-41 所示。

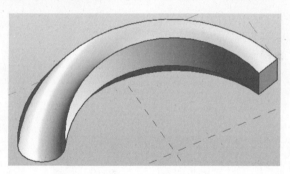

图 11-41　编辑形状

11.3.2　在透视模式中编辑形状

编辑形状的源几何图形来调整其形状。也可以在透视模式中添加和删除轮廓、边和顶点。

具体编辑步骤如下。

1）选择形状模型，打开"修改 | 形式"选项卡，单击"形状"面板中的"透视"按钮，进入透视模式，如图 11-42 所示。会显示形状的几何图形和节点。

2）选择形状和三维控件显示的任意图元以重新定位节点和线，如图 11-43 所示。

3）选择节点，并拖动节点更改截面大小，如图 11-44 所示。

4）单击"添加边"按钮，在轮廓线上添加节点增加边，如图 11-45 所示。

5）选择增加的点，拖动控件改变截面形状，如图 11-46 所示。

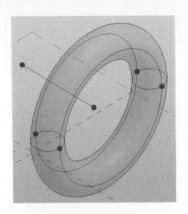

图 11-42　透视模式

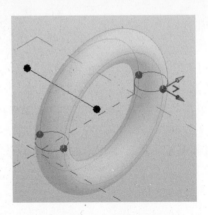

图 11-43　选择节点

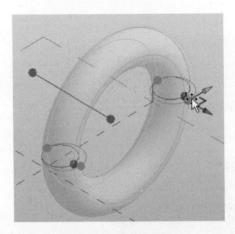

图 11-44　更改截面大小

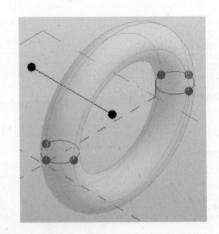

图 11-45　增加边

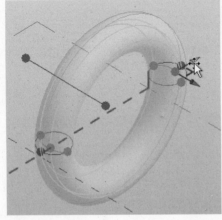

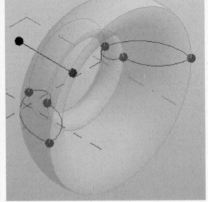

图 11-46　改变形状

6）再次单击"形状"面板中的"透视"按钮，退出透视模式，结果如图 11-47 所示。

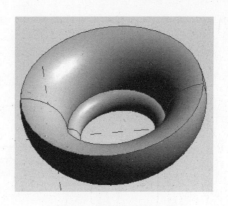

图 11-47　退出透视模式结果

11.3.3　分割路径

可以分割路径和形状边以定义放置在设计中自适应构件上的节点。

在概念设计中分割路径时，将应用节点以表示构件的放置点位置。通过确定分割数、分割之间的距离或通过与参照（标高、垂直参照平面或其他分割路径）的交点来执行分割。

具体创建步骤如下。

1）打开已经绘制好的形状，这里打开放样融合形状。

2）选择形状的一条边线，如图 11-48 所示。

3）打开"修改 | 形式"选项卡，单击"分割"面板中的"分割路径"按钮 ，默认情况下，路径将分割为具有 6 个等距离节点的 5 段（英制样板）或具有 5 个等距离节点的 4 段（公制样板），如图 11-49 所示。

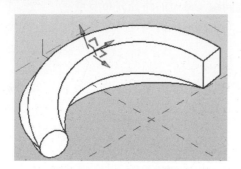

图 11-48　选择边线

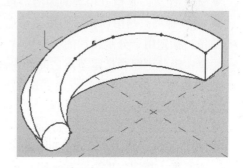

图 11-49　分割路径

4）在"属性"选项板中更改节点"数量"为"8"，如图 11-50 所示，也可以直接在视图中选择节点数字，输入节点数量为"8"，如图 11-51 所示。

➤ 布局：指定如何沿分割路径分布节点。包括"无"、"固定数量"、"固定距离"、"最小距离"和"最大距离"。

● 无：这将移除使用"分割路径"工具创建的节点并对路径产生影响。

● 固定数量：默认为此布局，它指定以相等间距沿路径分布的节点数。默认情况下，该路径将分割为 5 段 6 个等距离节点（英制样板）或 4 段 5 个等距离节点（公制样板）。

图 11-50 "属性"选项板

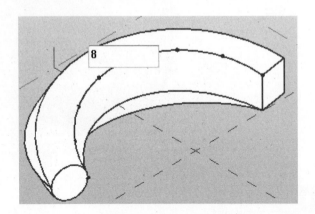

图 11-51 更改节点数量

注意:

当"弦长度"的"测量类型"仅与复杂路径的几个分割点一起使用时,生成的系列点可能不像如图 11-51 所示的那样非常接近曲线。当路径的起点和终点相互靠近时会发生这种情况。

- 固定距离:指定节点之间的距离。默认情况下,一个节点放置在路径的起点,新节点按路径的"距离"实例属性定义的间距放置。通过指定"对齐"实例属性,也可以将第一个节点指定在路径的"中心"或"末端"。
- 最小距离:是指以相等间距沿节点之间距离最短的路径分布节点。
- 最大距离:是指以相等间距沿节点之间距离最长的路径分布节点。
- 数量:指定用于分割路径的节点数。
- 距离:沿分割路径指定节点之间的距离。
- 测量类型:指定测量节点之间距离所使用的长度类型。包括"弦长"和"线段长度"两种类型。
  - 弦长:指的是节点之间的直线。
  - 线段长度:指的是节点之间沿路径。
- 节点总数:指定根据分割和参照交点创建的节点总数。
- 显示节点编号:设置在选择路径时是否显示每个节点的编号。
- 翻转方向:勾选此复选框,则沿分割路径反转节点的数字方向。
- 起始缩进:指定分割路径起点处的缩进长度。缩进取决于测量类型,分布时创建的节点不会延伸到缩进范围。
- 末尾缩进:指定分割路径终点的缩进长度。
- 路径长度:指定分割路径的长度。

11.3.4 分割表面

在概念设计中沿着表面应用分割网格。

具体操作步骤如下。

1）打开已经绘制好的形状，这里打开放样融合形状。

2）选择形状的一个面，如图 11-52 所示。

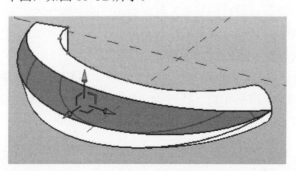

图 11-52　选择面

3）打开"修改 | 形式"选项卡，单击"分割"面板中的"分割表面"按钮，打开"修改 | 分割的表面"选项卡和选项栏，如图 11-53 所示。

图 11-53　"修改 | 分割的表面"选项卡和选项栏

默认情况下，U/V 网格的数量为 10，如图 11-54 所示。

4）可以在选项栏中更改 U/V 网格的数量或距离，也可以在"属性"选项板中更改，如图 11-55 所示。

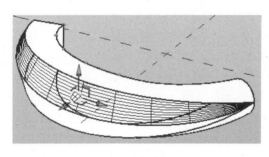

图 11-54　分割表面　　　　　图 11-55　"属性"选项板

➢ 边界平铺：确定填充图案与表面边界相交的方式，包括空、部分和悬挑 3 种方式。

- ➢ 所有网格旋转：指定 U 网格以及 V 网格的旋转。
- ➢ 布局：指定 U/V 网格的间距形式为固定数量或固定距离。默认设置为固定数量。
- ➢ 编号：设置 U/V 网格的固定分割数量。
- ➢ 对正：用于测量 U/V 网格的位置，包括起点、中心和终点。
- ➢ 网格旋转：用于指定 U/V 网格的旋转角度。
- ➢ 偏移：指定网格原点的 U/V 向偏移距离。
- ➢ 区域测量：沿分割的弯曲表面 U/V 网格的位置，网格之间的弦距离将由此进行测量。

5）单击"配置 U/V 网格布局"按钮◈，UV 网格编辑控件即显示在分割表面上，如图 11-56 所示。

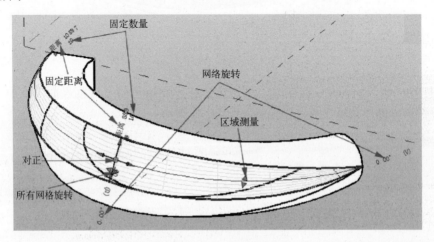

图 11-56　UV 网格编辑控件

- ➢ 固定数量：单击绘图区域中的数值，然后输入新数量。
- ➢ 固定距离：单击绘图区域中的距离值，然后输入新距离。

注意：
"选项栏"上的"距离"下拉列表框也列出最小或最大距离，而不是绝对距离。只有表面在最初就被选中时（不是在面管理器中），才能使用该选项。

- ➢ 网格旋转：单击绘图区域中旋转值，然后输入两种网格的新角度。
- ➢ 所有网格旋转：单击绘图区域中的旋转值，然后输入新角度以均衡旋转两个网格。
- ➢ 区域测量：单击并拖曳这些控制柄以沿着对应的网格重新定位带。每个网格带表示沿曲面的线，网格之间的弦距离将由此进行测量。距离沿着曲线可以是不同的比例。
- ➢ 对正：单击、拖曳并捕捉该小控件至表面区域（或中心）以对齐 UV 网格。新位置即为"UV 网格"布局的原点。也可以使用"对齐"工具将网格对齐到边。

6）根据需要调整 UV 网格的间距、旋转和网格定位。

7）可以单击"UV 网格和交点"面板中的"U 网格"按钮▤和"V 网格"按钮▨来控制 UV 网格的关闭或显示，如图 11-57 所示。

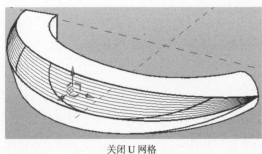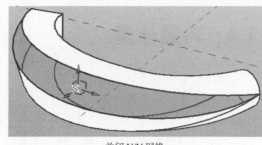

关闭 U 网格 关闭 U/V 网格

图 11-57 UV 网格的显示控制

8）单击"表面表示"面板中的"表面"按钮，控制分割表面后的网格显示，默认状态下系统激活此按钮，显示网格，再次单击此按钮，关闭网格显示。

9）单击"表面表示"面板中的"显示属性"按钮，打开"表面表示"对话框，默认情况下勾选"UV 网格和相交线"复选框，如图 11-58 所示，如果勾选"原始表面"和"节点"复选框，则显示原始表面和节点，如图 11-59 所示。

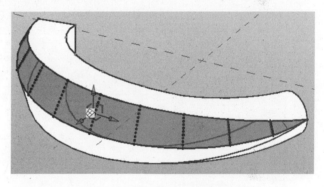

图 11-58 "表面表示"对话框　　　　图 11-59 显示原始表面和节点

提示：
在选择面或边线时，单击"分割"面板中的"分割设置"按钮，打开图 11-60 所示的"默认分割设置"对话框，可以设置分割表面时的 U/V 网格数量和分割路径时的布局编号。

图 11-60 "默认分割设置"对话框

11.4 内建体量

创建特定于当前项目上下文的体量。

具体操作步骤如下。

1）在项目文件中，单击"体量和场地"选项卡"概念体量"面板中的"内建体量"按钮，打开"名称"对话框，输入体量名称，如图 11-61 所示。

图 11-61　"名称"对话框

2）单击"确定"按钮，进入体量创建环境，如图 11-62 所示。

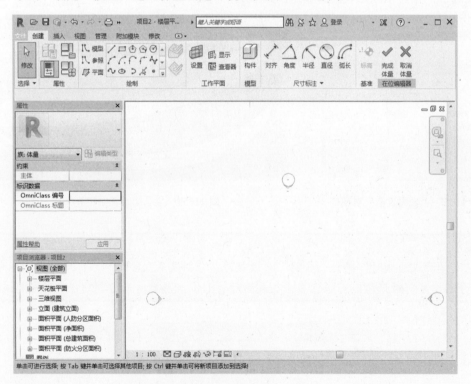

图 11-62　体量环境

3）单击"创建"选项卡"绘制"面板中的"矩形"按钮，绘制截面轮廓，如图 11-63 所示。

4）单击"形状"面板"创建形状"下拉列表框中的"实心形状"按钮，系统自动创建图 11-64 所示的拉伸模型。

5）单击"在位编辑"面板中的"完成体量"按钮，完成体量的创建，将视图切换到三维视图，如图 11-65 所示。

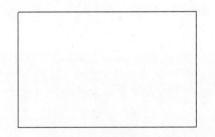

图 11-63　绘制截面

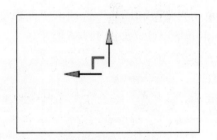

图 11-64　拉伸模型

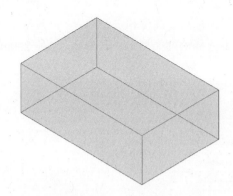

图 11-65　完成体量创建

其他体量的创建同体量族中各种形状的创建相同，这里不再一一介绍，读者可以自己创建，此体量不能在其他项目中重复使用。

11.5　从体量创建建筑图元

可以从抽象模型、常规模型、导入的实体和多边形网格的面创建建筑图元。

➢ 抽象模型：如果要对建筑进行抽象建模，或者要将总体积、总表面积和总楼层面积录入明细表，请使用体量实例。

➢ 常规模型：如果必须创建一个唯一的、与众不同的形状，并且不需要对整个建筑进行抽象建模，请使用常规模型。墙、屋顶和幕墙系统可以从常规模型族中的面来创建。

➢ 导入的实体：要从导入实体的面创建图元，在创建体量族时必须将这些实体导入概念设计环境中，或者在创建常规模型时必须将它们导入到族编辑器中。

➢ 多边形网格：可以从各种文件类型导入多边形网格对象。对于多边形网格几何图形，推荐使用常规模型族，因为体量族不能从多边形网格提取体积的信息。

11.5.1　从体量面创建墙

使用"面墙"工具，通过拾取线或面从体量实例创建墙。此工具将墙放置在体量实例或常规模型的非水平面上。

具体创建步骤如下。

1）打开上节绘制的体量实例。

2）单击"体量和场地"选项卡"面模型"面板中的"墙"按钮 ⬚ ，打开"修改|放置墙"选项卡和选项栏，如图 11-66 所示。

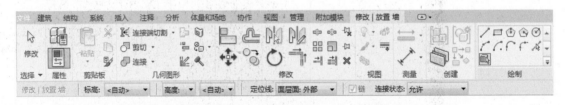

图 11-66 "修改|放置 墙"选项卡和选项栏

3）在选项栏中设置所需的标高、高度和定位线。

4）在"属性"选项板中选择墙的类型为"基本墙 常规-200mm"，其他采用默认设置，如图 11-67 所示。

5）在视图中选择一个体量面，如图 11-68 所示。

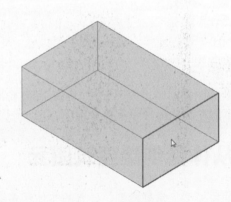

图 11-67 "属性"选项板　　　　图 11-68 选择体量面

6）系统会立即将墙放置在该面上，如图 11-69 所示。

7）继续选取其他体量面，创建面墙，结果如图 11-70 所示。

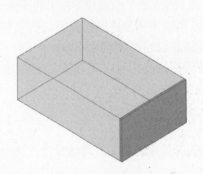

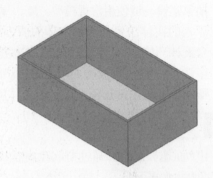

图 11-69 创建面墙　　　　　　　图 11-70 创建多个面墙

11.5.2 从体量面创建楼板

具体绘制步骤如下。

1）新建一项目文件，并创建图 11-71 所示的体量实例。

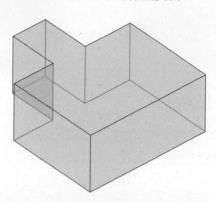

图 11-71 创建体量

2）选取体量实例，打开"修改 | 体量"选项卡，单击"模型"面板中的"体量楼层"按钮🗒，打开"体量楼层"对话框，勾选"标高 1"和"标高 2"复选框，如图 11-72 所示。单击"确定"按钮，创建体量楼层，如图 11-73 所示。

图 11-72 "体量楼层"对话框

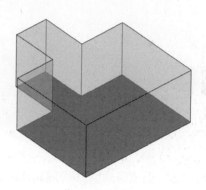

图 11-73 创建体量楼层

3）单击"体量和场地"选项卡"面模型"面板中的"楼板"按钮🗒，打开"修改 | 放置面楼板"选项卡，单击"多重选择"面板中的"选择多个"按钮🔲，禁用此选项（默认状态下，此选项处于启用状态）。

4）在"属性"选项板中选择楼板类型为"楼板 常规-150mm"，其他采用默认设置。

5）在视图中选择标高 1 体量楼层，如图 11-74 所示，创建楼板，结果如图 11-75 所示。

11.5.3 从体量面创建屋顶

使用"面屋顶"工具可以在体量的任何非垂直面上创建屋顶，如图 11-76 所示。

具体绘制步骤如下。

1）打开上节绘制的体量实例。

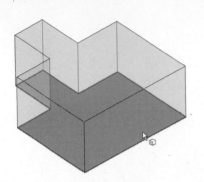

图 11-74 选取体量楼层

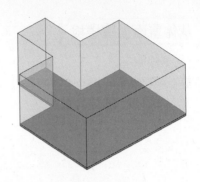

图 11-75 创建楼板

2）单击"体量和场地"选项卡"面模型"面板中的"楼板"按钮▱，打开"修改 | 放置面楼板"选项卡，单击"多重选择"面板中的"选择多个"按钮，禁用此选项（默认状态下，此选项处于启用状态）。

3）在"属性"选项板中选择楼板类型为"楼板 常规-400mm"，其他采用默认设置，如图 11-77 所示。

图 11-76 屋顶

图 11-77 "属性"选项板

4）在视图中选择体量实例的上表面，如图 11-78 所示，创建屋顶，结果如图 11-79 所示。

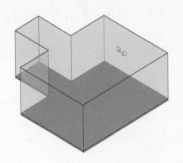

图 11-78 选取体量楼层

图 11-79 创建屋顶

11.5.4 从体量面创建幕墙系统

使用"面幕墙系统"工具可以在任何体量面或常规模型面上创建幕墙系统。

具体绘制步骤如下。

1）打开上节绘制的体量实例。

2）单击"体量和场地"选项卡"面模型"面板中的"幕墙系统"按钮，打开"修改 | 放置面幕墙系统"选项卡。

3）系统默认启用"选择多个"按钮，在视图中选择图形的各个侧面，如图 11-80 所示。

4）在"属性"选项板中选择楼板类型为"幕墙系统 1500×3000mm"，其他采用默认设置，如图 11-81 所示。

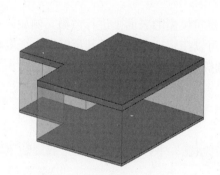

图 11-80　选取面　　　　　　　　图 11-81　"属性"选项板

5）选取完面后，单击"多重选择"面板中的"创建系统"按钮，创建幕墙系统，结果如图 11-82 所示。

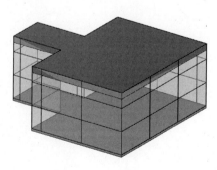

图 11-82　幕墙系统

第 12 章　漫游和渲染

 知识导引

　　Revit 可以生成使用"真实"视觉样式构建模型的实时渲染视图，也可以使用"渲染"工具创建模型的照片级真实感图像；Revit 使用不同的效果和内容（如照明、植物、贴花和人物）来渲染三维视图。

12.1　贴花

　　使用"放置贴花"工具可将图像放置到建筑模型的表面上进行渲染。例如，可以将贴花用于标志、绘画和广告牌。对于每个贴花，可以指定一个图像及其反射率、亮度和纹理（凹凸贴图）。还可以将贴花放置到水平表面和圆筒形表面上。

12.1.1　放置贴花

　　具体操作步骤如下。

　　1）单击"插入"选项卡"链接"面板"贴花"下拉列表框中的"放置贴花"按钮，打开"贴花类型"对话框，如图 12-1 所示。

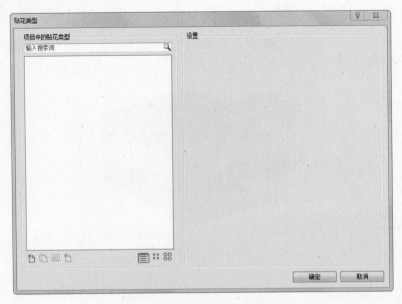

图 12-1　"贴花类型"对话框

2）单击"新建贴花"按钮，打开"新贴花"对话框，输入名称为"墙画"，如图 12-2 所示，单击"确定"按钮。

3）新建"墙画"贴花，如图 12-3 所示。可以在对话框中指定图像文件并定义其纹理、凹凸填充图案和其他属性。

图 12-2 "新贴花"对话框

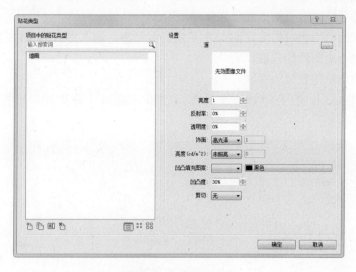

图 12-3 "墙画"贴花

➤ 新建：新建贴花类型。

➤ 复制：复制贴花类型，单击此按钮，打开"复制贴花"对话框，输入名称，如图 12-4 所示。

➤ 重命名：重命名的贴花类型。单击此按钮，打开"重命名"对话框，输入新名称，如图 12-5 所示。

图 12-4 "复制贴花"对话框

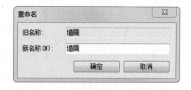

图 12-5 "重命名"对话框

➤ 删除：删除所选定的贴花。

➤ 源：为贴花显示的图像文件。单击按钮，打开"选择文件"对话框，选择贴花文件。Revit 支持 BMP、JPG、JPEG 和 PNG 类型的图像文件。

➤ 亮度：贴花照度的感测。"亮度"是一个乘数，因此值为 1.0 时亮度将无变化。如果指定为 0.5，则其亮度将减半。

➤ 反射率：测量贴花从其表面反射了多少光。输入一个介于 0（无反射）和 1（最大反射）之间的值。

➢ 透明度：测量有多少光通过该贴花。输入一个介于 0（完全不透明）和 1（完全透明）之间的值。

➢ 饰面：贴花表面的纹理，包括粗面、半光泽、光泽、高光泽和自定义 5 种饰面。

➢ 亮度（cd/m^2）：表面反射的灯光，包括未照亮、暗发光、手机屏幕、桌灯镜等 12 种灯光。

➢ 凹凸填充图案：要在贴花表面上使用的凹凸填充图案（附加纹理）。此纹理位于已应用到放置了贴花的表面上的任何纹理顶层。

➢ 凹凸度：凹凸的相对幅度。输入 0 可使表面平整。输入更大的小数值（最大 1.0）可增大表面不规则性的程度。

➢ 剪切：剪切贴花表面的形状。

4）单击按钮 ，打开"选择文件"对话框，选择兰花文件，设置参数如图 12-6 所示。

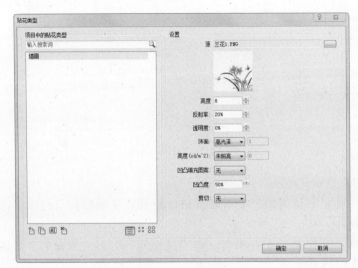

图 12-6　设置参数

5）在绘图区域中，单击要在其上放置贴花的水平表面（如墙面或屋顶面）或圆柱形表面，如图 12-7 所示。贴图在所有未渲染的视图中显示为一个占位符。

6）放置贴花之后，可以继续放置更多相同类型的贴花。要放置不同的贴花，在"类型选择器"中选择所需的贴花，然后在建筑模型上单击所需的位置。

12.1.2 修改已放置的贴花

可以对贴花进行移动、调整大小、旋转或更改属性等操作。

具体操作方法如下。

1）在视图中选择要修改的贴花。

2）拖曳贴花到新位置来移动贴花，如图 12-8 所示。

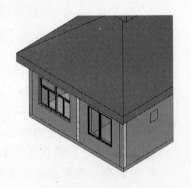

图 12-7　放置贴花

3）拖曳贴花上的蓝色夹点调整贴花的大小，如图 12-9 所示；也可以在选项栏中输入新的宽度和高度，勾选"固定宽高比"复选框，保持尺寸标注间的长宽比。

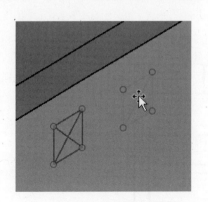 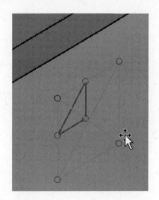

图 12-8　移动贴花　　　　　　　　　　图 12-9　调整大小

4）单击选项栏中的"重设"按钮，将贴花恢复到原始尺寸。

5）可以利用"修改"面板中的工具来修改贴花。

12.2　相机视图

在渲染之前，一般要先创建相机透视图，生成不同地点，不同角度的场景。

具体操作步骤如下。

1）打开坡道文件。

2）将视图切换 GROUND FIOOR LEVEL 楼层平面。

3）单击"视图"选项卡"创建"面板"三维视图" 下拉列表框中的"相机"按钮 ，在平面图的左前端放置相机，如图 12-10 所示。

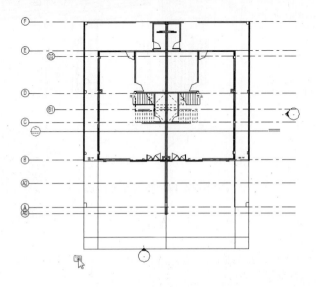

图 12-10　放置相机

4）移动鼠标，确定相机的方向，如图 12-11 所示。

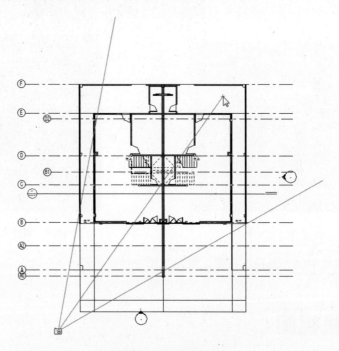

图 12-11　设置视觉范围

5）单击放置相机视点，系统自动创建一张三维视图，同时在项目浏览器中增加了"三维视图：三维视图 1"，如图 12-12 所示。

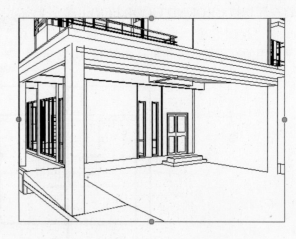

图 12-12　相机视图

6）单击控制栏中的"视觉样式"按钮，在打开的菜单中选择"真实"选项，如图 12-13 所示。真实效果图如图 12-14 所示。

7）选取相机视图视口，拖动视口左边上的控制点，改变视图范围，如图 12-15 所示。

8）采用相同的方法，拖动其他各边的控制点，将别墅全部显示出来，结果如图 12-16 所示。

图 12-13　视觉样式　　　　　　　　　　图 12-14　真实效果

图 12-15　改变视图范围

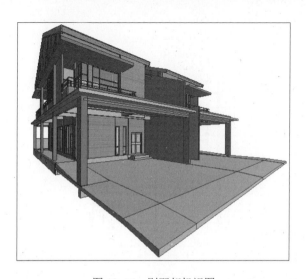

图 12-16　别墅相机视图

12.3 漫游

定义通过建筑模型的路径，并创建动画或一系列图像，向客户展示模型。

漫游是指沿着定义的路径移动的相机。此路径由帧和关键帧组成。关键帧是指可在其中修改相机方向和位置的可修改帧。默认情况下，漫游创建为一系列透视图，但也可以创建为正交三维视图。

12.3.1 创建漫游路径

具体操作步骤如下。

1）打开坡道文件。

2）将视图切换 GROUND FIOOR LEVEL 楼层平面，也可以在其他视图（包括三维视图、立面视图及剖面视图）中创建漫游。

3）单击"视图"选项卡"创建"面板"三维视图" 下拉列表框中的"漫游"按钮，打开"修改 | 漫游"选项卡和选项栏，如图 12-17 所示。

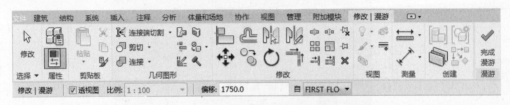

图 12-17 "修改 | 漫游"选项卡和选项栏

4）在选项栏中取消勾选"透视图"复选框，设置"偏移"距离为"1750"。

5）在当前视图的别墅外围任意位置单击作为漫游路径的开始位置，然后单击左键逐个放置关键帧，如图 12-18 所示。

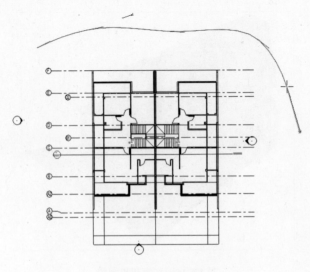

图 12-18 绘制路径

6）继续放置关键帧，路径围绕别墅一周完成绘制，如图 12-19 所示。

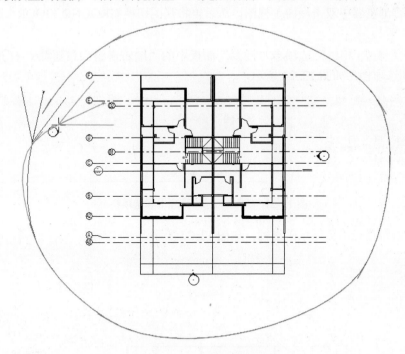

图 12-19　完成路径绘制

7）单击"漫游"面板中的"完成漫游"按钮 ✔，结束路径的绘制。

8）在项目浏览器中新增漫游视图"漫游 1"，双击漫游 1 视图，打开漫游视图，如图 12-20 所示。

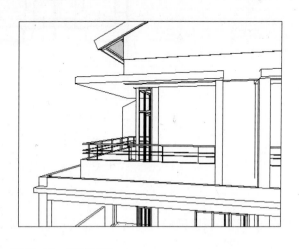

图 12-20　漫游视图

12.3.2 **编辑漫游**

具体操作步骤如下。

1）打开漫游路径文件。

2）在项目浏览器中双击漫游 1 视图，然后再将视图切换 GROUND FIOOR LEVEL 楼层平面。

3）单击"修改 | 相机"选项卡"漫游"面板中的"编辑漫游"按钮 👣，打开"编辑漫游"选项卡和选项栏，如图 12-21 所示。

图 12-21 "编辑漫游"选项卡和选项栏

4）此时漫游路径上会显示关键帧，如图 12-22 所示。

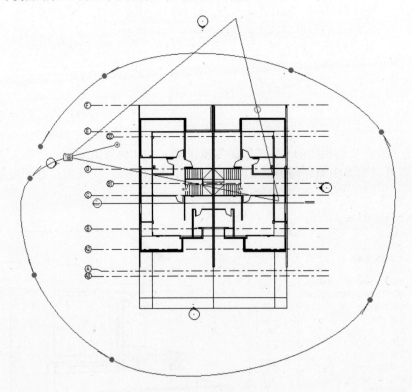

图 12-22 显示关键帧

5）在选项栏中设置控制为"路径"，路径上的关键帧变为控制点，拖动控制点，可以调整路径形状，如图 12-23 所示。

6）在选项栏中设置控制为"添加关键帧"，然后在路径上单击添加关键帧，如图 12-24 所示。

7）在选项栏中设置控制为"删除关键帧"，然后在路径上单击要删除的关键帧，删除关键帧，如图 12-25 所示。

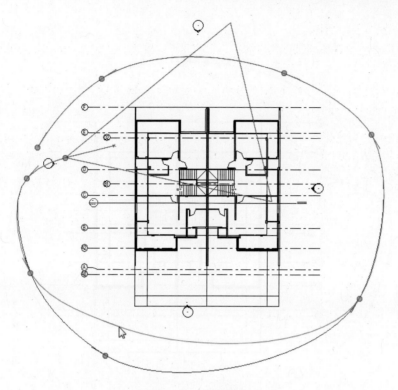

图 12-23　编辑路径

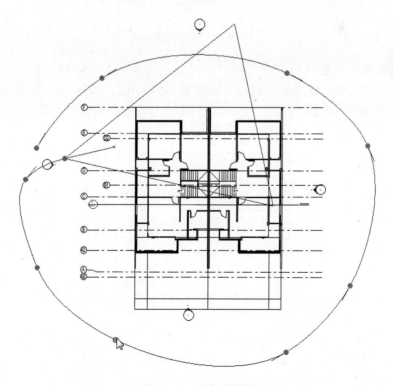

图 12-24　添加关键帧

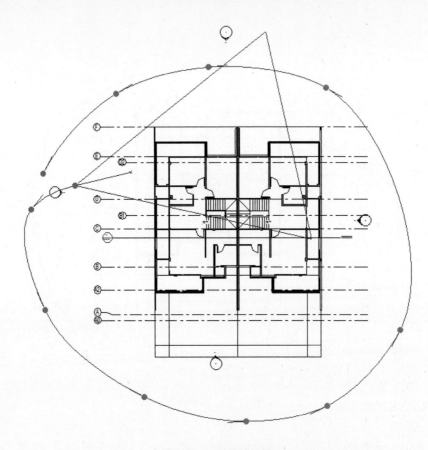

图 12-25　删除关键帧

8）单击选项栏中的共后面的"300"，打开"漫游帧"对话框，更改"总帧数"为"200"，勾选"指示器"复选框，输入"帧增量"为"10"，如图 12-26 所示。单击"确定"按钮，效果如图 12-27 所示。图中红点代表自行设置的关键帧，蓝点代表系统添加的指示帧。

图 12-26　"漫游帧"对话框

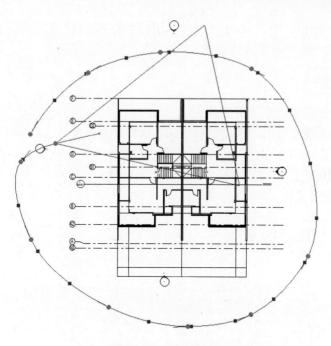

图 12-27 添加指示帧

9）选项栏中的 200 帧是整个漫游完成的帧数，如果要播放漫游，则在选项栏中输入"1"并按〈Enter〉键，表示从第一帧开始播放。

10）在选项栏中设置控制为"活动相机"，然后拖曳相机控制相机角度，如图 12-28 所示。单击"下一关键帧"按钮，调整关键帧上相机角度，采用相同的方法，调整其他关键帧的相机角度。

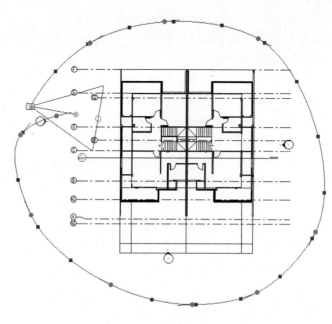

图 12-28 调整相机角度

11）在选项栏中输入"1"，单击"漫游"面板中的"播放"按钮▷，开始播放漫游，中途要停止播放，可以按〈Esc〉键结束播放。

12.3.3 导出漫游

可以将漫游导出为 AVI 或图像文件。

将漫游导出为图像文件时，漫游的每个帧都会保存为单个文件。可以导出所有帧或一定范围的帧。

具体操作步骤如下。

1）打开编辑漫游文件。

2）选择"文件主程序菜单"→"导出"→"图像和动画"→"漫游"命令，打开"长度/格式"对话框，如图 12-29 所示。

图 12-29 "长度/格式"对话框

➤ 全部帧：导出整个动画。

➤ 帧范围：选择此选项，指定该范围内的起点帧和终点帧。

➤ 帧/秒：设置导出后漫游的速度为每秒多少帧，默认为 15 帧，播放速度比较快，建议设置为 3～4 帧，速度比较合适。

➤ 视觉样式：设置导出后漫游中图像的视觉样式，包括线框、隐藏线、着色、带边框着色、一致的颜色、真实、带边框的真实感和渲染。

➤ 尺寸标注：指定帧在导出文件中的大小，如果输入一个尺寸标注的值，软件会计算并显示另一个尺寸标注的值以保持帧的比例不变。

➤ 缩放为实际尺寸的：输入缩放百分比，软件会计算并显示相应的尺寸标注。

➤ 包含时间和日期戳：勾选此复选框，在导出的漫游动画或图片上会显示时间和日期。

3）在对话框中选择"全部帧"单选按钮，设置"帧/秒"为"4"，"视觉样式"为"真实"，更改尺寸为宽度为 1000，单击"确定"按钮。

4）打开"导出漫游"对话框，设置保存路径、文件名称和文件类型，如图 12-30 所示。单击"保存"按钮。

5）打开"视频压缩"对话框，默认压缩程序为"全帧（非压缩的）"，产生的文件非常大，选择"Microsoft Video 1"压缩程序，如图 12-31 所示。单击"确定"按钮将漫游文件导出为 AVI 文件。

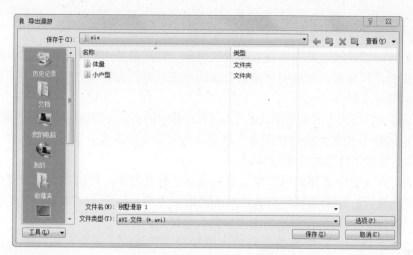

图 12-30　"导出漫游"对话框

12.4　渲染

渲染为建筑模型创建照片级真实感图像。

12.4.1　渲染视图

渲染视图以创建三维模型的照片级真实感图像。

1）打开 12.2 节创建的相机视图文件。

2）单击"视图"选项卡"演示视图"面板中的"渲染"按钮 ，打开"渲染"对话框，"质量"设置为"高"，"分辨率"为"打印机"，照明方案为"室外：日光和人造光"，背景样式为"天空：少云"，其他采用默认设置，如图 12-32 所示。

图 12-31　"视频压缩"对话框

> 区域：勾选此复选框，在三维视图中，Revit 会显示渲染区域边界。选择渲染区域，并使用蓝色夹具来调整其尺寸。对于正交视图，也可以拖曳渲染区域以在视图中移动其位置。
> 质量：为渲染图像指定所需的质量。包括绘图、中、高、最佳、自定义和编辑 6 种。
>> 绘图：尽快渲染，生成预览图像。模拟照明和材质，阴影缺少细节。渲染速度最快。
>> 中：快速渲染，生成预览图像，获得模型的总体印象。模拟粗糙和半粗糙材质。该设置最适用于没有复杂照明或材质的室外场景。渲染速度中等。

图 12-32　"渲染"对话框

- 高：相对中等质量，渲染所需时间较长。照明和材质更准确，尤其是对于镜面（金属类型）材质。可对软性阴影和反射进行高质量渲染。该设置最适用于有简单的照明的室内和室外场景。渲染速度慢。

- 最佳：以较高的照明和材质精确度渲染。以高质量水平渲染半粗糙材质的软性阴影和柔和反射。此渲染质量对复杂的照明环境尤为有效，生成所需的时间最长。渲染速度最慢。

- 自定义：使用"渲染质量设置"对话框中指定的设置。渲染速度取决于自定义设置。

➢ 输出设置-分辨率：选择"屏幕"选项，为屏幕显示生成渲染图像；选择"打印机"选项，生成供打印的渲染图像。

➢ 照明：在方案中选择照明方案，如果选择了日光方案，可以在日光设置中调整日光的照明设置。如果选择使用人造灯光的照明方案，则单击"人造灯光"按钮，打开"人造灯光"对话框控制渲染图像中的人造灯光。

➢ 背景：可以为渲染图像指定背景，背景可以是单色、天空和云或者自定义图像，注意创建包含自然光的内部视图时，天空和云背景可能会影响渲染图像中灯光的质量。

➢ 调整曝光：单击此按钮，打开图 12-33 所示的"曝光控制"对话框，可帮助将真实世界的亮度值转换为真实的图像，曝光控制模仿人眼对与颜色、饱和度、对比度和眩光有关的亮度值的反应。

- 曝光值：渲染图像的总体亮度。此设置类似于具有自动曝光的摄影机中的曝光补偿设置。输入一个介于 -6（较亮）和 16（较暗）之间的值。

- 高亮显示：图像最亮区域的灯光级别。输入一个介于 0（较暗的高亮显示）和 1（较亮的高亮显示）之间的值。默认值是 0.25。

- 阴影：图像最暗区域的灯光级别。输入一个介于 0.1（较亮的阴影）和 1（较暗的阴影）之间的值。默认值为 0.2。

- 饱和度：渲染图像中颜色的亮度。输入一个 0（灰色/黑色/白色）到 5（更鲜艳的色彩）之间的值。默认值为 1。

- 白点：应该在渲染图像中显示为白色的光源色温。此设置类似于数码相机上的"白平衡"设置。如果渲染图像看上去橙色太浓，则减小"白点"值。如果渲染图像看上去太蓝，则增大"白点"值。

3）单击"渲染"按钮，打开图 12-34 所示的"渲染进度"对话框，显示渲染进度，勾选"当渲染完成时关闭对话框"复选框，则渲染完成后自动关闭对话框，渲染结果如图 12-35 所示。

4）单击"渲染"对话框中的"调整曝光"按钮，打开"曝光控制"对话框，拖动各个选项的滑块调整数值，也可以直接输入数值，如图 12-36 所示。单击"应用"按钮，结果如图 12-37 所示。然后单击"确定"按钮，关闭"曝光控制"对话框。

5）单击"渲染"对话框中的"保存到项目中"按钮，打开"保存到项目中"对话框，输入名称为"别墅效果图"，如图 12-38 所示。

6）单击"确定"按钮，将渲染完的图像保存在项目中，如图 12-39 所示。

图 12-33 "曝光控制"对话框

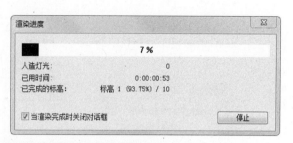

图 12-34 "渲染进度"对话框

图 12-35 渲染图形

图 12-36 "曝光控制"对话框

图 12-37 调整曝光后的图形

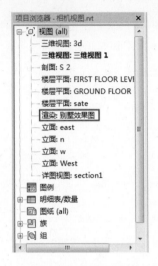

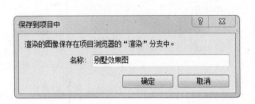

图 12-38 "保存到项目中"对话框　　　　　图 12-39　项目浏览器

7）关闭"渲染"对话框后，视图显示为相机视图，双击项目中的"渲染：别墅效果图"，打开渲染图像。

12.4.2　导出渲染视图

导出图像时，Revit 会将每个视图直接打印到光栅图像文件中。

具体操作步骤如下。

1）打开上节创建的渲染视图文件。

2）选择"文件主程序菜单"→"导出"→"图像和动画"→"图像"命令，打开"导出图像"对话框，如图 12-40 所示。

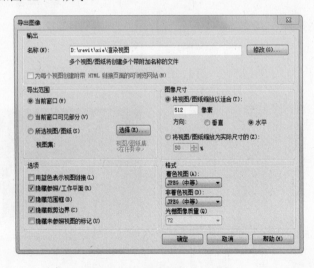

图 12-40　"导出图像"对话框

➤ 修改：根据需要修改图像的默认路径和文件名。

➤ 导出范围：指定要导出的图像。

- 当前窗口：选择此选项，将导出绘图区域的所有内容，包括当前查看区域以外的部分。
- 当前窗口可见部分：选择此选项，将导出绘图区域中当前可见的任何部分。
- 所选视图/图纸：选择此选项，将导出指定的图纸和视图。单击"选择"按钮，打开图 12-41 所示的"视图/图纸集"对话框，选择所需的图纸和视图，单击"确定"按钮。

图 12-41 "视图/图纸集"对话框

➢ 图像尺寸：指定图像显示属性。
- 将视图/图纸缩放以适合：要指定图像的输出尺寸和方向。Revit 将在水平或垂直方向将图像缩放到指定数目的像素。
- 将视图/图纸缩放为实际尺寸的：输入百分比，Revit 将按指定的缩放设置输出图像。
- 选项：选择所需的输出选项。默认情况下，导出的图像中的链接以黑色显示。勾选"用蓝色表示视图链接"复选框，显示蓝色链接。勾选"隐藏参照/工作平面""隐藏范围框""隐藏裁剪边界""隐藏未参照视图的标记"复选框，在导出的视图中隐藏不必要的图形部分。
➢ 格式：选择着色视图和非着色视图的输出格式。

3）单击"修改"按钮，打开"指定文件"对话框，设置图像的保存路径和文件名，如图 12-42 所示。单击"保存"按钮，返回到"导出图像"对话框。

4）在"图像尺寸"中设置"像素"为"1024"，"方向"为"水平"，在格式中设置着色视图和非着色视图为 JPEG（无失真），其他采用默认设置，如图 12-43 所示。单击"确定"按钮，导出图像。

5）在保存位置打开保存的图像，如图 12-44 所示。

图 12-42 "指定文件"对话框

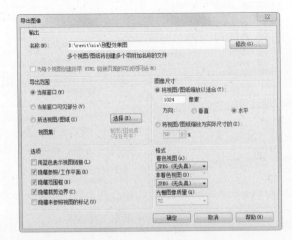

图 12-43 设置导出图像参数

图 12-44 打开图像

12.5　实例——渲染别墅出图

接 10.2.6 实例继续创建别墅。

1）单击"视图"选项卡"创建"面板"三维视图" 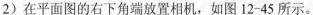 下拉列表框中的"相机"按钮 ，在选项栏中勾选"透视图"复选框，输入偏移距离为"1750"，自"室外地坪"。

2）在平面图的右下角端放置相机，如图 12-45 所示。

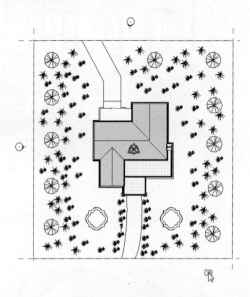

图 12-45　放置相机

3）移动鼠标，确定相机的方向，如图 12-46 所示。

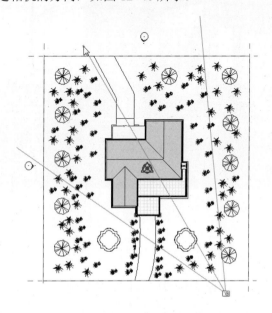

图 12-46　设置视觉范围

4）单击放置相机视点，系统自动创建一张三维视图，同时在项目浏览器中增加了"三维视图1"，如图12-47所示。

图 12-47　相机视图

5）单击控制栏中的"视觉样式"按钮，在打开的菜单中选择"真实"选项，效果如图12-48所示。

图 12-48　真实效果

6）选取相机视图视口，拖动视口各边上的控制点，改变视图范围，将别墅全部显示出来，结果如图12-49所示。

7）单击"视图"选项卡"演示视图"面板中的"渲染"按钮🗔，打开"渲染"对话框，设置"质量"为"高"，"分辨率"为"打印机"，照明方案为"室外：日光和人造光"，背景样式为"天空：多云"，其他采用默认设置，如图 12-50 所示。

图 12-49　别墅相机视图

8）单击"渲染"按钮，打开图 12-51 所示的"渲染进度"对话框，显示渲染进度，勾选"当渲染完成时关闭对话框"复选框，则渲染完成后自动关闭对话框，渲染结果如图 12-52 所示。

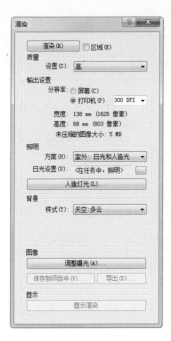

图 12-50　"渲染"对话框　　　　图 12-51　"渲染进度"对话框

图 12-52 渲染图形

9）单击"导出"按钮，打开"保存图像"对话框，单击"保存"按钮，保存图像。

第 13 章　施工图设计

 知识导引

　　施工图设计是建筑设计的最后阶段，它的主要任务是满足施工要求，即在初步设计或技术设计的基础上，综合建筑、结构等各工种，相互交底，深入了解材料供应、施工技术、设备等条件，把满足工程施工的各项具体要求反应在图样上，它主要是通过图样，把设计者的意图和全部设计结果表达出来，作为施工的依据，它是设计和施工工作的桥梁。

　　本章以某别墅施工图设计全过程为例讲述施工设计的基本思路和方法。

13.1　总平面图

　　无论是方案图、初设图还是施工图，总平面图都是必不可少的条件。

13.1.1　总平面图内容概括

　　总平面图用于表达整个建筑基地的总体布局，表达新建建筑物及构筑物位置、朝向及周边环境关系。总平面图专业设计成果包括设计说明书、设计图纸以及根据合同规定的鸟瞰图、模型等。总平面图只是其中设计图纸部分，在不同设计阶段，总平面图除了具备其基本功能外，表达设计意图的深度和倾向也有所不同。

　　在方案设计阶段，总平面图着重体现新建建筑物的体量大小、形状及与周边道路、房屋、绿地、广场和红线之间的空间关系，同时传达室外空间设计效果。因此，方案图不仅要拥有必要的技术性，还强调艺术性的体现。就目前情况来看，除了绘制 CAD 线条图，还需对线条图进行套色、渲染处理或制作鸟瞰图、模型等。总之，设计者要不遗余力地展现自己设计方案的优点及魅力，以在竞争中胜出。

　　在初步设计阶段，进一步推敲总平面图设计中涉及的各种因素和环节（如道路红线、建筑红线或用地界线、建筑控制高度、容积率、建筑密度、绿地率、停车位数以及总平面布局、周围环境、空间处理、交通组织、环境保护、文物保护、分期建设等），推敲方案的合理性、科学性和可实施性，进一步准确落实各种技术指标，深化竖向设计，为施工图设计作准备。

　　在施工图设计阶段，总平面专业成果包括图样目录、设计说明、设计图样和计算书。其中设计图样包括总平面图、竖向布置图、土方图、管道综合图、景观布置图及详图等。总平面图是新建房屋定位、放线以及布置施工现场的依据，因此必须详细、准确、清楚地表达出来。

13.1.2 实例——创建别墅总平面图

1）将视图切换至场地视图。

2）单击"注释"选项卡"尺寸标注"面板中的"高程点"按钮 ⊕，在选项栏中取消勾选"引线"复选框，显示高程为"实际（选定）高程"。

3）在"属性"选项板中选择"高程点 三角形（项目）"类型，将高程点放置在视图中适当位置，如图 13-1 所示。

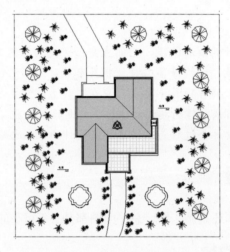

图 13-1 标注高程点

4）单击"注释"选项卡"尺寸标注"面板中的"对齐"按钮 ✐，在"属性"选项板中选择"线性尺寸标注样式 对角线-3mm RomanD（场地）-引线-文字在上"类型，单击"编辑类型"按钮 ⯐，打开"类型属性"对话框，更改"文字大小"为"5mm"，其他采用默认设置，如图 13-2 所示，单击"确定"按钮。

图 13-2 "类型属性"对话框

5）标注建筑范围，如图 13-3 所示。

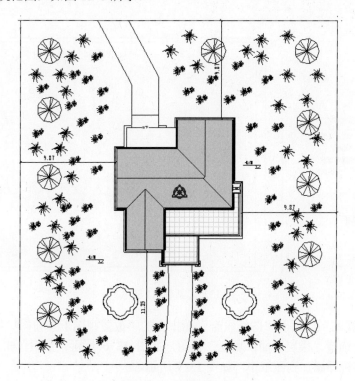

图 13-3　标注建筑范围

6）单击"视图"选项卡"图纸组合"面板中的"图纸"按钮 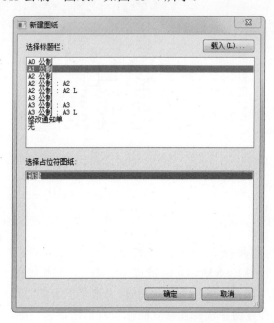，打开"新建图纸"对话框，在列表中选择"A1 公制"图纸，如图 13-4 所示。

图 13-4　"新建图纸"对话框

7）单击"确定"按钮，新建 A1 图纸，并显示在"项目浏览器"的"图纸"节点下，如图 13-5 所示。

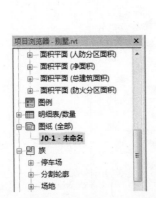

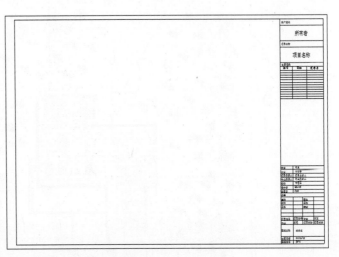

图 13-5 新建 A1 图纸

8）单击"视图"选项卡"图纸组合"面板中的"放置视图"按钮，打开"视图"对话框，在列表中选择"楼层平面：场地"视图，如图 13-6 所示，然后单击"在图纸中添加视图"按钮，将视图添加到图纸中，如图 13-7 所示。

图 13-6 "视图"对话框

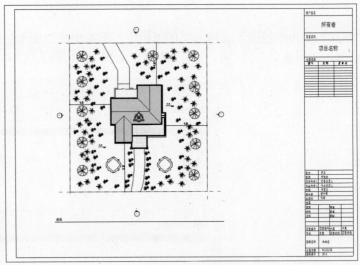

图 13-7 添加视图到图纸

9）在图纸中选择标题和视口，单击鼠标右键，在弹出的快捷菜单中选择"在视图中隐藏"→"图元"选项，如图 13-8 所示。隐藏选中的图元，结果如图 13-9 所示。

10）在项目浏览器中选择"图纸"→"J0-1-未命名"下的"楼层平面：场地"，然后双击鼠标，打开此视图，在视图中选择任意立面标记，单击鼠标右键，在弹出的快捷菜单中选择"在视图中隐藏"→"类别"选项，隐藏所有的立面标记。采用相同的方法，隐藏场地基点和场地测量点，切换到图纸，如图 13-10 所示。

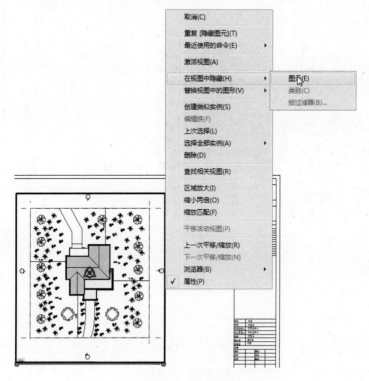

图 13-8　快捷菜单

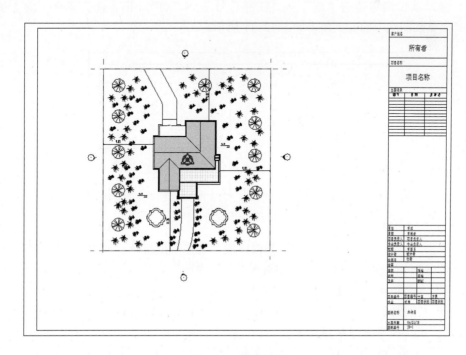

图 13-9　隐藏图元

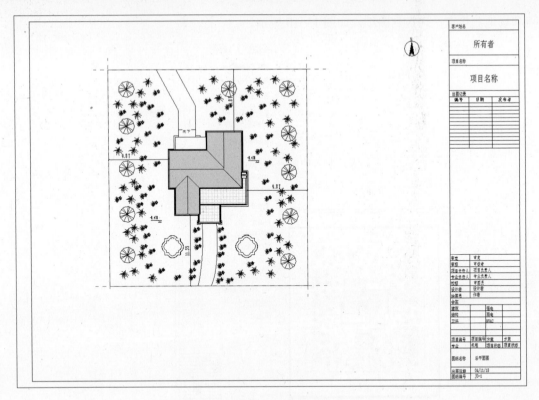

图 13-10　整理图纸

11）选择项目浏览器的"族"→"注释符号"→"符号-指北针"节点下的"填充"族，将其拖曳到图纸中的右上角，如图 13-11 所示。

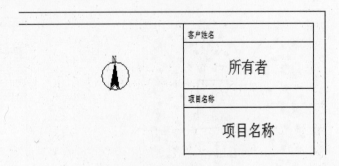

图 13-11　放置指北针

12）单击"注释"选项卡"文字"面板中的"文字"按钮 **A**，在"属性"选项板中选择"文字　宋体 10mm"类型，在图形下方输入"总平面图"文字，然后在"属性"选项板中选择"文字　宋体 7.5mm"类型，输入比例"1∶100"，结果如图 13-12 所示。

13）在"项目浏览器"中的"J0-1-未命名"上单击鼠标右键，在弹出的快捷菜单中选择"重命名"选项，如图 13-13 所示。

14）打开"图纸标题"对话框，输入名称为"总平面图"，如图 13-14 所示，单击"确定"按钮，完成图纸的命名。

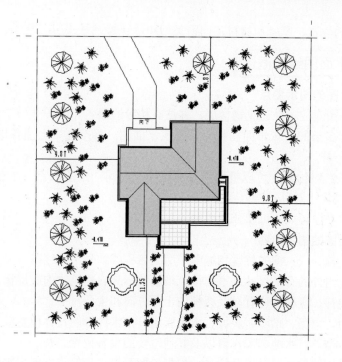

总平面图 1:100

图 13-12 标注文字

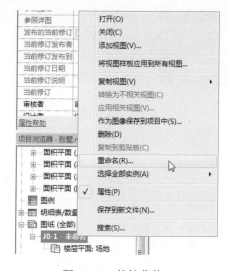

图 13-13 快捷菜单

图 13-14 "图纸标题"对话框

13.2 平面图

建筑平面图是建筑施工图中最基本的图样之一,它主要反映房屋的平面形状、大小和房间的布置，墙柱的位置、厚度和材料，门窗类型和位置等。

13.2.1 建筑平面图绘制概述

1．建筑平面图的图示要点

1）每个平面图对应一个建筑物楼层，并注有相应的图名。

2）可以表示多层的一张平面图称为标准层平面图。标准层平面图各层的房间数量、大小和布置都必须一样。

3）建筑物左右对称时，可以将两层平面图绘制在同一张图纸上，左右分别绘制各层的一半，同时中间要注上对称符号。

4）如果建筑平面较大，可以分段绘制。

2．建筑平面图的图示内容

1）表示墙、柱、门、窗的位置和编号，房间名称或编号，轴线编号等。

2）标注出室内外的有关尺寸及室内楼、地面的标高。建筑物的底层标高为±0.000。

3）表示出电梯、楼梯的位置以及楼梯的上下方向和主要尺寸。

4）表示阳台、雨篷、踏步、斜坡、雨水管道、排水沟等的具体位置以及大小尺寸。

5）绘出卫生器具、水池、工作台以及其他重要的设备位置。

6）绘出剖面图的剖切符号以及编号。根据绘图习惯，一般只在底层平面图绘制。

7）标出有关部位上节点详图的索引符号。

8）绘制出指北针。根据绘图习惯，一般只在底层平面图绘出指北针。

3．建筑平面图类型

（1）按剖切位置不同分类

根据剖切位置不同，建筑平面图可分为地下层平面图、底层平面图、X层平面图、标准层平面图、屋顶平面图、夹层平面图等。

（2）按不同的设计阶段分类

按不同的设计阶段分为方案平面图、初设平面图和施工平面图。不同阶段图样表达深度不一样。

13.2.2 实例——创建别墅平面图

接12.5实例继续创建别墅。

1）将视图切换至1F楼层平面。

2）在"项目浏览器"中选择"楼层平面"→"1F"节点，单击鼠标右键，在弹出的快捷菜单中选择"复制视图"→"带细节复制"选项，如图13-15所示。

3）将新复制的1F视图重命名为"一层平面图"，并切换至此视图。

4）单击"视图"选项卡"图形"面板中的"可见性/图形"按钮，打开"楼层平面：一层平面图的可见性/图形替换"对话框，在"模型类别"选项卡中分别取消勾选"场地"和"植物"复选框，在"注释类别"选项卡中取消勾选"参照平面"和"立面"复选框，单击"确定"按钮，一层平面图如图13-16所示。

5）在"项目浏览器"中"族"→"标记_门"节点下，拖曳门标记到视图中的门位置，取消勾选选项栏中的"引线"复选框，对视图中所有门添加标记，移动调整门标记的位置，可以在"属性"管理器中调整标记的方向为水平或竖直，结果如图 13-17 所示。

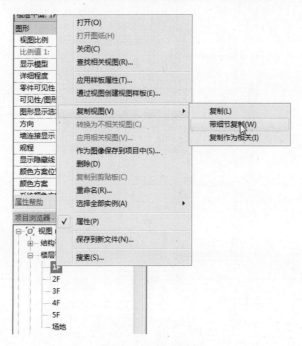

图 13-15　快捷菜单

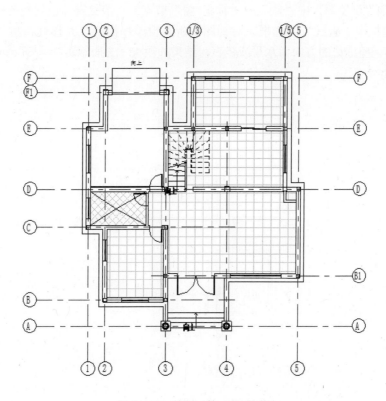

图 13-16　整理后的一层平面图

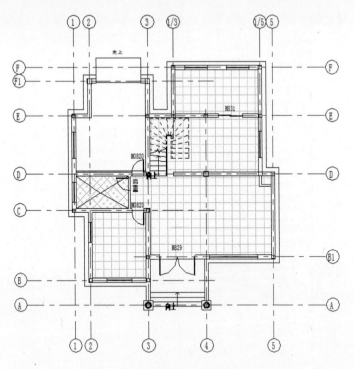

图 13-17 添加门标记

6）在"项目浏览器"中"族"→"标记_窗"节点下，拖曳窗标记到视图中的窗位置，取消勾选选项栏中"引线"复选框，对视图中所有窗添加标记，并移动调整位置，在"属性"管理器中调整标记的方向为水平或竖直，结果如图 13-18 所示。

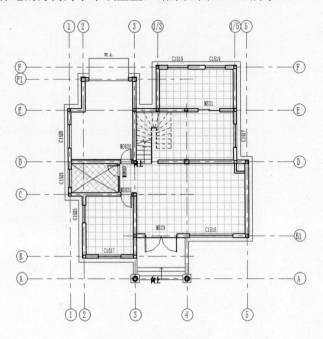

图 13-18 添加窗标记

7）单击"建筑"选项卡"房间和面积"面板中的"房间"按钮▣，在"属性"选项板中输入名称为"厨房"，在视图中放置房间标记，如图 13-19 所示。

8）继续放置其他房间标记，双击房间名称进行修改，如图 13-20 所示。

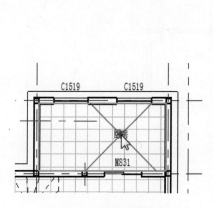

图 13-19　放置厨房标记

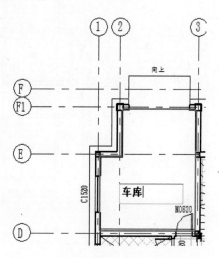

图 13-20　修改房间名称

9）采用相同的方法，更改其他房间名称，结果如图 13-21 所示。

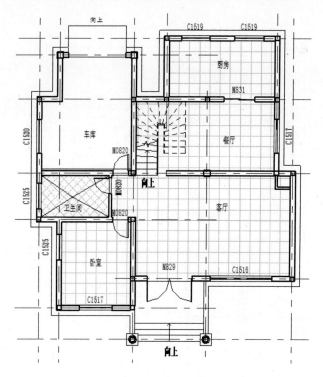

图 13-21　添加房间标记

10）单击"注释"选项卡"尺寸标注"面板中的"对齐"按钮，标注细节尺寸，如图 13-22 所示。

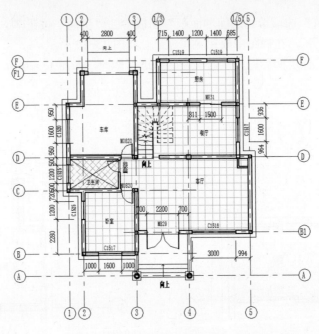

图 13-22　标注细节尺寸

11）单击"注释"选项卡"尺寸标注"面板中的"对齐"按钮，标注外部尺寸，如图 13-23 所示。

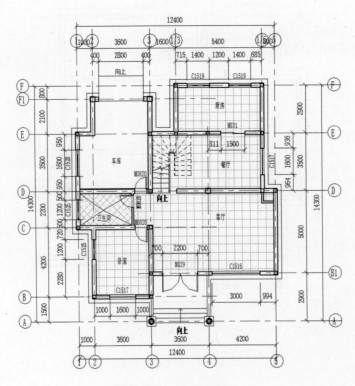

图 13-23　标注外部尺寸

12）选取轴号并拖曳调整轴号的位置，然后调整尺寸位置，整理后结果如图 13-24 所示。

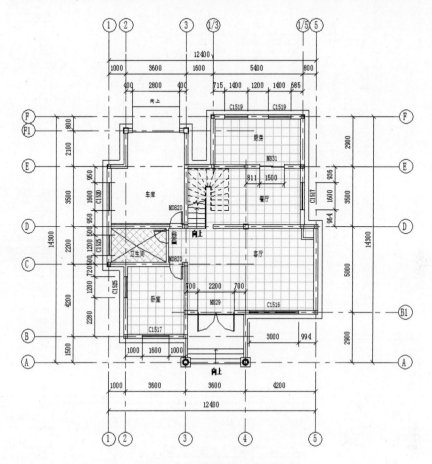

图 13-24　整理轴号和尺寸位置

13）单击"视图"选项卡"图纸组合"面板中的"图纸"按钮，打开"新建图纸"对话框，在列表中选择 A3 公制图纸，单击"确定"按钮，新建 A3 图纸。

14）单击"视图"选项卡"图纸组合"面板中的"放置视图"按钮，打开"视图"对话框，在列表中选择"楼层平面：一层平面图"视图，然后单击"在图纸中添加视图"按钮，将视图添加到图纸中，如图 13-25 所示。

15）选取图形中视口标题，在"属性"选项板中选择"视口 没有线条的标题"类型，并将标题移动到图中适当位置。

16）单击"注释"选项卡"文字"面板中的"文字"按钮 **A**，在"属性"选项板中选择"文字 宋体 5mm"类型，输入比例"1：100"，结果如图 13-26 所示。

17）在"项目浏览器"中的"J0-2-未命名"上单击鼠标右键，在弹出的快捷菜单中选择"重命名"选项，打开"图纸标题"对话框，输入名称为"一层平面图"，单击"确定"按钮，完成图纸的命名。

读者可以根据一层平面图的创建方法，创建别墅的二层平面图和三层平面图，这里就不再一一进行介绍了。

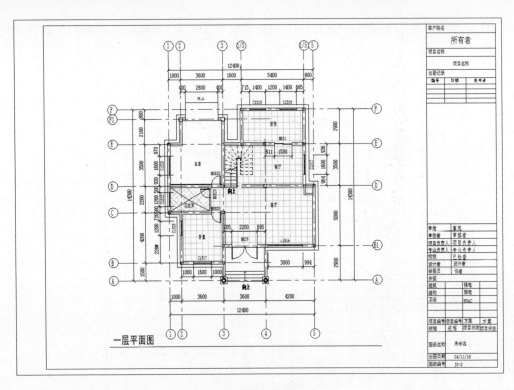

图 13-25　添加视图到图纸

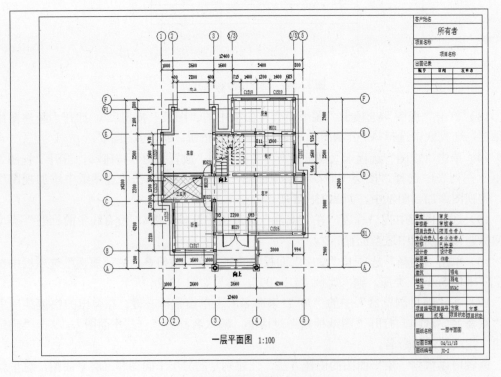

图 13-26　输入文字及比例

13.3 立面图

建筑立面图是用来研究建筑立面造型和装修的图样。立面图主要是反映建筑物的外貌和立面装修的做法，这是因为建筑物给人的美感主要来自其立面的造型和装修。

13.3.1 建筑立面图概述

立面图是用直接正投影法将建筑各个墙面进行投影所得到的正投影图。一般地，立面图上的图示内容有墙体外轮廓及内部凹凸轮廓、门窗（幕墙）、入口台阶及坡道、雨篷、窗台、窗楣、壁柱、檐口、栏杆、外露楼梯、各种线脚等。从理论上讲，所有建筑构配件的正投影图均要反映在立面图上。实际上，一些比例较小的细部可以简化或用图例来代替。例如门窗的立面，可以在具有代表性的位置仔细绘制出窗扇、门扇等细节，而同类门窗则用其轮廓表示即可。在施工图中，如果门窗不是引用有关门窗图集，则其细部构造需要绘制大样图来表示，这样就弥补了立面上的不足。

此外，当立面转折、曲折较复杂时，可以绘制展开立面图。圆形或多边形平面的建筑物，可分段展开绘制立面图。为了图示明确，在图名上均应注明"展开"二字，在转角处应准确表明轴线号。

建筑立面图命名的目的在于一目了然地识别其立面的位置。因此，各种命名方式都是围绕"明确位置"这个主题来实施的。至于采取哪种方式，则因具体情况而定。

1．以相对主入口的位置特征命名

以相对主入口的位置特征命名，则建筑立面图称为正立面图、背立面图、侧立面图。这种方式一般适用于建筑平面图方正、简单，入口位置明确的情况。

2．以相对地理方位的特征命名

以相对地理方位的特征命名，建筑立面图常称为南立面图、北立面图、东立面图、西立面图。这种方式一般适用于建筑平面图规整、简单，而且朝向相对正南正北偏转不大的情况。

3．以轴线编号命名

以轴线编号命名是指用立面起止定位轴线来命名，如①-⑥立面图、Ⓔ-Ⓐ立面图等。这种方式命名准确，便于查对，特别适用于平面较复杂的情况。

根据国家标准 GB/T 50104，有定位轴线的建筑物，宜根据两端定位轴线号编注立面图名称。无定位轴线的建筑物可按平面图各面的朝向确定名称。

13.3.2 实例——创建别墅立面图

接 13.2.2 实例继续创建别墅。

1）将视图切换至南立面图。

2）在"项目浏览器"中选择"立面"→"南"节点，单击鼠标右键，在弹出的快捷菜单中选择"复制视图"→"带细节复制"选项。

3）将新复制的立面图重命名为"南立面图"，并切换至此视图。

4）单击"视图"选项卡"图形"面板中的"可见性/图形"按钮，打开"立面：南立面图的可见性/图形替换"对话框,在"模型类别"选项卡中分别取消勾选"场地""地形""植物"复选框,在"注释类别"选项卡中取消勾选"参照平面"复选框,单击"确定"按钮,南立面图如图 13-27 所示。

图 13-27 整理后的南立面图

5)单击"注释"选项卡"尺寸标注"面板中的"对齐"按钮，标注外部尺寸,如图 13-28 所示。

图 13-28 标注尺寸

6)单击"注释"选项卡"标记"面板中的"材质标记"按钮，打开"修改|标记材质"选项卡和选项栏,在选项栏中勾选"引线"复选框,在视图中选取要标记材质的对象,将标记拖曳到适当位置单击放置,完成材质标记的添加,如图 13-29 所示。

图 13-29 添加材质标记

7）分别选取轴号和标高线并拖曳调整其位置，然后更改轴号的显示和隐藏，整理后结果如图 13-30 所示。

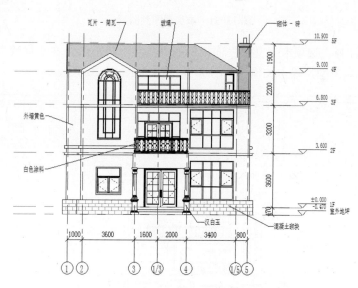

图 13-30 整理轴号和标高位置

8）单击"视图"选项卡"图纸组合"面板中的"图纸"按钮，打开"新建图纸"对话框，在列表中选择 A3 公制图纸，单击"确定"按钮，新建 A3 图纸。

9）单击"视图"选项卡"图纸组合"面板中的"放置视图"按钮，打开"视图"对话框，在列表中选择"立面：南立面图"视图，然后单击"在图纸中添加视图"按钮，将视图添加到图纸中，如图 13-31 所示。

10）选取图形中视口标题，在"属性"选项板中选择"视口 没有线条的标题"类型，并将标题移动到图中适当位置。

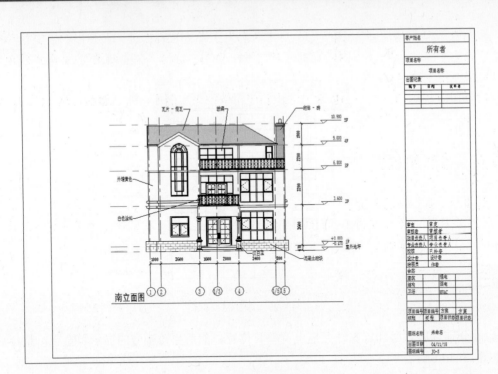

图 13-31　添加视图到图纸

11）单击"注释"选项卡"文字"面板中的"文字"按钮**A**，在"属性"选项板中选择"文字 宋体 5mm"类型，输入比例"1：100"，结果如图 13-32 所示。

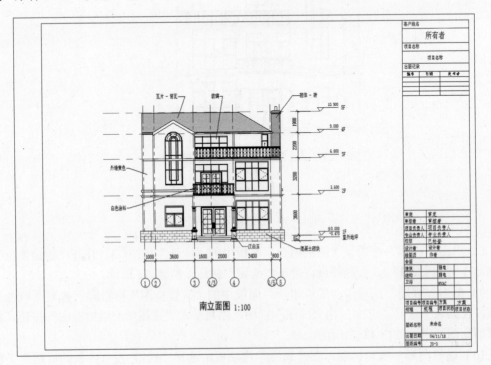

图 13-32　输入文字及比例

12）在"项目浏览器"中的"J0-3-未命名"上单击鼠标右键，在弹出的快捷菜单中选择"重命名"选项，打开"图纸标题"对话框，输入名称为"南立面图"，单击"确定"按钮，完成图纸的命名。

读者可以根据南立面图的创建方法，创建别墅的东立面图、西立面图和北立面图，这里就不再一一进行介绍了。

13.4 剖面图

剖面图是表达建筑室内空间关系的必备图样，是建筑制图中的一个重要环节，其绘制方法与立面图相似，主要区别在于剖面图需要表示出被剖切构配件的截面形式及材料图案。在平面图、立面图的基础上学习剖面图绘制会方便很多。

13.4.1 建筑剖面图绘制概述

剖面图是指用剖切面将建筑物的某一位置剖开，移去一侧后剩下一侧沿剖视方向的正投影图，用来表达建筑内部空间关系、结构形式、楼层情况以及门窗、楼层、墙体构造做法等。根据工程的需要，绘制一个剖面图可以选择一个剖切面、两个平行的剖切面或两个相交的剖切面（图 13-33）。对于两个相交剖切面的情形，应在图名中注明"展开"二字。剖面图与断面图的区别在于，剖面图除了表示剖切到的部位外，还应表示出投射方向看到的构配件轮廓（即"看线"），而断面图只需要表示剖切到的部位。

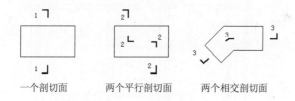

一个剖切面　　　两个平行剖切面　　　两个相交剖切面

图 13-33　剖切面形式

不同的设计深度，图示内容有所不同。

方案阶段重点在于表达剖切部位的空间关系、建筑层数、高度、室内外高差等。剖面图中应注明室内外地坪标高、楼层标高、建筑总高度（室外地面至檐口）、剖面编号、比例或比例尺等。如果有建筑高度控制，还需标明最高点的标高。

初步设计阶段需要在方案图基础上增加主要内外承重墙、柱的定位轴线和编号，更加详细、清晰、准确地表达出建筑结构、构件（剖到或看到的墙、柱、门窗、楼板、地坪、楼梯、台阶、坡道、雨篷、阳台等）本身及相互关系。

施工图阶段在优化、调整、丰富初设图的基础上，图示内容最为详细。一方面是剖到和看到的构配件图样准确、详尽、到位，另一方面是标注详细。除了标注室内外地坪、楼层、屋面突出物、各构配件的标高外，还要标注竖向尺寸和水平尺寸。竖向尺寸包括外部三道尺寸（与立面图类似）和内部地坑、隔断、吊顶、门窗等部位的尺寸；水平尺寸包括两端和内部剖到的墙、柱定位轴线间尺寸及轴线编号。

根据规范规定，剖面图的剖切部位应根据图样的用途或设计深度，在平面图上选择空间复杂、能反映全貌、构造特征以及有代表性的部位剖切。

投射方向一般宜向左、向上，当然也要根据工程情况而定。剖切符号标在底层平面图中，短线指向为投射方向。剖面图编号标在投射方向一侧，剖切线若有转折，应在转角的外侧加注与该符号相同的编号，如图 13-33 所示。

13.4.2 实例——创建别墅剖面图

接 13.3.2 实例继续创建别墅。

1）将视图切换到 1F 楼层平面。

2）单击"视图"选项卡"创建"面板中的"剖面"按钮 ，打开"修改 | 剖面"选项卡和选项栏，采用默认设置。

3）在视图中绘制剖面线，然后调整剖面线的位置，如图 13-34 所示。

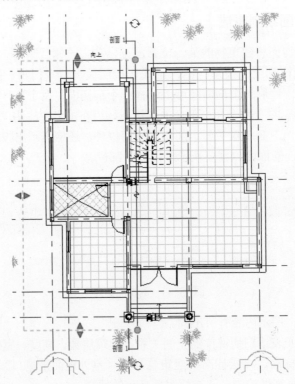

图 13-34 绘制剖面线

4）绘制完剖面线系统自动创建剖面图，在"项目浏览器"的"剖面（建筑剖面）"节点下双击剖面 1 视图，打开此剖面视图，如图 13-35 所示。

5）在"属性"选项板中取消勾选"裁剪区域可见"复选框，隐藏视图中的裁剪区域，如图 13-36 所示。

6）单击"注释"选项卡"尺寸标注"面板中的"对齐"按钮 ，标注尺寸，如图 13-37 所示。

7）分别选取轴号和标高线并拖曳调整其位置，然后更改轴号的显示和隐藏，整理后结果如图 13-38 所示。

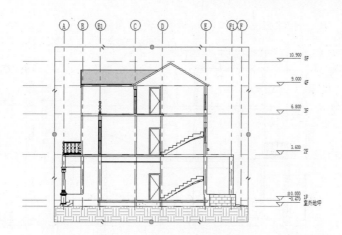

图 13-35 自动生成的剖面视图

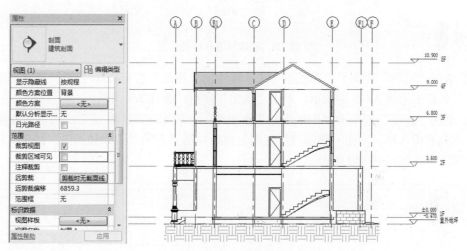

图 13-36 隐藏裁剪区域

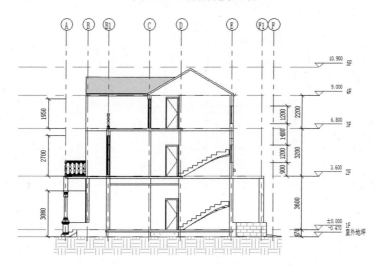

图 13-37 标注尺寸

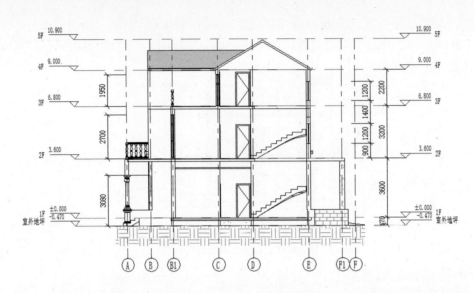

图 13-38　整理轴号和标高位置

8）单击"视图"选项卡"图纸组合"面板中的"图纸"按钮，打开"新建图纸"对话框，在列表中选择 A3 公制图纸，单击"确定"按钮，新建 A3 图纸。

9）单击"视图"选项卡"图纸组合"面板中的"放置视图"按钮，打开"视图"对话框，在列表中选择"剖面：剖面 1"视图，然后单击"在图纸中添加视图"按钮，将视图添加到图纸中，如图 13-39 所示。

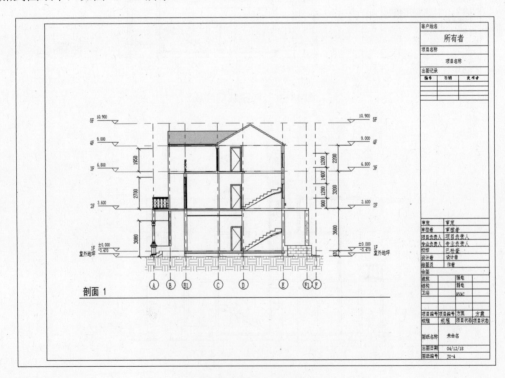

图 13-39　添加视图到图纸

10）选取图形中视口标题，在"属性"选项板中选择"视口 没有线条的标题"类型，并将标题移动到图中适当位置，然后在"属性"选项板中更改视图名称为"1-1 剖面图"，如图 13-40 所示。

图 13-40 "属性"选项板

11）单击"注释"选项卡"文字"面板中的"文字"按钮 **A**，在"属性"选项板中选择"文字 宋体 5mm"类型，输入比例"1：100"，结果如图 13-41 所示。

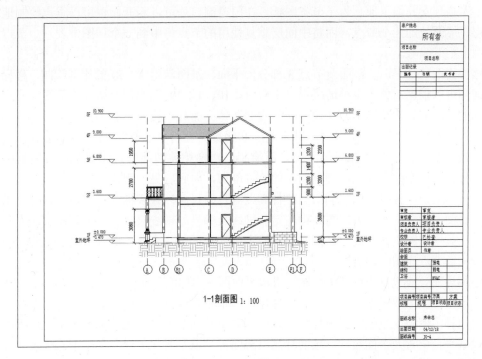

图 13-41 输入文字及比例

12）在"项目浏览器"中的"J0-4-未命名"上单击鼠标右键，在弹出的快捷菜单中选择"重命名"选项，打开"图纸标题"对话框，输入名称为"1-1 剖面图"，单击"确定"按钮，完成图纸的命名。

读者可以根据 1-1 剖面图的创建方法，创建别墅的东西方向的 2-2 剖面图，这里就不再一一进行介绍了。

13.5　详图

建筑详图是建筑施工图绘制中的一项重要内容，与建筑构造设计息息相关。

13.5.1　建筑详图绘制概述

前面介绍的平、立、剖面图均是全局性的图样，由于比例的限制，不可能将一些复杂的细部或局部做法表示清楚，因此需要将这些细部、局部的构造、材料及相互关系采用较大的比例详细绘制出来，以指导施工。这样的建筑图形称为详图，也称大样图。对于局部平面（如厨房、卫生间）放大绘制的图形，习惯叫作放大图。需要绘制详图的位置一般有室内外墙节点、楼梯、电梯、厨房、卫生间、门窗、室内外装饰等构造详图或局部平面放大图。

内外墙节点一般用平面和剖面表示，常用比例为 1：20。平面节点详图可以表示出墙、柱或构造柱的材料和构造关系。剖面节点详图即常说的墙身详图，需要表示出墙体与室内外地坪、楼面、屋面的关系，以及相关的门窗洞口、梁或圈梁、雨篷、阳台、女儿墙、檐口、散水、防潮层、屋面防水、地下室防水等构造做法。墙身详图可以从室内外地坪、防潮层处开始一路画到女儿墙压顶。为了节省图纸，在门窗洞口处可以断开，也可以重点绘制地坪、中间层、屋面处的几个节点，而将中间层重复使用的节点集中到一个详图中表示。节点编号一般由上至下编号。

楼梯详图包括平面、剖面及节点 3 部分。平面、剖面常用 1：50 的比例绘制，楼梯中的节点详图可以根据对象大小酌情采用 1：5、1：10、1：20 等比例。楼梯平面图与建筑平面图不同的是，它只需绘制出楼梯及四面相接的墙体；而且，楼梯平面图需要准确地表示出楼梯间净空、梯段长度、梯段宽度、踏步宽度和级数、栏杆（栏板）的大小及位置，以及楼面、平台处的标高等。楼梯间剖面图只需绘制出楼梯相关的部分，相邻部分可用折断线断开。选择在底层第一跑并能够剖到门窗的位置剖切，向底层另一跑梯段方向投射。尺寸需要标注层高、平台、梯段、门窗洞口、栏杆高度等竖向尺寸，并应标注出室内外地坪、平台、平台梁底面的标高。水平方向需要标注定位轴线及编号、轴线尺寸、平台、梯段尺寸等。梯段尺寸一般用"踏步宽（高）×级数=梯段宽（高）"的形式表示。此外，楼梯剖面上还应注明栏杆构造节点详图的索引编号。

电梯详图一般包括电梯间平面图、机房平面图和电梯间剖面图 3 部分，常用 1：50 的比例绘制。平面图需要表示出电梯井、电梯厅、前室相对定位轴线的尺寸及自身的净空尺寸，表示出电梯图例及配重位置、电梯编号、门洞大小及开取形式、地坪标高等。机房平面需表示出设备平台位置及平面尺寸、顶面标高、楼面标高以及通往平台的梯子形式等内容。剖面图需要剖在电梯井、门洞处表示出地坪、楼层、地坑、机房平台的竖向尺寸和高度，标注出门洞高度。为了节约图纸，中间相同部分可以折断绘制。

厨房、卫生间放大图根据其大小可酌情采用 1：30、1：40、1：50 的比例绘制。需要详细表示出各种设备的形状、大小和位置、地面设计标高、地面排水方向及坡度等，对于需要进一步说明的构造节点，需标明详图索引符号，或绘制节点详图，或引用图集。

门窗详图包括立面图、断面图、节点详图等内容。立面图常用 1：20 的比例绘制，断面图常用 1：5 的比例绘制，节点图常用 1：10 的比例绘制。标准化的门窗可以引用有关标准图集，说明其门窗图集编号和所在位置。根据《建筑工程设计文件编制深度规定》（2008 年版），非标准的门窗、幕墙需绘制详图。如委托加工，需绘制出立面分格图，标明开取扇、开取方向，说明材料、颜色及与主体结构的连接方式等。

就图形而言，详图兼有平、立、剖面的特征，它综合了平、立、剖面绘制的基本操作方法，并具有自己的特点，只要掌握一定的绘图程序，难度应不大。真正的难度在于对建筑构造、建筑材料、建筑规范等相关知识的掌握。

13.5.2 实例——创建别墅楼梯详图

接 13.4.2 实例继续创建别墅。

1. 创建楼梯平面详图

1）将视图切换到 1F 楼层平面视图。

2）单击"视图"选项卡"创建"面板中的"详图索引"下拉列表框中的"矩形"按钮，在视图中的楼梯间位置绘制详图索引范围框，如图 13-42 所示。

3）系统自动创建 1F-详图索引 1 视图，双击进入此视图，如图 13-43 所示。

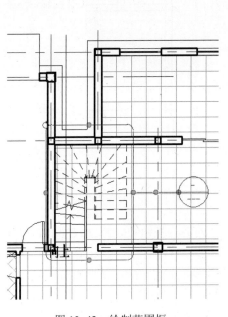

图 13-42 绘制范围框

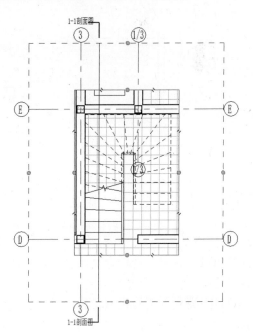

图 13-43 详图索引 1 视图

4）在"属性"选项板的视图样板中单击"无"按钮，打开"指定视图样板"对话框，在"名称"列表中选择"楼梯_平面大样"名称，如图 13-44 所示，单击"确定"按钮。

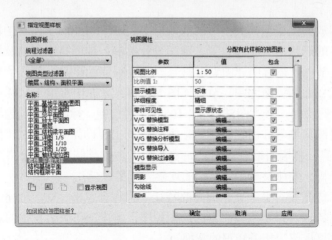

图 13-44 "指定视图样板"对话框

5）在"属性"选项板中取消勾选"裁剪区域可见"复选框，或者单击"控制栏"中的"隐藏裁剪区域"按钮，隐藏裁剪区域，如图 13-45 所示。

6）单击"注释"选项卡"符号"面板中的"符号"按钮，在"属性"选项板中选择"符号剖断线"类型，然后在选项栏中勾选"放置后旋转"复选框，在视图中放置剖断线，选取剖断线，在"属性"选项板中更改虚线长度，结果如图 13-46 所示。

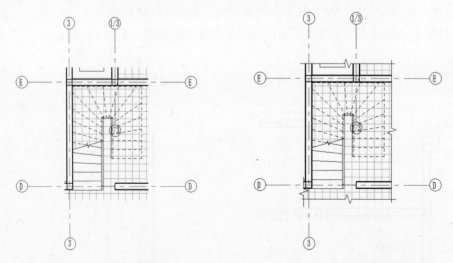

图 13-45　隐藏裁剪区域　　　　　　　图 13-46　放置剖断线

7）单击"注释"选项卡"尺寸标注"面板中的"对齐"按钮，标注尺寸，如图 13-47 所示。

8）分别选取轴号拖曳调整其位置，然后更改轴号的显示和隐藏，整理后结果如图 13-48 所示。

9）更改视图名称为"楼梯平面详图"。

2．创建楼梯剖面详图

1）将视图切换到 1F 楼层平面。单击"视图"选项卡"创建"面板中的"剖面"按钮，打开"修改 | 剖面"选项卡和选项栏，采用默认设置。

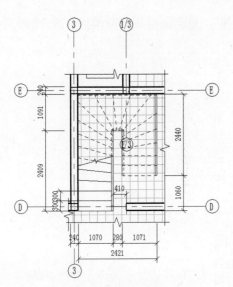

图 13-47　标注尺寸　　　　　　　　图 13-48　整理轴号位置

2）在视图中楼梯左侧绘制剖面线。

3）绘制完剖面线系统自动创建剖面图，在"项目浏览器"的"剖面（建筑剖面）"节点下双击剖面 1 视图，打开此剖面视图，如图 13-49 所示。

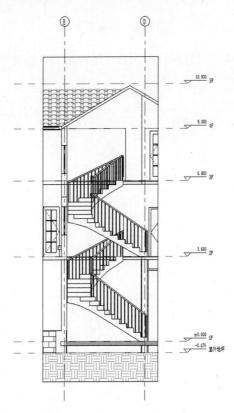

图 13-49　自动生成的剖面视图

4）在控制栏中将视图详细程度调整为"精细"，然后拖曳裁剪框调整到适合的大小，并隐藏裁剪框，如图 13-50 所示。

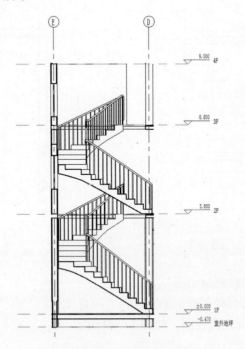

图 13-50　隐藏裁剪框

5）单击"注释"选项卡"尺寸标注"面板中的"对齐"按钮，标注尺寸，如图 13-51 所示。

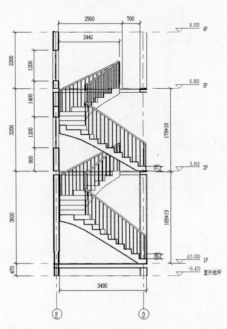

图 13-51　标注尺寸

6）更改视图名称为"楼梯剖面详图"。

3．创建楼梯详图图纸

1）单击"视图"选项卡"图纸组合"面板中的"图纸"按钮，打开"新建图纸"对话框，在列表中选择 A3 公制图纸，单击"确定"按钮，新建 A3 图纸。

2）单击"视图"选项卡"图纸组合"面板中的"放置视图"按钮，打开"视图"对话框，在列表中分别选择"楼层平面：楼梯平面详图"和"剖面：楼梯剖面详图"视图，然后单击"在图纸中添加视图"按钮，将视图添加到图纸中，如图 13-52 所示。

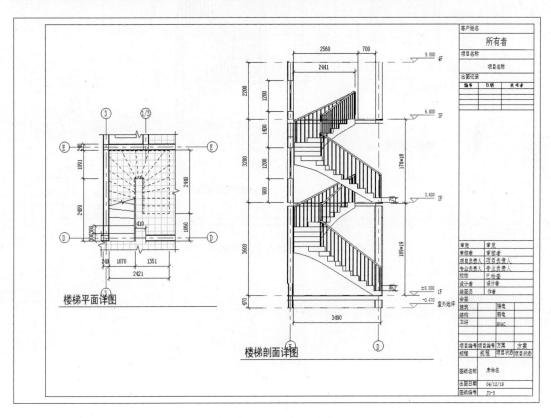

图 13-52　添加视图到图纸

3）选取图形中视口标题，在"属性"选项板中选择"视口 没有线条的标题"类型，并将标题移动到图中适当位置。

4）单击"注释"选项卡"文字"面板中的"文字"按钮 **A**，在"属性"选项板中选择"文字 宋体 5mm"类型，输入比例"1∶50"，结果如图 13-53 所示。

5）在"项目浏览器"中的"J0-5-未命名"上单击鼠标右键，在弹出的快捷菜单中选择"重命名"选项，打开"图纸标题"对话框，输入名称为"楼梯详图"，单击"确定"按钮，完成图样的命名。

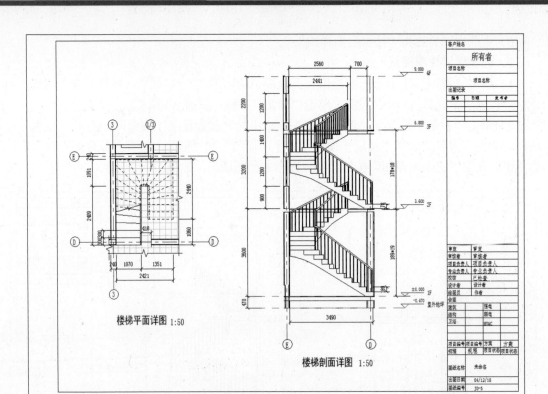

楼梯平面详图 1:50

楼梯剖面详图 1:50

图 13-53　输入文字及比例